电力系统设计与能源利用

主　编　杨跃进　田本荣　康喜明

副主编　魏　玮　张智丹　徐秀峰

　　　　王　昕　刘　铭　吴晓静

　　　　喻秋园　梁英子　何玉军

编　委　马永军

吉林科学技术出版社

图书在版编目（CIP）数据

电力系统设计与能源利用 / 杨跃进，田本荣，康喜
明主编 . -- 长春 : 吉林科学技术出版社，2024. 8.
ISBN 978-7-5744-1681-9

Ⅰ . TM7；TK019

中国国家版本馆 CIP 数据核字第 20244W4E91 号

电力系统设计与能源利用

主 编	杨跃进　田本荣　康喜明
出 版 人	宛 霞
责任编辑	李万良
封面设计	刘梦杳
制 版	刘梦杳
幅面尺寸	185mm×260mm
开 本	16
字 数	368 千字
印 张	19.5
印 数	1~1500 册
版 次	2024年8月第1版
印 次	2024年12月第1次印刷

出 版	吉林科学技术出版社
发 行	吉林科学技术出版社
地 址	长春市福祉大路5788 号出版大厦A 座
邮 编	130118
发行部电话/传真	0431-81629529 81629530 81629531
	81629532 81629533 81629534
储运部电话	0431-86059116
编辑部电话	0431-81629510
印 刷	三河市嵩川印刷有限公司

书 号	ISBN 978-7-5744-1681-9
定 价	99.00元

前　言

电力工业是国民经济和社会发展的基础产业和公用事业。电力工程设计是带动电力工业发展的龙头，是电力工程项目建设不可或缺的重要环节，是科学技术转化为生产力的纽带。如今，我国电力工业发展迅速，电网规模、发电装机容量和发电量已跃居世界首位，电力工程设计能力和水平跻身世界先进行列。随着科学技术的发展，电力工程设计的理念、技术和手段有了全面的变化和进步，信息化和现代化水平显著提升，极大地提高了工程设计中处理复杂问题的效率和能力，特别是在特高压交直流输变电工程设计、超超临界机组设计、洁净煤发电设计等领域取得了一系列创新成果。"创新、协调、绿色、开放、共享"的发展理念和全面建成小康社会的奋斗目标，对电力工程设计工作提出了新要求。作为电力建设的龙头，电力工程设计应积极践行创新和可持续发展理念，更加关注生态和环境保护问题，更加注重电力工程全寿命周期的综合效益。

电力工程项目除具有项目的一般特征外，还具有建设周期长、投资巨大、受环境制约性强、与国民经济发展水平关系密切等特点。运用项目管理的理论和方法对电力工程项目实施效率的提高非常重要，不仅具有巨大的商业价值，而且具有重大经济意义和环境意义。但是，传统的电力工程发电对能源的消耗和对环境的污染较大，随着能源问题和环境问题的加重，新能源发电越来越受到重视。同时，物联网技术的不断普及，特别是与信息化的电网相结合后，既促进了智慧电网、智能电网的发展，也为新能源发电技术提供了助力。

大部分的可再生能源将被转换成电能。由于可再生能源在地理位置上高度分散，受气候影响大，所以不能以传统化石燃料发电的控制方式来控制可再生能源发电。现有的电网主要是用来传输一些大型化石燃料发电厂所发出的电能，这些化石燃料包括煤、天然气或者铀，它们在国际市场上比较易于获取，而且运营控制也较方便。要将大量的可再生能源电能汇入现有电网中，电网需要在设计及运营方面做出调整，以便更好适应波动大的可再生能源。

本书围绕"电力系统设计与能源利用"这一主题，以电力规划设计为切入点，由浅入深地阐述了架空送电线路设计、电网无功补偿和电压调整、电力电量平衡等，并系统地论述了输变电工程施工技术及装备、电力电缆线路施工、变电工程建设管理、输变电线路工程建设管理等内容。此外，本书对电力系统中的可再生能源发电进行了实践探索，介绍了风力发电应用技术、光热应用技术及光伏光热一体化。本书内容翔

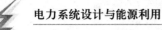

实、条理清晰、逻辑合理，兼具理论性与实践性，适用于从事相关工作与研究的专业人员。

由于作者水平所限，书中不当之处在所难免，敬请读者批评指正。

目 录

第一章 电力规划设计

第一节 电网规划设计任务原则和一般方法

一、主要内容及任务

电网规划设计是电力系统规划设计的重要内容之一。电网规划设计依据规划期推荐的负荷预测结果和电源建设方案，进行电力电量平衡和电力流分析，据此确定变电站布局、规模、输电方式和电压等级，研究提出电网规划设计方案，经技术经济比较后得出推荐方案，提出规划期输变电建设项目及投资估算。电网规划设计的主要内容可概括为以下几个方面。

(1) 研究确定输电方式。

(2) 分析选择电网电压等级。

(3) 研究确定变电站布局和规模。

(4) 研究确定电网结构。

(5) 研究无功补偿及配置。

(6) 确定规划期内建设项目及投资估算。

其中，电网结构规划设计是最重要的核心内容，也是规划设计成败的关键。

按地区分为全国、区域、省级或地区，以及按具体工作任务进行划分。其中，按具体工作任务分为以下几个方面。

(1) 目标网架规划设计。

(2) 受端电网规划设计。

(3) 大型电源送出输电系统规划设计。

(4) 大区之间或省级电网之间联网规划设计。

(5) 发电厂接入系统设计。

(6) 交流变电站接入系统设计。

(7) 直流换流站接入系统设计。

(8) 城市和农村电网规划设计。

(9) 各类电网专题规划设计。

(10) 电网新技术应用规划设计。

二、主要原则及要求

电力系统规划设计的主要原则同样适用于电网规划设计。此外，电网规划设计应统筹考虑电源和负荷，从全网整体结构出发，满足以下几方面要求。

（1）对电网规划设计的基本要求。

①应适应电力发展的需要，遵循"近细远粗，远近结合，适度超前"的原则。正确处理近期规划与远期规划的关系，使电网规划能适应电力系统近、远景发展，具有较强的适应能力。

②应统筹考虑大型电源基地输电、跨区联网送电、骨干网架结构、受端电网规划及各级电网规划的衔接。

③贯彻分层分区原则，优化电网结构。

④应重点研究目标网架，对网架结构、最高电压等级、输电方式、供电规模等进行论证，可根据规划年份的远近有所侧重。电网规划目标网架应与电源规划及区外电力互送规划相适应。

⑤合理控制系统短路电流，不超过允许的短路电流水平。

（2）对电网规划方案及网架结构的总体要求。

①电网发展应有总体规划设想。应根据规划电网在大区或全国电网中的地位和作用，确定电网发展的方向、总体目标和规划思路。

②对主干电网和地区电网应有明确定位，规划其各自发展目标。

③根据区域内各分区电网的作用和特点分析论证分区电网与全网的结构关系、联络方式和供电分区总体设想。

④根据地区电源和变电站布点情况、电力流输送需要，研究提出电网规划目标总体结构设想。

（3）对电网分层分区的要求。

①应按电压等级对电网分层规划，结合供电区域的划分将电网合理分区。合理分层，电源和负荷应按其容量规模大小及占地区负荷比例分别接入相适应的电压等级；合理分区，以受端系统为核心，将外部电源连接到受端系统，形成一个供需基本平衡的区域，并经联络线与相邻区域相连。

②根据系统规模大小及控制短路电流水平的需要，以主干电网为依托，合理划分供电分区，随系统发展和高一级电压网络的加强逐步实现分区运行，相邻分区之间保持互为备用。供电分区应以上级变电站为中心形成较坚强的主干回路。一般可形成链式主通道或环网结构。

③分区电网应尽可能简化，以有效限制短路电流水平和简化系统继电保护的

配置。

（4）对电磁环网解环规划的要求。

①根据系统安全稳定运行需要，适时解开电磁环网。应研究规划期内电磁环网解开的时机及条件。

②宜将与高一级电压网络有两个及以上独立联络的回路作为解开电磁环网的基本条件。

③具备解开条件且影响系统安全稳定运行的相邻分区之间下级电压联络线应解列运行，并作为备用联络线路。

④当有利于系统安全稳定和可靠供电，且短路电流水平允许时，宜保持电磁环网或者部分电磁环网运行。

⑤应避免和消除严重影响电网安全稳定的不同电压等级的电磁环网。

（5）对电网输电容量及导线截面选择的要求。

①电网输电容量应能满足系统正常运行及发输变主设备单一故障后的输电需要。发电机计划检修及水电站、风电场自然条件因素引起的出力变化均属于正常运行方式。

②线路输电容量的确定至少应考虑 5～10 年发展需要，对输电线路走廊十分困难的地区应考虑更远发展。

预留较大裕度，必要时应结合系统中长期发展规划，按高一级电压建设初期降压运行。

③电源送出线路输电容量的确定应统筹考虑电厂本期及最终规模电力送出需要。

④常规水、火电厂送出线路应按最终装机规模满发进行规划，按本期装机规模确定输电线路建设一回路数。

⑤季节性发电的水电厂专用长距离线路应论证输电容量。

⑥风能、太阳能等逐步开发的电源，新建送出线路应考虑其远期规划容量选择较为经济输电容量；能源基地或大规模集中送出线路宜按装机有效出力确定输电容量。

（6）对不同规划期的要求。

①电网规划设计应根据规划期限在研究内容和目标上有所侧重。

②近期规划设计重点研究主网架结构是否满足不同方式运行需要，并进行详细电气计算，优化调整输变电建设项目，提出无功补偿容量及限制短路电流水平的措施。

③中期规划设计重点研究目标网架结构方案及对电网长期发展的适应性，根据需要使用更高一级的电压等级，新增大型输电通道等相关论证，提出变电站规划布局及最终规模、无功补偿容量，研究限制短路电流水平的措施。

④长期规划设计重点研究电网发展的战略性问题，分析电网远最适应性、最高电压等级及出现更高电压等级的必要性和时机，结合能源及电力流分析。展望电网远景框架结构及发展趋势。

（7）对电网新技术应用的要求。

①电网规划设计应结合资源限制条件和电网发展需要，分析新技术应用前景，积极应用可提高输电能力、降低输电成本、节约资源、先进的适用输变电技术和新型高效设备。

②采用新技术应符合本地区电网发展实际情况，宜优先采用有一定应用经验且相对成熟的技术和设备。

③新技术应用初期应开展专题研究论证。

三、相关技术要求

（一）安全稳定基本要求

电网规划设计应满足安全稳定基本要求。

1. 总体要求

（1）为保证电力系统运行的稳定性，维持电网频率、电压的正常水平，系统应有足够的静态稳定储备和有功、无功备用容量。备用容量应分配合理，并有必要的调节手段。在正常负荷波动和调整有功、无功潮流时，均不应发生自发振荡。

（2）合理的电网结构是电力系统安全稳定运行的基础。在电网的规划设计阶段，应当统筹考虑，合理布局，电网运行方式安排也要注重电网结构的合理性。合理的电网结构应满足以下基本要求：

①能够满足各种运行方式下潮流变化的需要，具有一定的灵活性，并能适应系统发展的要求；

②任一元件无故障断开，应能保持电力系统的稳定运行，且不致使其他元件超过规定的事故过负荷和电压允许偏差的要求；

③应有较大的抗扰动能力，并满足 DL755-2001《电力系统安全稳定导则》中规定的有关各项安全稳定标准；

④满足分层和分区原则；

⑤合理控制系统短路电流。

（3）在正常运行方式（含计划检修方式，下同）下，系统中任一元件（发电机、线路、变压器、母线）发生单一故障时，不应导致主系统非同步运行，不应发生频率崩溃和电压崩溃。

（4）在事故后经调整的运行方式下，电力系统仍应有规定的静态稳定储备，并满足再次发生单一元件故障后的暂且稳定和其他元件不超过规定事故过负荷能力的要求。

（5）电力系统发生稳定破坏时，必须有预定的措施，以防止事故范围扩大，减少事故损失。

（6）低一级电网中的任何元件（包括线路、母线、变压器等）发生各种类型的单一故障均不得影响高一级电压电网的稳定运行。

2. 电网结构

（1）受端系统的建设。

①受端系统是指以负荷集中地区为中心，包括区内和邻近电厂在内，用较密集的电力网络将负荷和这些电源连接在一起的电力系统。受端系统通过接受外部及远方电源输入的有功电力和电能，以实现供需平衡。

②受端系统是整个电力系统的重要组成部分，应作为实现合理的电网结构的关键环节予以加强，从根本上提高整个电力系统的安全稳定水平。加强受端系统安全稳定水平的要点：加强受端系统内部最高一级电压的网络联系；为加强受端系统的电压支持和运行的灵活性，在受端系统应接有足够容量的电厂；受端系统要有足够的无功补偿容量；枢纽变电所的规模要同受端系统的规模相适应；受端系统发电厂运行方式改变，不应影响正常受电能力。

（2）电源接入。

①根据发电厂在系统中的地位和作用，不同规模的发电厂应分别接入相应的电压网络。在经济合理与建设条件可行的前提下，应注意在受端系统内建设一些较大容量的主力电厂，主力电厂宜直接接入最高级电压电网。

②外部电源宜经相对独立的送电一回路接入受端系统，尽量避免电源或送端系统之间的直接联络和送电一回路落点过于集中。每一组送电一回路的最大输送功率所占受端系统总负荷的比例不宜过大，具体比例可结合受端系统的具体条件来决定。

（3）电网分层分区。

①应按照电网电压等级和供电区域，合理分层、分区。合理分层，将不同规模的发电厂和负荷接到相适应的电压网络上；合理分区，以受端系统为核心，将外部电源连接到受端系统，形成一个供需基本平衡的区域，并经联络线与相邻区域相连。

②随着高一级电压电网的建设，下级电压电网应逐步实现分区运行，相邻分区之间保持互为备用。应避免和消除严重影响电网安全稳定的不同电压等级的电磁环网，发电厂不宜装设构成电磁环网的联络变压器。

③分区电网应尽可能简化，以有效限制短路电流和简化继电保护的配置。

（4）电力系统间的互联。

①电力系统采用交流或直流方式互联应进行技术经济比较。

②交流联络线的电压等级宜与主网最高一级电压等级相一致。

③互联电网在任一侧失去大电源或发生严重单一故障时，联络线应保持稳定运行，并不应超过事故过负荷能力的规定。

④在联络线因故障断开后，要保持各自系统的安全稳定运行。

⑤系统间的交流联络线不宜构成弱联系的大环网，并要考虑其中一回断开时，其余联络线应保持稳定运行并可转送规定的最大电力。

⑥对交流弱联网方案，应详细研究对电网安全稳定的影响，经技术经济论证合理后，方可采用。

3. 无功平衡及补偿

（1）无功功率电源的安排应有规划，并留有适当裕度，以保证系统各中枢点的电压在正常和事故后均能满足规定的要求。

（2）电网的无功补偿应以分层分区和就地平衡为原则，并应随负荷（或电压）变化进行调整，避免经长距离线路或多级变压器传送无功功率，330kV 及以上电压等级线路的充电功率应基本上予以补偿。

（3）发电机或调相机应带自动调节励磁运行，并保持其运行稳定性。

（4）受端系统发生突然失去一回重负荷线路或一台大容量机组（包括发电机失磁）等事故时，为保持系统电压稳定和正常供电，不致出现电压崩溃，受端系统中应有足够的动态无功备用容量。

四、工作程序和规划设计方法

（一）工作程序

电网规划设计的工作程序主要有以下步骤：

（1）确定规划期内的负荷预测水平及电源装机安排。

（2）进行电力电量平衡和电力流计算分析。

（3）拟订电网方案。重点内容是确定变电站布局和规模，确定输电方式和距离，选择电网电压等级，确定电网结构方案，确定无功补偿及配置方案等。

（4）进行必要的电气计算。

（5）进行方案技术经济比较。

（6）综合分析，提出推荐方案。

（7）提出规划期内建设项目及投资估算。

(二) 规划设计方法

电网规划设计方法有传统的常规方法和数学方法。常规方法是目前我国广泛采用的方法，该方法以方案比较为基础，从几种拟订的可行方案中，通过技术经济比较选择出推荐方案。一般情况下，参与比较的方案是由规划设计人员凭借经验和判断提出，以计算机为辅助工具，考虑其他技术、经济等相关影响因素，对方案进行定量和定性的分析比较，最后经综合分析由规划设计人员提出的推荐方案。由于电网规划的变量数很多，约束条件复杂，以及有些规划决策因素难以用数学模型表达，因此数学方法还代替不了常规方法。本节仅对常规方法进行介绍。

1. 网络结构分类

从可靠性角度分类，电网接线基本上可分为无备用网络和有备用网络两大类。无备用网络又可分为单一回路放射式和单一回路链式，有备用网络又分为双一回路放射式、双一回路链式、环网式、双一回路与环网混合式。从电网结构复杂程度，以及如何分析、控制稳定水平着眼，电网结构可分为简单结构和复杂结构两种。

属于简单结构的电力系统是分析机电暂态过程时可以归结为等值两机系统的电力系统。如果在分析电力系统机电暂态过程时不能归结为两机系统，则电力系统应该用三台或更多等值发电机来表示，这就属于复杂结构的电力系统了。

简单结构的电力系统宜分为以下四种类型。

(1) 与大容量联合电力系统相连的功率过剩的电力系统 (或供电地区)。

(2) 从大容量联合电力系统获取功率不足的电力系统 (或供电地区)。

(3) 通过强联络线相连的两个容量相近的电力系统。

(4) 通过弱联络线相连的两个电力系统。

在确定具体系统应属于哪种类型时，电力系统的运行方式、电力系统各个地区发电和负荷功率的比例关系，以及联络线输送能力和被联系电力系统的容量对比关系等因素起着重要作用。

上述所建议的几种典型结构不是唯一可行的分类方案，可根据实际情况选择。

2. 输电方式分类

输电方式分为交流输电和直流输电两类。

交流输电是指以交流形式输送电能的方式。交流输电工程中间可以落点，具有网络功能，可以根据电源分布、变电站布局、输送电力、电力交换等实际需要构成电网。交流输电主要定位于构建坚强的同步交流电网、各级输电网络和电网互联的联络通道，为直流输电提供重要支撑，同时在满足交直流输电经济等价距离条件下，广泛应用于发电厂接入系统。交流输电线路的电感对正弦交流电起阻碍作用。交流输电线路的输电能力与电网结构、交流输电线路在电网中所处的位置、运行方式等因素有关，其输电能力取决于线路两端的短路容量比和输电线路距离。交流输电线路很难胜任真正意义上的远距离。大容量的输电任务，不同电压等级的交流输电经济合理输送距离一般在 100km 以内。

直流输电是指以直流形式输送电能的方式，一般分为常规直流输电、柔性直流输电和混合直流输电三类，每类又有两端和多端之分。

对直流输电来说，线路的电感没有阻碍作用，因此，在直流输电中无须考虑电感问题。目前，常规直流输电工程主要以中间不落点的两端工程为主，可点对点，大功率、远距离直接将电力输送到负荷中心。常规直流输电可以减少或避免大量过网潮流，按照送、受端运行方式变化改变潮流，潮流大小和方向均能方便控制。但常规直流输电必须依附于坚强的交流电网才能发挥作用。常规直流输电适用于超过交直流经济等价距离的远距离点对点、大容量输电；"背靠背"直流输电技术主要适用于不同频率系统间的联网以及大交流电网间的互联。

柔性直流输电技术在运行性能上远超常规直流输电技术，主要表现为：没有无功补偿问题、没有换相失败问题、可以为无源系统供电、可同时独立调节有功功率和无功功率、谐波水平低、适合构建多端直流系统、占地面积小。

受端电网的多直流馈入问题是常规直流输电技术的根本性制约因素，对于交直流并列输电系统问题尤为突出。多直流馈入问题主要反映在两方面：一是换相失败引起输送功率中断威胁系统的安全稳定性；二是当任何一回大容量直流输电线路发生双极闭锁等严重故障时，直流功率会转移到与其并列的交流输电线路上，造成并列交流线路的严重过负荷和低电压，极有可能引起交流系统暂且失稳。

相反，在交流系统故障时，只要换流站交流母线电压不为零，柔性直流输电系统的输送功率就不会中断。同样，在多直流馈入情况下，即使交流系统发生故障，多一回柔性直流输电线路也不会中断输送功率。可在一定程度上避免潮流的大范围转移，对交流系统的冲击比常规直流输电线路要小得多。因此，为了解决常规直流输电线路所引起的多直流馈入问题，采用柔性直流输电技术是一个很好的方案。

采用柔性直流输电技术不存在换相失败问题，以及多个换流站同时发生换相失败的问题。柔性直流输电技术的突出优点有两方面：一是馈入受端交流电网的直流输电落点个数和容量不受限制，受电容量与受端交流电网的结构和规模无关；二是不增加受端电网的短路电流水平，解决了因交流线路密集落点而造成的短路电流超限问题。

交流与直流是电网的两个组成部分，在电网中的作用有各自特点。两者相辅相成。

3. 方案形成

在规划设计电网方案时，常规方法可分为静态法和动态法。静态法只对未来一个特定水平年的电网接线方案进行研究，因而又称水平年规划法。动态法将规划设计期分为几个年度并考虑其过渡问题。

(1) 基本原则。方案形成时需注意以下基本原则。

①各方案的前提条件等同，包括设计水平年的电源、负荷和前一年的电力系统基础等。

②各方案规定的功能可比，均须满足交换规定的电力流和电能的功能。如满足电源送出、对负荷供电系统间互送电力电量等要求。

③各方案完成规定功能的质量（如电压、频率等）以及安全可靠性方面都必须满足规定的技术标准。

④工程技术和设备供应方面都是成熟、可行的。

⑤各方案在资源利用、环境影响和社会效益等方面是可比、对等的，并能得到其支撑。

(2) 拟订方案。参考上面介绍的网络结构类型、方案形成基本原则，根据变电站布局和规模、输电容量、输电距离以及可靠性的要求，基于设计者的经验拟订多个可比的网络方案。

①变电容量的确定。通过电力电量平衡的分层分区分析，分析设计年度规划范围内的变电容量需求，确定变电站布局（地理位置）和规模、变电站主变压器规模与供电范围内装机规模。变电站的布局与负荷分布有关，变电站的地理位置与变电站一、二次电压接网方案和站址自身条件等因素有关。变电站及发电厂的母线，是连接电网的节点，是拟订网络方案的基础。

②送电容量的确定。电力源反映了电网对输电功率的需求，是输电断面上构成电网方案并建设有关送电线路的重要因素，因此需要有针对性地进行设计水平年若干个子区的电力平衡，以获取相应断面的电力流规模和方向。

③送电距离的确定。一般是在相关地图上量得长度，再乘以曲折系数（根据地形复杂情况经验数可取 1.1～1.15，或应用实际积累的数值），也可采用同路径已运行的线路实际长度，或采用送电线路可行性研究阶段确定的设计长度。

④网架方案拟订。在交电站布局、送电距离和送电容量确定后，根据有关送电线路输电能力的数据、以往类似工程实例，以及设计者的经验，即可拟订出多个待选的网络连接方案。由于现代电力网络的结构越来越复杂，设计时没有标准模式可套用，一般应根据其规划年度内的负荷分布、数量大小、用电特性及其供电距离等进行考虑。

在方案拟订过程中，拟订的方案应与原有电网基础相衔接，与电网发展规划相协调。特别值得注意的是，现在我国电网建设与土地等相关资源的矛盾越发突出。因此，现有和拟建线路路径走向和走廊条件、变电站站址位置和站址条件，常会对电网方案的构思、取舍起到十分重要的作用：即使其他条件相同，由于线路走向或站址位置条件不同，拟订的方案、推荐的方案往往会有很大不同。

4. 方案检验

方案检验阶段的任务是对已形成的方案进行技术经济比较，内容一般包括潮流计算、暂态稳定计算、短路电流计算、调相调压计算、工频过电压计算、潜供电流计算及经济比较等。在进行网络方案检验的同时，可以根据检验得到的信息，增加或修改原有的网络方案。

(1) 一般要求。

①应进行潮流计算，视需要进行稳定和短路电流计算，对推荐网络方案应进行全面详细的电气计算。根据规划期的不同，电气计算的内容和深度也有所不同。

②近期规划设计应包括潮流、稳定、短路电流计算，必要时进行调相调压、工频过电压、潜供电流计算。

③中期规划设计应包括潮流、稳定、短路电流计算，必要时进行调相调压计算。

④长期规划设计视情况进行必要的潮流、稳定、短路电流计算。

(2) 潮流计算。用以比较规划网络方案，检验推荐方案对运行方式的适应性，为输变电主要设备参数选择提供依据。应进行正常方式和 N-1 静态安全分析潮流计算。对潮流计算结果，应分析正常运行方式下电网主干回路潮流分布及变压器、输电线路负荷水平是否合理，通过 N-1 静态安全分析校验检修方式和事故方式下的设备过负荷情况，校核各运行方式下的系统运行电压水平是否满足《电力系统电压和无功电力技术导则》(DL/T 1773–2017) 的要求，必要时应对过渡年或过渡网络方案进行潮流计算。

(3) 暂态稳定计算。用以检验方案是否满足系统稳定运行的要求，输电通道送电功率极限能否满足输电容量需要。以《电力系统安全稳定导则》(GB 38755–2019) 第一级安全稳定标准中的故障类型为主，必要时对第二级和第三级安全稳定标准中的故障类型进行验算。

一般可仅对推荐方案和少数主干网络比较方案进行静态和暂态稳定计算，但根据电力系统特点能判别哪类稳定计算起控制作用时，则只进行控制类型的计算，必要时进行动态稳定计算。

稳定计算应注意分析过渡年份接线及某些系统最小运行方式的稳定性。

当系统稳定水平较低时，应采取提高稳定的措施，如设置中间开关站、串联电容补偿、调相机、静止无功补偿器等。规划设计可根据电网具体情况初步分析并推荐一种或多种提高稳定的措施,为下阶段专题研究提供依据。

(4)短路电流计算。用以评估电网发展的短路电流水平,校验现有设备的短路容量能否满足要求,为规划方案比选和新增设备的短路容量选择提供依据,以及研究限制系统短路电流水平的措施,应对规划水平年和远景水平年计算短路电流,现有断路器进行更换时还应按过渡年计算。短路电流应限制到合理的水平,应与制造厂商提供的设备水平相适应。

应计算三相和单相短路电流,如单相短路电流大于三相时,应研究电网的接地方式以及接地点的多少等,全接地系统应研究加装中性点小电抗接地。

(5)调相、调压计算。用以校验系统各种典型运行方式下的电压是否符合标准要求,校核无功补偿配置的合理性。

经调相、调压计算,在系统各种运行方式下变电站母线的运行电压不符合电压质量标准时,应研究增加无功补偿设备满足电压质量标准。在增加无功补偿设备后电压波动幅度仍不能满足要求时,可选用动态无功补偿装置或有载调压变压器。

(6)工频过电压计算。用以校验规划网络330kV及以上电压交流线路的工频过电压水平,为线路是否装设高压并联电抗器提供依据。

非正常运行方式包括故障时同部系统解列、联络变压器退出运行、中间变电站的一台主变压器退出运行等,但单相变压器组有备用相时,可不考虑该变压器退出运行。

故障形式可取线路一侧发生单相接地三相断开或仅发生无故障三相断开两种情况。

限制工频过电压的措施主要是装设线路高压并联电抗器,可结合无功补偿需求在线路单侧或双侧配置高压并联电抗器。

(7)潜供电流计算。用以校验规划网络330kV及以上电压交流线路的潜供电流和恢复电压水平,为线路是否装设高压并联电抗器和能否采用单相快速重合闸提供依据。

计算潜供电流及恢复电压应考虑系统暂态过程中两相运行期间系统摇摆情况,并以摇摆期间潜供电流最大值作为设计依据。

潜供电流的允许值取决于潜供电弧自灭时间的要求,潜供电流的自灭时间等于单相自动重合闸无电流间隙时间减去弧道去游离时间,单相自动重合闸无电流间隙时间要结合系统稳定计算决定,弧道去游离时间可取0.1~0.158并考虑一定裕度。限制潜供电流的措施主要有在高压并联电抗器中性点接小电抗,也可采用快速单相接地开关或良导体架空地线,应根据系统特点结合其他方面的需要进行论证。

(8)经济比较。在以上各项检验通过后进行方案的经济比较,作为提出推荐方案的依据，方案经济比较宜采用年费用法。

在技术比较可行性相当时，应优先采用投资费用省、运行成本低、节约能源资源、社会经济效益好的规划方案。

(9) 综合比较推荐方案。电网规划的最终推荐方案应综合技术经济比较，从国民经济整体利益出发，符合国家能源及电力建设方针政策，使电力建设获得最大的社会经济效益。

除以上检验内容外，在选择方案时，还应综合考虑以下因素：

①主干电网结构合理性；

②对远景发展的适应性；

③方案过渡是否方便；

④运行灵活性；

⑤电源、负荷变化的适应性；

⑥对国民经济其他部门的影响；

⑦国家资源利用政策；

⑧环境保护和生态平衡；

⑨建设条件和运行条件。

第二节　交流输电

一、电压等级选择

(一) 电压等级选择的原则

电压等级为在电力系统中使用的标准电压值系列。电压等级选择需考虑以下几方面因素。

(1) 国家电压标准。

(2) 本网电压系列。

(3) 电网的经济性、可靠性和对电网发展的适应性。

(4) 对环境的影响。

(5) 设备制造能力。

(6) 电压等级的发展。

促进发展高一级电压等级的原因一般有：远距离、大容量输电的需要；限制输电线路走廊的需要；降低短路电流水平的需要；建设高可靠性网架的需要。

发展新的高一级电压重点考虑以下因素。

(1)满足电力系统的需要,适应电力系统中长期发展,兼顾全系统的经济性,有利于更高一级电压等级主干网架的形成,保证电力系统的可靠性。

(2)综合分析采用新电压等级后带来的经济效益、社会效益和环境效益。

(3)与本网现有电压等级系列相协调,技术经济合理配合,相邻两级电压级差一般不宜低于2倍。

(4)与其在系统中的作用,输电能力和输电距离相适应。

(5)有利于相邻电网互联。

(6)新电压等级输电的可用性与新的发电和输电需求相统一。

(7)新电压等级输变电设备与工程应用时间上相协调。

电网规划设计中不应选择非标准电压。某些地区受历史等因素影响,已经存在的非标准电压应限制发展,当具备条件时可逐步升级改造。利用原有线路及路径升压,是提高和解决输电容量的一项比较经济有效的措施。

在确定电压等级时应考虑到与主系统及地区系统联网的可能性。故电压等级应服从于主系统及地区系统。如果考虑地区特点不可能采用同一种电压系列,应研究不同系统互联的可能措施。

规划设计中选定电压等级时应既能满足长远发展的需要,又能适应近期过渡的可能性。在技术经济指标相差不大的情况下,应优先推荐电压等级较高的方案,必要时可考虑初期降压运行过渡。

在同一个电网中采用各层次的电压等级组成本网的电压等级系列。在国际上,合理简化电压等级系列已成为趋势,因电压等级选择实际上是电压等级系列互相配合的问题,各国都有自己的电压等级标准。

(二)电压等级选择的方法

交流电网电压等级选择,应根据输电容量和输送距离,参考国内外不同电压等级的使用范围,以及从控制电力损失等角度出发,拟订多个参选电压等级的网络结构方案。经技术经济比较后选定,在初选电压等级时,可参考下面一些经验数据和公式。

(1)可根据以下经验公式计算标称电压。

$$U_N = \frac{1000}{\sqrt{\dfrac{500}{L} + \dfrac{2500}{P}}} \tag{1-1}$$

式中:U_N——标称电压,kV;

L——输电距离,km;

P——输电容量，MW。

根据式（1-1）计算值，再按《标准电压》（GB/T 156-2017）中规定的标准电压选择合适的电压等级。

（2）从控制电力损失角度选择电压等级。电压等级与电网电力损失有密切的关系。一般情况下，当送电距离超过某个数值时，在经济上仍然会失去竞争力而被上一级电压等级线路取代。当送电线路采用钢芯铝导线，电流密度为 0.9A/mm^2，受电功率因数为 0.95 的条件下，各级电压线路每千米电力损失的相对值近似为

$$\Delta P(\%) = \frac{5L}{U_N} \tag{1-2}$$

式中：U_N——标称电压，kV；

L——输电距离，km；

ΔP（%）——每千米电力损失的相对值，%。

长线路的电力损失值一般较大，但一般不宜超过 5%。由式（1-2）可求得各等级电压合适的送电距离。

二、线路导线截面选择及输电能力

（一）架空线路导线截面选择和校验

架空线路的导线截面一般按正常情况下经济电流密度来选择，并依据电晕事故情况的发热条件进行校验，必要时通过技术经济比较确定。对于 110kV 及以上电压架空线路，首先要满足电晕条件要求；对 330kV 及以上电压线路，电磁环境要求成为选择导线截面（和结构）的重要因素。

电网规划设计选择导线截面常用方法是按经济电流密度选择导线截面和按导线发热容量校验或选定导线截面，目前风电场和光伏电站送出线路主要按导线发热容量校验或选定导线截面；超高压和特高压长距离输电线路的导线截面还要考虑电晕条件和无线电干扰；尤其是高海拔 330kV 以上线路，经常是由电晕条件、无线电干扰条件、噪声条件控制导线截面的选择。

（二）架空线路的输电能力

架空线路的输电能力是指输送功率与输电距离的远近，与系统运行的经济性、稳定性有很大关系。系统运行的稳定性取决于送电距离（即线路长度）、线路送受端系统（包括装机容量）、负荷水平、电网接线和运行工况等因素。由系统稳定条件决定的线路输电能力应通过系统稳定计算确定。

1.线路的自然功率

自然功率也称为波阻抗负荷，是指负荷阻抗为线路波阻抗时该负荷消耗的功率。如线路运行电压为额定电压时，则自然功率的表达式为

$$\left.\begin{array}{l} P_N = \dfrac{U_N^2}{Z_c} \\[2mm] Z_c = \sqrt{L_0 / C_0} \end{array}\right\} \tag{1-3}$$

式中：P_N——线路自然功率，MW；

U_N——线路额定电压，kV；

Z_C——线路波阻抗（忽略线路损耗），Ω；

L_0——单位长度的电感，H/m；

C_0——单位长度的电容，F/m。

当线路传输自然功率时，各点电压幅值相等，线路单位长度消耗的无功功率等于所产生的充电无功功率；当输送功率小于自然功率时，线路电压从送端往受端提高，线路单位长度消耗的无功功率小于其所产生的充电无功功率；当输送功率大于自然功率时，线路电压从送端往受端降低，线路单位长度消耗的无功功率大于其所产生的充电无功功率；若维持送、受两端电压相等，且传输功率不等于自然功率时，线路中点电压偏移最严重。

自然功率是线路自身的一种特性，不能简单地把它等同于线路的输电能力，但工程上又经常以它为水准来研判、衡量线路输电能力的大小。对短距离线路，输电能力一般大于自然功率；对中长距离线路，输电能力一般小于自然功率，自然功率取决于导线型号、布置方式和电压等级。

2.超高压、远距离输电线路的输电能力

超高压、远距离输电线路的输电能力主要取决于发电机并列运行的稳定性，以及为提高稳定性所采取的措施。远距离输电一般不输送无功（或仅输送极少无功），可在受端装设适当的调相调压设备。若要提高线路输送能力，必须保证一定的技术经济指标（包括输电成本、电能质量及正常和事故运行情况下系统的稳定性）。

输电线路两端系统的电气强度可用节点的等效平均短路比 eescr 表示，其值为节点短路容量与线路自然功率的比值，在静态稳定储备系数取30%，线路两端电压取线路额定电压，且假定线路两端系统等效平均短路比 eescr 相同的条件下，在线路没有串联电容补偿时：

（1）当输电距离给定时，输电能力取决于线路两端的电气强度，即短路比。两端系统越强，则输电能力越强。这在线路距离较短时非常明显，而随着输电距离的增

加，差别逐渐变小。

（2）当 eescr 为 10，输电距离达到 600km 时，输电能力已接近线路的自然功率。当 eescr 为 40，输电距离达到 800km 以上时，输电能力下降到小于线路的自然功率。

（3）当线路输电能力定义为输电容量与线路自然功率的比值时，其输电能力并不随电压等级变化，即电压等级增高后，因为线路自然功率相应升高，线路输电容量的绝对值也相应增加，而自然功率的输电距离并不随电压等级升高而增长。

（4）一般认为，输电能力小于自然功率是不经济的。因此，仅从功率稳定方面考虑，不加线路串联电容补偿的输电线路，其输电距离不会超过 100km。

（三）电缆线路

1. 电缆线路的用途

电缆线路的优点是不受自然气象条件和周围环境干扰，不破坏城市美观和影响人身安全，同一通道可容多回电缆，增强了供电能力。电缆线路的缺点是建设费用与架空线路相比要高得多，事故修复时间长，因此，考虑电缆输电应与架空线路有所不同，应避免单一回放电缆的供电。因为电缆故障，修复时间比架空线要长得多，若无备用电源，会造成用户长时间停电。

按照我国的具体条件，目前在以下情况下采用电缆线路：

（1）依据城市规划，繁华地区、重要地段、主要道路、高层建筑区及对市容环境有特殊的要求；

（2）架空线路和线路导线通过严重腐蚀地段且在技术上难以解决；

（3）供电可靠性要求较高的重要用户供电线路；

（4）重点风景旅游区的区段；

（5）沿海地区受热带风暴侵袭的主要城市的重要区域；

（6）走廊狭窄，架空线对建筑物不能保持安全距离的通道；

（7）电网结构或运行安全的特殊需要；

（8）跨越内河、大江、海峡，或者向岛的石油平台供电的线路；

（9）海上风电场送出线路等。

2. 电缆线路的分类

电缆线路是指采用电缆输送电力的输电和配电线路，一般敷设在地下或水下，也有架空敷设的配电电缆线路。电缆线路主要由电缆本体、电缆接头、电缆终端等部分组成。从基本结构上看，电缆本体主要由导电线芯、绝缘层和保护层三部分组成，其中导电线芯用于传输电能；绝缘层用于保证在电气上使导电线芯与外界隔离；保护层则起保护密封作用，使绝缘层不受外界潮气没入，不受外界损伤，保持绝缘性能。电力电缆一般可按电压等级、导体芯数、绝缘材料等多种方法分类。

（1）按电压等级分类。低压电力电缆为1kV及以下，用于电力、冶金、机械、建筑等行业；中压电力电缆为3～35kV，约50%用于电力系统的配电网络，将电力从高压变电站输送到城市和偏远地区，余下部分用于建筑行业，以及机械、冶金、化工、石化企业等；高压电力电缆为66～110kV，绝大部分应用于城市高压配电网络，部分应用于大型企业内部供电，大型钢铁、石化企业等；超高压电力电缆为20～500kV，主要应用于大型电站的引出线路，欧美等经济发达国家还将其用于超大型城市等用电高负荷中心的输配电网络。上海、北京等大型城市也拟将超高压电缆用于城市输配电网络。

（2）按导体芯数分类。电力电缆导体芯数分为单芯、二芯、三芯、四芯四种。单芯电缆通常用于传送单相交流电、直流电，也可在特殊场合使用（如高压电机引出线等）；二芯电缆多用于传送单相交流电或直流电；三芯电缆主要用在三相交流电网中，在35kV及以下的各种电缆线路中得到广泛的应用；四芯电缆多用于低压配电线路、中性点接地的三相四线制系统（四芯电缆的第四芯截面积通常为主线芯截面积的40%～60%）。

（3）按绝缘材料分类。

①黏性油浸渍纸绝缘电缆：是用黏性油浸渍纸做绝缘电缆，包括普通黏性浸渍电缆和不滴流黏性电缆，在35kV及以下电压电网中广泛使用，但截面较小，大部分为240mm²铝芯。

②塑料绝缘电缆：聚氯乙烯塑料（PVC）作为绝缘的电缆，广泛应用于10kV以下低压线路；交联聚乙烯（XLPE）电缆是利用高能辐照或化学方法将聚乙烯分子交联后作为绝缘介质的一种电缆，具有载流量大、质量轻、坚固，可在比较恶劣环境下敷设，有接头、终端头等附件制作简单等优点，适用于500kV及以下电网。

③橡皮绝缘电缆：适用于6kV以下固定敷设的电力线路。

④自容式充油电缆：分为单芯和三芯两种，单芯一般用于110～750kV电网，三芯一般用于35～10V电网，其特点是采用浸渍剂消除因负荷变化在油纸绝缘层中形成的气隙，以提高电缆的工作场强。

⑤直流电缆：直流电缆结构与交流电缆有很多相似之处。但绝缘长期承受直流电压，且可比交流电压高5～6倍。目前，直流电缆大部分为黏性浸渍纸绝缘。

（4）按敷设环境分类。按敷设环境分为陆地电缆、架空电缆和海底电缆三种。

①陆地电缆：泛指敷设于陆地土壤内的电缆，主要包括直埋保护管、电缆沟、隧道，是常用的电缆类型。

②架空电缆：通常悬挂在电杆或建筑物墙上，一般用于10kV及以下电压等级。

随着价格较低的轻型绝缘材料交联聚乙烯的应用，架空电缆可以快速发展。

③海底电缆：泛指敷设于江河、湖泊、海域水底的电力电缆，也称为水底电缆。与陆地电缆相比，在主绝缘方面没有太大差异，海底电缆的特殊施工方法和运行条件，在金属套、铠装等结构方面有较大的不同。由于敷设环境对电缆保护层的结构影响较大。因此，电缆对保护层结构的机械强度、防腐蚀能力和柔软性分别有不同的特殊要求。

3. 电缆的路径和主要敷设方式

陆地电缆线路路径应与城市总体规划相结合，应与各种管线和其他市政设施统一安排。路径应综合路径长度、施工、运行和维护方便等因素，跨越河流时宜利用城市交通桥梁、交通隧道等公共设施敷设，应做到统筹兼顾、技术可行、安全适用、环境友好、经济合理，供敷设电缆用的构筑物宜按电网远景规划一次建成，供敷设电缆用的保护管、电缆沟或直埋敷设的电缆不应平行敷设于其他管线的正上方或正下方。

陆地电缆敷设方式应视工程条件、环境特点和电缆类型、数量等因素，以及满足运行可靠，便于维护和技术经济合理的要求选择。

（1）直埋敷设：一般将电缆直接埋设在地面下 0.7 ~ 1.5m 深。适用于不易经常性开挖的地段，容易翻修的城区人行道下或道路、建筑物边缘；地下管网较多的地段，可能有熔化金属、高温液体溢出的地段，待开发及较频繁开挖的地段，不宜采用直埋敷设。优点是经济、敷设简便；缺点是容易受周围土壤化学和电化学腐蚀，因此有化学腐蚀或杂散电流腐蚀的土壤范围，不得采用直埋敷设。

（2）保护管敷设：将电缆敷设在地下管子中的一种电缆安装方式。通常用于交通频繁、城市地下走廊比较拥挤的地段，如市区道路、穿越公路、小型建筑场所。优点是土建工程一次性完成，后期电缆敷设不必开挖道路，电缆不易受外力破坏。缺点是投资较大，工期较长，损坏电缆时需要更换工作井间的整根电缆。

（3）电缆沟敷设：将电缆敷设在砌好的电缆沟中的一种电缆安装方式。适用于地面载重负荷较轻的电缆线路路径，如人行道或厂内场地等。优点类似于电缆保护管敷设，且无须工作井，投资较低。缺点是盖板承压强度较低，不能用于车行道，且电缆沟距离地面太近，降低了电缆的载流量。

（4）隧道敷设：将电缆敷设在地下隧道的一种电缆安装方式。用于电缆线路较多、路径不易开挖的场所，如过江隧道等。隧道应在变电站选址及建设时统一考虑，并争取与城市其他公用事业部门共同建设、使用。海底电缆敷设与陆地电缆敷设不同，主要由水域的宽度、水深、通航要求、水文资料确定，路径可分为内河、大江和海峡三类；埋设深度按照通航船舶的吨位、水底土质要求可分为浮埋、浅埋和深埋，对应电缆运输方式，敷设方式包括盘装敷设、简装敷设和圈装敷设。

4.电缆导体截面选择

电缆导体截面选择是前期工作和工程设计的重要内容，涉及电力系统安全可靠、经济合理运行以及电缆本身的寿命问题。电缆导体最小截面的选择，应同时满足规划载流量和通过系统最大短路电流时热稳定的要求。在大多数情况下，电缆导体截面是由前一个要求决定的。

（1）在持续工作电流作用下，电缆导体温度不得超过按电缆使用寿命确定的允许值。

（2）在短路电流作用下的电缆导体温度，不得超过按热稳定要求确定的允许值，聚氯乙烯、交联聚乙烯和自容式充油电缆导体最高允许温度分别为160℃、250℃和160℃。

第三节　直流输电

一、直流输电特点及应用

（一）直流输电特点

相对于交流输电方式，直流输电方式具有以下技术特点。

（1）直流输电有利于隔离两端交流系统的事故影响，适用于非同步电网的互联及电力输送，通过直流方式连接交流系统可以是不同相序、不同频率、不同电压等级的交流系统。

（2）直流输电无线路电容效应，线路电压分布均匀，功率损耗较小，可实现远距离的电力输送，尤其适用于远距离的海底电缆输电。

（3）对于双极直流输电系统，在一极设备发生故障时，另一极仍可保持正常运行，并可方便地进行分期建设和增容扩建，有利于发挥投资效益。

（4）直流输电对通信设备的干扰小于交流输电，直流输电系统可方便快速地控制有功及无功，从而改善交流系统的运行性能。

（5）直流输电可不增加相连电网的短路容量，有利于电网相连。

（6）直流输电中存在大容量的换流装置，是一个谐波源，会使电网的电压和电流波形产生畸变，需要在交流侧和直流侧装设滤波装置，抑制谐波分量。

（7）直流输电换流站比交流变电站的设备多、结构复杂，可靠性相对较低。

(二) 直流输电应用场合

直流输电目前主要应用于以下场合:

(1) 远距离、大功率电力输送。我国电源基地的装机容量基本为数百万千瓦级, 电源与负荷分布的不均衡性使得输电距离横跨上千公里, 远距离、大功率电力输送采用直流输电方式更具经济性, 也能大大降低输电损耗。

(2) 区域系统之间或非同步交流系统之间的互联。区域系统之间采用交流方式联网虽可以增大交流系统的规模, 但也增加了故障后事故扩大的风险, 为区域系统增加了不安全因素。采用直流技术进行区域系统的互联可以隔离区域间的故障影响, 增强区域间功率交换的可控性, 提高系统运行的灵活性。非同步交流系统之间的互联必须依靠直流输电技术才能实现。

(3) 海底电缆输电工程。交流电缆线路充电功率大, 受电容电流的限制, 难以实现远距离送电, 且直流电缆结构简单, 运行维护较为方便经济, 与交流电缆相比造价较低。因此, 在海底输电工程中多考虑用直流输电技术。

(4) 采用电缆向用电密集地区供电。受架空线路走廊制约, 用电密集的大城市多采用电缆供电, 当供电距离较远时, 采用直流输电方式更具经济性, 用直流输电方式不会提供短路电流, 可以限制供电电网短路电流的增加, 并能为电网带来灵活的调整性和可控性。

交直流输电方式的选择从经济上看, 输送相同容量时, 和交流输电相比, 直流输电换流站造价高、线路造价低, 两者之间存在一个临界经济输送距离。根据以往研究结果, 对于架空线路, 交直流输电的临界经济输电距离为 500km～700km; 若为海底电缆输电, 则此临界经济输电距离为 30km～50km。

在工程建设中, 输电方案采用交流输电和直流输电均具备可行性时, 应对这两种方案进行详细的技术经济比较, 优先选择潮流分布合理、安全稳定水平高、系统运行灵活、适应性强、建设运行条件良好、有利于节约国土资源、有利于环境保护、经济性优的输电方式。当单独对输电方式进行选择论证存在困难时, 也可将不同输电方式、不同直流电压等级、不同输电网络方案在系统方案论证中统一进行详细的比较论证。

我国常规直流输电技术应用已较为广泛, 主要用于区域互联工程, 以及远距离、大容量电力输送, 其以输送大型水电基地、火电基地电力为目的, 输电距离基本在1000km 以上, 输电容量大多在 3000MW 以上。

二、输电容量

输电容量是直流输电工程的基本参数之一，只有确定了直流工程的输电容量，才能进一步确定电压等级、网络方案、设备参数选择等设计方案。

对于送电型直流输电工程，其输电容量首先应满足电源电力送出的需要，还需考虑对电力系统安全稳定运行的影响。除此之外，输电工程的利用率、直流输电工程的规模化设计容量也是影响输电容量选择的因素之一。

（1）输电容量需配合送端电源电力的送出。满足电源基地电力外送的需要是送电型直流输电工程的建设必要性之一。我国大型煤电基地和大型水电基地的大容量、远距离电力外送很大程度上依靠高压直流输电工程得以实现。作为大型电站的电力外送工程，在确定直流工程的输电容量时应首先考虑满足送端电源电力送出的需求，与电源需外送的容量相配合。

（2）输电容量的确定需考虑对电力系统安全稳定运行的影响。随着直流输电技术的发展，直流工程输电规模越来越大，最大可超过1000MW，远远超过机组最大单机容量。虽然大容量直流输电可发挥工程规模效益，降低单位输电投资，但过大的直流输电容量对电力系统的安全稳定运行将产生不良影响。无论是直流独立输电系统，还是交直流混合输电系统，若直流输电系统发生故障，将对两端交流系统带来巨大冲击，严重时可能导致系统失去稳定；对于交直流混合的输电系统，还将对交流输电通道所在电网产生影响。

（3）输电容量应尽可能提高输电工程的利用率。输电工程的利用率也是输电容量选择时需考虑的因素之一。对于火电厂、大型水电站等电源电力的送出，一般来说，可以保证较高的最大发电负荷利用小时数，配套的直流输电工程也可获得较高的利用率，利用率问题不会对直流输电容量的选择造成限制。但对于季节性小水电、电力特性不稳定的风电等电源电力，一般年平均最大负荷利用在200小时左右，若为这一部分电力的外送单独建设直流输电通道，则直流输电工程的利用率较低，将导致较高的输电费用，不利于节约资源，也将使送出的电能电价不具竞争性。确定直流工程输电容量时应尽可能提高输电工程的利用率，对于利用小时数不高的电源电力，不建议单独进行电力外送，可考虑在电源消纳方案研究阶段即研究与大型火电站或水电站打捆外送的可能性，结合电站出力特性，设计合适的直流输电工程的送电特性，以提高输电工程利用率，从而提高输电工程的经济性。因此，对于多种电源混合送电的直流输电工程，其输电容量的确定应考虑提高输电工程利用率的因素，从我国已建直流输电工程的年平均最大负荷利用小时数看，一般以不低于4000小时为宜。

（4）选取的输电容量宜优先考虑已有直流工程设计容量。原则上直流输电工程的输电容量可以各不相同，但这不利于设备制造的标准化，可能在无形中增加了设备制造成本，不能获得优良的经济效益。我国已建成不同规模的直流输电工程，从设备研发、生产制造、运行经验等多方面考虑，直流输电容量宜优先考虑已有直流工程设计容量，可最大限度获得经济性、可靠性保证。

第四节　主干电网规划设计

一、主干电网规划设计的内容和要求

（一）主干电网规划设计的内容

主干电网又称网架，是由区域或省级电网的重要发电厂的变电站、系统负荷中心的枢纽变电站、开关站、直流换流站以及连接各站的输电线路组成的电网，是整个电网中最重要的部分。一般包括该系统最高一级电压交流电网或再加次一级电压交流电网，通常由送端系统、受端系统、区间联络线、大型电源接入系统的网络、直流换流站接入系统的网络和主要输电通道网络组成。

主干电网规划设计侧重于系统最高一级电压电网或再加次一级电压电网。

（二）主干电网规划设计的要求

（1）应重点研究系统最高一级电压和次高一级电压的骨干网络。

（2）系统主网络结构应坚强、灵活、简明清晰，便于调度运行管理，具有较高的安全稳定水平，对负荷和电源发展的不确定性具有一定的适应能力，以满足系统发展需要。

（3）应具备较强的抗扰动能力，具备承受失去大电源或发生严重单一故障的稳定储备能力，不应导致主系统非同步运行，不应发生频率崩溃和电压崩溃。

（4）应适应大型电源接入和大规模电力送受的需要。

（5）应能够适应向远期目标网架的发展过渡，便于分区供电和电磁环网解环规划的实现。

二、主干电网规划设计的特点及要求点

（一）构建的特点

不同区域的负荷、电源分布以及地理特点将影响并决定其主干电网的不同形态，

包括电源送端输电通道、受端系统、联络线等。因此，各区域、各省的主网架结构均体现了各自电源、负荷分布及经济发展的特点。

主干电网是随着历史的发展逐渐形成的，并且其形态会因时因地发生一些变化，如在形成的初期一般为链式和放射性结构，随着电网的发展在链式间逐渐加强横向联系，以达到增强电网输电能力，提升电网运行安全可靠性的目的。

(二) 规划设计的要点

1. 各级电压电网的功能定位

区内主干电网主要以输送电力为主干网时，需满足电网安全可靠运行的要求。因此，通常区内主干电网在该区域最高一级电压交流电网中构建，但在最高级电压电网尚未形成足够规模时，则将由最高一级电压和次一级电压交流电网共同构建。因此，明确电网发展各阶段各级电压电网的功能定位，对主干电网的规划设计至关重要。

2. 分区间的电力流与通道连接

一般而言，区内各分区间的电力流决定了各分区之间通道数及其规模，而这些通道则形成了主网架的纵向结构，它们的主要作用是输送潮流。在进行设计时，应结合电网的特点，开展近远景电力供需平衡分析，充分考虑在不同运行方式下分区间的送受电关系和电力流的变化。

通过对分区电力流的分析，可初步确定主干电网的纵向结构，而对这些纵向通道间进行适当的横向联系加强，则可提高电网的可靠性。因此，一个坚强的主干网多由网格状、环网状等形态构成。由于主干电网是随着历史的发展逐渐形成的，因此，设计时应充分利用已有的电网资源，避免浪费，同时在考虑新增通道时应有一定的前瞻性。

3. 结构优化的关键技术问题

(1) 标准和原则。一个区域 (省级) 电网的主干电网是在其区内电源接入系统、大型电源输电系统规划及受端系统规划等设计基础上形成的，因此，规划设计的主网架，必须满足相关设计中的各项基本要求，可根据电网实际情况，拟订相应的若干主网架方案，并对网架方案进行潮流、稳定、短路的校核计算，同时，考虑到主干电网是一个电网的核心，还需要重视其抗风险能力，可针对密集重要负荷、沿海台风、冰雪严寒等地区适当考虑差异化的设计。

(2) 短路水平。随着社会的发展，电网的密集度越来越高，短路电流水平也逐渐成为各区域 (省级) 电网发展的一大重要限制因素。因此，在主干电网设计中，当考虑有了足够的电源支撑后，电源的接入应适当分层；在满足安全稳定的基础上，电网间的互联宜适度。根据各种限制短路电流措施的效果，对于过于密集的电网，应优先通过优化电网结构、适度拉开电网中的电气距离，以降低并控制电网短路电流。通常采取的方法为，将电网划分为若干片区或组。片区内或组内相对电力自我平衡或对外交换较小，然后对于片区或组之间的相对电力采用较弱的电气联系，在此基础上搭建合理可靠的主网架。片区或组的划分形式有多种，可以按照地理位置划分，也可以通过网架结构形态划分。

（3）新技术的应用。随着科技的不断发展，电网中的新设备和新技术层出不穷。一些新设备及新技术将给电网带来较大的效益，如大容量输变电设备、串联补偿装置、串联电抗器、柔性交直流输电技术等，在节约占地、提高输送能力、提高系统可靠性等方面有着各自不同的作用。在进行主网架规划设计时，应当将运用成熟可靠的新设备及新技术的方案纳入方案比较之中。

（4）接纳清洁能源的能力。区内主网架的规划应充分考虑电网对于清洁能源接纳能力的提升。网架设计时应研究清洁能源的出力特性变化对电网运行带来的影响，同时应考虑对清洁能源规模变化的适应能力。

4. 其他因素

电网建设的外部条件在一些地区渐渐成为方案的一个限制性因素，如在一些负荷密集的中心地区，土地资源匮乏，电力通道建设困难。因此，主网架方案的拟订必须考虑输电线路走廊的可行性并纳入技术经济比较，否则方案难以实施，或实施的代价很大。

此外，对于技术方案的考虑则需要在满足电网的安全稳定基础上，全面分析方案对系统的可靠性。对于重要的可变因素如负荷水平、电源建设的变化进行敏感性分析，以考核电网结构的灵活性和适应性。

三、大型电源送出输电系统规划

大型电源送出输电系统规划设计工作一般在项目初步（或预）可行性研究阶段开展，成果及评审意见用于指导开展电厂接入系统设计工作。

集中开发的大型能源基地和流域梯级水电电源项目需要开展此项研究。对于其他电源项目，若存在不确定因素多、建设工期长等情况，也可在项目初期开展此项研究工作。

大型电源输电系统规划设计的主要内容是确定电厂的送电方向和供电范围，论证电能消纳方案，研究输电方案，开展规划选站、选线工作，分析电价竞争力。不同的电源项目，研究的侧重点不同。

（一）一般要求

（1）以市场为导向，以安全稳定为基础，以经济效益为中心，在电网总体规划的指导下，远近结合，科学论证。

（2）对符合国家能源发展战略，在相同规划期间投产的电源群项目，宜针对规划期内投产总装机容量，统筹开展输电规划设计工作，研究电能消纳方案、电压等级、输电方式等。

（3）在设计过程中，要注意节约，对送端电源结合布局和容量，研究送端电网合理的网架结构，要充分利用输电通道的输电能力。此外，还需对受端落点进行分析，必要时开展专题论证。

（4）大型电源项目输电系统规划设计完成后，若设计的边界条件发生较大变化，对原推荐方案产生较大影响时，需进行滚动调整。如规划容量、建设进度发生较大变化，或者送、受端电网规划，电网内其他重要电源建设进度发生较大变化对原推荐方案产生较大影响。

（二）输电方向和落点分析

（1）分析相关区域一次能源及其他资源情况，论证能源的合理流向及电源项目的市场定位。

（2）确定电力电量平衡的边界条件及有关原则。

（3）选择相关区域规划期内代表年进行电力电量平衡计算，必要时开展逐年（逐月）的电力电量平衡分析。根据目标市场电力电量平衡计算结果，确定合理的送电容量和建设时序。

（4）对跨省或跨区送电的流域水电项目，应开展受端电网火电替代率、弃水电量、火电可变成本等计算。对跨省或跨区送电的风电场、光伏电站项目，应开展送、受端电网调峰平衡，分析送、受端电网消纳容量，结合输电的安全性和经济性，研究送电曲线。

（5）考虑输电成本及替代容量效益等因素，经综合经济比较，提出电源项目的供电范围和消纳方案。

（6）跨区送电项目。在确定区域电网电能消纳方案后，还应根据需要对分省消纳方案进行论证并提出推荐意见。

（7）必要时，对电源建设方案存在的不确定因素进行适应性分析。

(三) 输电方式的选择

1. 目的和意义

输电方式的选择，不仅是确定大型电源送出采用交流、直流输电等传统输电方式，还是柔性直流输电、多端直流输电等新技术。不同的输电方式具有不同的输电特性，其功能定位和应用范围也不尽相同。选择合理的输电方式，一方面可以提升输电方案对电网发展的适应性，同时确保电网的安全稳定运行；另一方面也可以在保证安全的前提下降低工程的综合费用，充分发挥联网效益。

2. 直流和交流输电的应用特点

纯直流联网的优点是两端交流系统之间不存在同步稳定问题，电网结构比较松散、清晰，可以减少或避免大量过网潮流，在输电距离长、容量大时较为经济，但换流站造价高，传统直流线路中间又不能落点，因而运行上不灵活。

直流输电的稳定性取决于受端电网有效短路比和有效惯性常数，直流系统的安全稳定运行需要依托交流电网提供坚强的电压、无功支撑和潮流疏散能力。直流输电故障率较高，突然失去输电能力时，大量的功率冲击容易引起送受端交流系统内部的稳定破坏。

交流联网应校核两端系统之间的稳定性，送电容量受稳定性的限制。但交流输电线路可以落点供给沿途负荷，具备网络构建功能，故障率总的来说较直流输电低；对于不太长的线路，送同样容量时，投资比直流方案少。

因此，在一定距离之内，交流输电是方便、灵活、可靠、经济的输电方式。只有在交流输电因稳定问题过于突出或经济性差时，才采用直流输电。

3. 输电方式选择的步骤

在对基础资料充分分析的基础上，根据输电项目要实现的系统功能要求，初选输电方式，在不同频率，没有相同电压等级的电网间实现输电时，采用直流输电方式。超远距离或跨区电网间的大容量、远距离输电项目一般采用直流输电方式。满足工程沿线电网多点负荷发展需要，有网络构建需求，一般采用交流输电方式。若无法通过系统功能定位来确定输电方式，则需对输电方式进行综合技术经济比较。

对满足技术要求的输电方案进行运行期内的单位容量年费用比较。一般来说，随着输电距离和输电容量增加，直流输电的经济性逐渐优于交流输电。当输电容量和输电距离达到一定水平后，选择直流输电方式更优。

输电方式的最终确定，要统筹考虑方案的经济性和安全性，经过综合比选，选取整体适应性更优方案。

（四）电压等级的选择

电压等级主要取决于送电容量和送电距离两个因素，但彼此间并没有明确的对应关系，应根据具体工程的情况选定。在大多数情况下，一个大型电源送出工程项目电压等级，根据现有电压等级配置情况，设计者凭经验就能选定。在设计者经验范围内难以明确电压等级时，就需要应用电网规划设计方法，拟订多个包含参选电压等级的电网结构方案，进行比较后选定。

1. 交流输电电压等级的选择

交流输电电压等级的选择要遵循远近结合、经济合理等原则，从标准电压系列中选取。交流电压等级的选择方法主要分为三类：第一类方法是通过限定与电压等级相关的参数，筛除不符合条件的电压等级方案，进行初选，如电力损失限定法；第二类方法是通过输电距离、输电容量等参数，依据各电压等级的经验适用范围选择相应的电压等级，如经验数据法、经验公式法；第三类方法是针对两个或多个具体比选方案，通过经济性比较得到经济性更优的电压等级方案，如单位容量年费用法。

2. 直流输电电压等级的选择

直流输电电压等级的确定通过方案比选、经济性比较、综合分析三方面，具体步骤有以下几个方面。

（1）对额定电压进行初选，传统上有瑞典 E. 乌尔曼经验公式、西德经验公式。考虑直流输电技术和设备的成熟化，当计算得到的直流电压等级接近我国已投产直流工程的电压等级时，可采用既有直流配置进行比较；若计算得到的电压等级介于两个已投产直流工程电压等级之间时，两个电压等级均可作为备选方案。

综合考虑合理的电压级差和输电容量、输电距离等需求，我国的直流额定电压主要确定为 $\pm 500\text{kV}$、$\pm 660\text{kV}$、$\pm 800\text{kV}$、$\pm 1100\text{kV}$ 四个等级，实际工程在上述电压等级中选取。

（2）确定各方案基本配置参数，如额定电流、导线截面等。考虑工程造价、电价、利用小时数等因素。计算各初选方案单位输电容量的年费用并进行比较。拟订的各方案可以采用不同的电压等级，也可采用不同的导线截面，其成本、费用均纳入单位容量年费用进行计算比较。

（3）在经济比较的基础上，综合分析初选方案的各方面因素，如站址、输电走廊用地是否紧缺，接地极占地是否可行，直流馈入后受端电网的安全稳定性等。综合考虑各项技术、经济因素，选取合理的直流输电电压等级。

(五) 输电方案

根据电能消纳分析结果，结合输电走廊条件和电网总体规划的要求，从技术性和经济性以及实施的现实性等方面，论证并选择输电方式、电压等级，并对受端电网落点进行分析，拟订电厂输电比较方案和必要的过渡方案。

(六) 技术经济综合分析

(1) 对拟订的比较方案进行电气计算。分析比较各方案的潮流分布、网损、输电能力和电网稳定水平和短路电流水平等。考虑各种影响因素，通过技术经济综合比较，提出推荐方案。

(2) 对推荐方案应进行典型方式潮流计算、短路电流计算、严重故障条件下的稳定计算，进一步检验推荐方案的可行性和合理性。

(3) 进行推荐方案输变电建设项目投资估算，列出投资估算采用的经济指标、输变电建设项目、分项投资和总投资。

(4) 对电源项目前期研究阶段需要的系统配合资料，包括出线电压等级和出线一回路数、电源项目主要电气设备和参数选择等提出初步意见。

(七) 规划选站和选线

(1) 对规划站址 (直流输电含接地极) 进行现场踏勘，初步分析站址建设条件。规划选线应尽量利用以往勘察设计成果和卫片选线等技术在室内进行，必要时对重点路径或条件较差的重点路段进行现场踏勘并规划。与国土等地方政府部门进行初步沟通，避免因站址或路径因素颠覆输电方案。

(2) 简述路径方案中不同输电线路走廊的自然条件，包括地质地貌、矿产分布、交通、气象等情况。

(3) 根据选线工作开展情况，必要时另行开展输电线路走廊规划选线专题研究。

(八) 电价竞争力分析

(1) 计算电源项目的上网电价，一般从电源项目本体设计报告中取得。

(2) 根据电价政策，提出输电电价测算原则，并测算推荐方案的输电电价。

(3) 若送电量等因素发生变化对输电电价产生影响，应进行敏感性分析。

(4) 上网电价加上输电电价即为电源项目的到网电价，并对到网电价竞争力进行分析。

第五节　发电厂接入系统设计

发电厂接入系统设计应以电力工业规划、电网规划设计、电源基地输电规划和审定的电力系统设计为指导。跨区、跨省送电的大型电源项目，流域梯级水电站群项目，近区火电、核电、新能源比较集中的新建电厂接入系统设计，应在电厂输电系统规划设计完成后，以评审的输电系统规划设计成果为基础，研究该电厂接入系统的具体方案。一般在电厂项目可行性研究阶段进行，是电厂项目可行性研究内容之一，可作为电厂送出工程可行性研究的依据。

一、接入系统设计原则

为保证电力系统安全稳定运行，发电厂接入系统应遵循以下原则。

(一) 分层原则

分层原则是指按照网络电压等级，即网络传输能力的大小，将电网划分为由上至下的若干结构层次。为了合理充分地发挥各级电压网络的传输效益，一般来说，不同容量的电厂 (和负荷) 应当分别接到适应的电压网络上。

在受端系统建设主力电厂，不能单纯着眼于就地供应负荷。作为大电网还有一个主要作用是实现对受端系统的电压支持，提高全网的稳定水平，以接受更多的由远方电源送来的电力。建设电厂就地供应负荷，这是大电网形成前的习惯概念。在发展大电网以后，为了提高电网的稳定性与灵活性，简化电厂与网络接线或取得短路电流的合理配合，从选择配置断路器等设备考虑，将大容量的电厂接入相适应的高压电网，并由高压电网向地区负荷供电，已是世界各国发展的共同趋势。

(二) 分散外接电源的原则

发电厂接入系统主要分为电源母线 (联网) 方式和单元式两种方式。

对国内外重大电网事故进行分析，总结出一个关于电网结构的结论，必须引起充分注意，即对于小电网，由于其电源有限，发生事故时一般不希望切除电源，否则会损失更多负荷，但对于大电网要防止全网性崩溃。上述这种对小电网保电源的做法应该纠正，若系统发生故障，要在减少输电能力的同时，切除相应的电源容量，这种主要是保全电网而不是仅保留个别电源的做法，是保证电网在严重故障时不发生恶性连锁反应，防止全网崩溃瓦解事故的重要经验。根据我国电网的实际情况，电网规模越大，越宜采用单元式电厂接入方式，因为这种结构方式可以满足上述要求，即在结构上消除恶性连锁反应隐患。

采用单元式接入系统方式，是防止一组送电一回路输送容量过于集中的有效方法。当某一组送电一回路发生故障时，只有此一组送电一回路的电厂处于送电侧，其他送电一回路的电厂皆处于受电侧，加强了对受端系统的支持，这样不仅使一个本来很复杂的电网稳定问题变成接近于单机对无穷大系统的方式。通过稳定计算分析及运行实践证明，单元式接入系统与在送电侧将几个单元互联的方式比较，会得到更高的稳定水平或更大的输电容量。

分散外接电源与加强受端系统是从结构上保证电网安全稳定运行的两个重要方面。分散外接电源可以避免严重事故时因负荷转移而出现扩大停电事故。为了与受端系统配合，任何一个送电网路的电力不过于集中，从而使受端系统真正发挥电网核心作用。

在遵循上述基本原则的基础上，发电厂接入系统设计原则还要考虑以下几方面因素。

（1）发电厂的规划容量、单机容量、本期建设容量、输电方向和送电距离及其在系统中的地位与作用。

（2）简化电网结构及电厂主接线，减少电压等级及出线一回路数，降低网损，调度运行及事故处理灵活。

（3）断路器的断流容量对限制系统短路的要求。

（4）对系统安全稳定水平的影响。

（5）对各种因素变化的适应性。

二、接入系统安全稳定标准

（1）电厂送出线路有两回及以上时，任一回线路事故停运，若事故后静稳定能力小于正常输电容量，应按事故后静稳定能力输电。否则，应按正常输电容量输电。

（2）对于火电厂的交流送出线路三相故障，发电厂的直流送出线路单极故障，必要时可采取切机或快速降低发电机组出力的措施。

（3）对于利用小时数较低的水电站、风电场等电厂送出，应尽量减少出线一回路数。确定出线一回路数时可不考虑送出线路的 N-1 方式。水电厂的送电一回路的传输能力，应能适应大发水电和调峰的需要。为利用季节性电能专门架设长距离的线路，可在技术经济论证后确定。

（4）核电站送出线路出口应满足发生三相短路不重合时保持稳定运行和电厂正常送出。

（5）大型水电、火电能源基地的电力需要向远距离的受端电网输电时，宜经相对独立的输电通道接入受端系统，尽量避免电源或送端系统之间的直接联络和输电一回路落点过于集中。每一个输电通道的最大输送功率所占受端系统总负荷的比例不宜过大，具体比例结合受端系统的具体条件确定。送端电厂之间及同一方向输电的多个输电通道之间是否连接应通过论证确定，在技术经济指标相差不大的情况下，应优先推荐不连接的方案。

三、接入系统电压等级

（1）发电厂接入系统的电压不宜超过两种。

（2）根据发电厂在系统中的地位和作用，一定规模的电厂或机组，应直接接入相应一级的电压电网。在负荷中心建设的主力电厂宜直接接入相应的高压主网。

（3）对于主要向远方送电的主力电厂，宜直接接入最高一级电压电网。对于带部分地区负荷而主要向远方送电的主力电厂，必要时可以出两级电压（不超过两级）。如采用联络变压器，则应经过技术经济论证，需要远距离输送的风电场群、光伏电站群，宜通过汇集站经统一规划的输电通道集中外送。

（4）单机容量为 500MW 及以上机组，一般宜直接接入 500（750）kV 电压电网。200～300MW 的机组，应结合电厂的规划容量，考虑本条所列因素，经技术经济论证以确定直接接入 220～500kV 中哪一级电压的电网。单机容量为 100MW 左右的机组一般宜直接接入 220kV 电压电网。

（5）对于受端系统内单机容量为 300～600MW 的主力电厂，应根据分层、分区电力平衡结果，经技术经济比较后，确定直接接入哪一级电压的电网。对于弱受端系统，为了提高受端系统电压支撑，主力电厂可直接接入最高一级电压电网。对于负荷密度大、短路电流水平高的电厂，可根据电厂规模及电网需要将机组全部或部分接入地区电网，但出线的电压不应超过两级。

第六节 交流变电站接入系统设计

一、接入系统设计原则

交流变电站接入系统设计需要遵循的主要设计原则有以下几个方面。

（1）交流变电站接入系统设计应贯彻执行国家法律、法规及有关的方针和政策。

（2）交流变电站接入系统设计应符合国家标准和行业标准，或严于相应的国家标准或行业标准。

（3）交流变电站接入系统设计是输变电工程可行性研究的重要组成部分。其成果可作为开展工程可行性研究的依据。

（4）交流变电站接入系统设计应论证变电站建设必要性，研究变电站接入系统方案，确定变电站建设规模，提出系统对主要设备技术参数的要求。

（5）交流变电站接入系统设计应以电网发展规划为指导、以安全稳定为基础、以经济效益为中心，做到远近结合、科学论证，推荐的接入系统方案应技术先进。

（6）交流变电站接入系统设计的设计水平年宜选择工程投产年份，并对设计水平年进行展望。接入系统方案研究的主要目的是明确变电站本期及远期出线方向及一回路数。

二、接入系统方案

（一）接入系统方案拟订

（1）变电站接入系统方案拟订，应根据变电站在系统中的作用和地位，综合考虑原有电网特点、电网发展规划、电力负荷分布、电源送出、电力平衡、走廊及站址条件等情况，提出能够满足系统输变电要求的两个及以上的可比方案，所列接入系统方案应全面。

（2）建设送电线路工程。由分地区电力平衡表及电力流向图，可以获取相应断面的电力流。然后通过该方式的电力系统计算，求证若在设计年度该断面上不扩展电力网络、不增加相关线路，则输电能力不能满足输送功率的要求，从而用数据说明了建设送电线路的必要性。有时，虽然尚能满足输送功率的要求，但从电网应适度超前角度出发，并且存在损耗过大、某些节点运行电压过低等原因也成为建设送电线路的理由。

（二）接入系统方案比较

（1）对拟订的接入系统方案应进行技术经济比较，应从潮流分布、电能损耗、暂态稳定水平、电网结构、近远期电网发展适应性、工程实施难易程度、经济性等方面进行综合比较；必要时，变电站相关地区短路电流水平也可作为比选条件之一。

（2）进行接入系统方案潮流分析比较时，宜选择潮流最重的典型运行方式进行，应考虑正常方式和 N-1 方式，以达到潮流分布合理、系统电能损耗低为优。

（3）进行变电站相关电网短路电流水平比较时，拟订方案短路电流水平应在合理范围内，必须满足现有设备制造能力。对于短路电流水平不合理的方案，应提出相应解决措施。

（4）进行接入方案经济比较时，一般采用年费用比较法，以年费用低的方案为优。

（三）接入系统方案推荐

推荐的接入系统方案应满足正常方式和 N-1 方式的要求，一般以电网结构简明、潮流分布合理、电能损耗小、稳定水平高、适应能力强、经济性优的方案作为推荐方案，各项指标不能兼顾时，应进行综合考虑，权衡各项指标利弊予以推荐。

三、主要技术参数

（一）变电站主变压器参数的确定

1. 变电站主变压器容量的确定

变电站主变压器容量一般应在分析变电站供电区域内负荷发展、电源布局、网架结构等因素的基础上，分析计算地区变电容量总需求、新建和扩建变电站规模，并统筹考虑地区电网合理容载比和主变压器负荷率后综合确定。

变电站主变压器容量的确定一般遵循以下原则。

（1）主变压器容量一般按变电站建成后 5 ~ 10 年的规划负荷选择，并适当考虑到远期 10 ~ 20 年的负荷发展。对于城郊变电站，主变压器应与城市规划相结合。

（2）根据变电站所带负荷的性质和电网结构来确定主变压器的容量。对于有重要负荷的变电站，应考虑当一台主变压器停运时，保证用户的一级和二级负荷正常供电；对一般性变电站，当一台主变压器停运时，其余变压器容量应能保证全部负荷的 70% ~ 80% 供电。

（3）同级电压的单台降压变压器容量的级别不宜太多，应从全网出发，推行系列化、标准化。

2. 变电站主变压器台数的确定

（1）对大城市郊区的一次变电站，在中、低压侧已构成环网的情况下，变电站以装设两台主变压器为宜。

（2）对地区性孤立的一次变电站或大型工业专用变电站，在设计时应考虑装设 3 ~ 4 台主变压器的可能性。

（3）对于规划只装设 2 台变压器的变电站，应结合负荷发展，研究其变压器基础是否需要按大于变压器容量的要求设计，以便负荷发展时，有调换更大容量变压器的可能性。

3. 变电站主变压器型式的选择

变电站主变压器型式选择主要是确定主变压器的相数（单相或三相）、备用相设置、绕组数量及其连接方式。

（1）变压器相数。

①对 330kV 及以下电压等级变电站，若大件运输条件允许，主变压器应选用三相变压器。

②对 500kV 及以上电压等级变电站，受大件运输条件的限制，一般选用单相变压器。但尚需结合系统条件，对变电站一台（或一组）变压器故障或停运检修时对系统的影响，通过技术经济论证来确定选用单相变压器还是三相变压器。

③对 500kV 及以上电压等级变电站的单相变压器组，应考虑一台变压器故障或停电检修时，对供电及系统工频过电压的影响，通过技术经济比较确定备用相是否必要。对于容量阻抗、电压等技术参数相同的两台或多台主变压器，应考虑共用一台备用相。另外，根据备用相在替代工作相的投入过程中，是否允许较长时间停电和变电站的布置条件等具体情况，来决定备用相是否需要采用隔离开关和切换母线工作相互连接。

（2）绕组数量和连接方式。

①对于具有三种电压的变电站，如通过主变压器各侧绕组的功率均在该变压器额定容量的 15% 以上或在变电站内需装设无功补偿设备时，主变压器宜选用三绕组变压器。

②对于深入负荷中心，具有直接从高压降为低压供电条件的变电站，为简化电压等级或减少重复降压容量，一般宜采用双绕组变压器。

③一台三相变压器或拟接成三相的单相变压器组，其绕组接线方式应根据该变压器是否与其他变压器并联运行、中性点是否引出和中性点负荷要求来选择。

④电力系统采用的绕组接线方式一般是星形联结、三角形联结和曲折形联结。

（3）自耦变压器的选择。我国 500kV 及以上电网中几乎全部采用自耦变压器，对 220kV 及以下电压等级电网，则应根据各地区电网具体特点研究论证确定。

4. 变电站主变压器额定电压、调压方式、短路阻抗以及调压范围的选择

依据电气计算结果，确定变压器的额定主抽头、调压方式、短路阻抗参数等。

（1）变压器额定电压、调压方式以及调压范围的选择，应满足变电站母线的电压质量要求，并考虑系统 5~10 年发展的需要。

（2）变压器额定电压应结合系统结构、变压器所处位置、系统运行电压水平、无功电源分布等情况进行优化选择；降压变压器高压侧额定电压宜与所处电网运行电压相适应，一般选用 1~1.05 倍系统额定电压，中压侧额定电压一般选用 1.05~1.1 倍系统额定电压，低压侧额定电压一般选用 1.0~1.05 倍系统额定电压。

（3）220kV 及以上交流变电站主变压器一般选用无励磁调压型，经调压计算论证确实有必要且技术经济比较合理时，可选用有载调压型。110kV 及以下交流变电站主

变压器一般至少有一级变压器采用有载调压方式。

（4）无励磁调压变压器抽头宜选用（±2）×2.5%；有载调压变压器抽头宜选用（±8）×1.25%。

（5）变压器各侧短路阻抗应根据电力系统稳定、无功平衡、电压调整、短路电流、变压器间并联运行方式等因素综合考虑。

5. 变压器中性点接地方式选择

接地方式的选择需要综合考虑多项因素。不同的电压等级电网中性点接地方式选择方法有以下两方面。

（1）对于110kV及以上系统，一般采用中性点直接接地方式。当单相短路电流大于三相短路电流时，应考虑使用中性点经小电抗器接地的方式。

（2）对于10~66kV电网一般采用中性点不接地方式，当单相接地故障电流大于10A时，采用中性点经消弧线圈或低电阻接地的方式。

6. 变压器并联运行条件

两台或多台变压器并联运行时，必须满足以下五个基本条件。

（1）电压比（变比）相同，允许偏差相同（尽量满足电压比在允许偏差范围内）。调压范围与每级电压要相同。如果电压比不相同，两台变压器并联运行将产生环流，影响变压器的出力。当电压比相差很大时，可能破坏变压器的正常工作，甚至使变压器损坏。

（2）阻抗电压相同，尽量控制在允许偏差范围 ±10%，还应注意极限正分接位置短路阻抗与极限负分接位置短路阻抗要相同。当两台阻抗电压不等的变压器并联运行时，阻抗电压大的分配负荷小。当该台变压器满负荷时，另一台阻抗电压小的变压器就会过负荷运行，变压器长期过负荷运行是不允许的。因此，只能让阻抗电压大的变压器欠负荷运行。这样就限制了总输出功率，增加了能量损耗，无法保证变压器的经济运行。

（3）联结组别相同。当并联变压器电压比相等，阻抗电压相等，而联结组别不同时，就意味着两台变压器的二次电压存在着相角差和电压差。在电压差的作用下，引起的循环电流有时与额定电流相当，但其差动保护、电流速断保护均不能动作跳闸，而过电流保护不能及时动作跳闸时，将造成变压器绕组过热，甚至烧坏。因此，联结组别不同的变压器不能并联运行。

（4）容量比为0.5~2。如果容量相差悬殊，不仅运行很不方便，而且在变压器特性稍有差异时，变压器间的环流将显著增加，特别是容量小的变压器容易过负荷或烧毁。

（二）导线截面和一回路数以及电压等级

（1）变电站出线一回路数及导线截面，应根据变电站在系统中的地位和作用，再考虑变电站送出（受入）电力的容量和电气距离，选择与之相匹配的送出线路的导线截面和一回路数，以满足正常方式时导线运行在经济电流密度附近，在事故情况下不超过导线发热电流的要求，以及其他一些有关的技术标准。

（2）在满足规定技术要求的前提下，应尽可能加大线路的导线截面，减少变电站出线一回路数，这样不仅可以节约土地资源和减少对环境的影响，在经济上也是有利的。

（3）应按变电站规划容量一次规划送出线路的一回路数和导线截面，视具体情况考虑建设中分步实施或一次建成。

（4）在大城市或线路路径困难地段，发电厂送出应优先采用同塔双一回路或多一回路的送电线路。

（5）变电站每一组送电一回路的最大输送功率所占受端，总负荷的比例不宜过大，除应保证正常情况下突然失去一回线时系统稳定以外，还须考虑严重故障，如失去整个通道（所有一回路）时，保持受端系统电压与频率的稳定。

（6）必要时，送出线路应优先采用紧凑型送电线路并在送出线路中间建设开闭站、加装串联补偿等提高输电能力的措施。

（三）系统对变电站电气主接线的要求

依据系统运行需要及变电站近远期出线规模，提出变电站主接线形式、主接线分段和线路出线排序等方面要求。

对于 330 ~ 500kV 及以上变电站：

（1）任何断路器检修，不应影响对系统的连续供电；

（2）除母联及分段断路器外，任何一台断路器检修期间，同时发生另一台断路器故障或拒动以及母线故障，不宜切除三个以上一回路。

（四）其他系统对变电站电气参数的要求

（1）结合远景年高压。中压侧短路电流计算，确定新增断路器遮断容量要求；结合工程投运年短路电流计算，校验现有断路器是否需要更换（若需更换，确定遮断容量要求）。

（2）依据运行方式、潮流分析等，确定母线通流容量和相关电气设备额定电流水平。

（3）依据电磁暂态初步计算和分析结果，对断路器合闸电阻及接地开关提出初步要求。

（4）结合无功平衡和电气计算结果，确定近、远期无功补偿装置形式，容量、分组及额定电压。

①交流变电站电力系统无功补偿设备主要包括并联电容器、串联电容器、并联电抗器、静止无功补偿器及调相机等。

②交流变电站容性无功缺额宜采用低压并联电容器进行补偿。

③高压并联电抗器（包括中性点小电抗）主要用于限制工频过电压，降低潜供电流和恢复电压，防止自励磁，并能补偿输电线路的充电功率。在满足限制过电压水平条件下，输电线路的充电功率宜优先采用低压并联电抗器补偿。

④当 330kV 及以上电网局部短线路较多，且不具备条件装设线路高压并联电抗器和低压并联电抗器时，可根据电网结构，适当装设母线可投切高压并联电抗器。

⑤330kV 及以上变电站设置一个无功设备分组引起所接的变压器中压侧母线电压波动值不宜超过额定电压的 2.5%，分组容量的选择还应考虑设备标准化等因素。

⑥无功补偿装置应根据无功负荷和电网结构的变化分期装设。

第七节 常规直流换流站接入系统设计

一、接入系统设计原则

换流站接入系统方案设计主要研究换流站接入交流电网的电压等级、出线方向及一回路数等相关内容，确定具体的换流站建设规模、直流系统运行条件、主设备技术参数等。本节主要对采用晶闸管换向技术的常规换流站接入交流电网的网络方案设计进行说明，常规换流站接入系统设计时应遵循以下原则。

（1）以安全稳定为基础，以经济效益为中心，做到远近结合、科学论证。

（2）与地区电网规划相协调，要求适度超前、技术先进、接线简洁、经济合理、运行灵活、适应性强，并有益于节能降耗。

（3）直流换流站不宜作为交流网架的枢纽站。换流站接入系统设计中应考虑直流系统与交流系统间的相互协调。

接入系统方案应对可能成立的多种方案进行详细的技术经济比较，选取综合性能最优的方案。

二、接入系统电压等级

换流站接入交流系统电压等级应根据直流系统输电电压等级、输电容量、近区交流系统情况等分析比较确定。

对于以输电为目标的直流输电工程，送端换流站是近区电源电力的汇集点，宜选择与近区电源接入电压等级相同。我国远距离直流输电工程的输电规模一般都在300MW 以上。大容量电源的接入电压等级主要是 500kV，近年来也有部分电源基地的电源直接接入 1000V 电网，西北电网则以接入 750kV 为主。

受端换流站对受端电网而言可以看成电源点，其接入电压等级与大型发电厂接入系统电压等级选择类似。直流输电系统输电容量较大，其送入受端电网的电力一般难以在近区直接消纳，还需转送至电网其他地区消纳，故其接入系统电压等级多选择主网输电电压等级，与主网电压相适应，一般选择 500kV、1000kV。对于直接落点负荷中心地区的受端换流站，为简化变电网络，也可考虑以低一级电压等级接入，如可直接接入 220kV、330kV 电压等级。当直流输电容量较大，在落点地区需要就近消纳和外送输电的情况时，也可考虑以两级电压等级分层接入。对于以联网为主的直流输电工程或背靠背直流输电工程，其两端换流站应与主网保持密切联系，其接入系统电压等级应与近区主网电压相适应。

三、接入系统方案

(一) 接入系统方案拟订

换流站接入系统方案拟订时，应以交流侧的电网现况及规划等系统条件为基础，送端换流站接入系统网络方案应便于近区电源的汇集，受端换流站接入系统网络方案应便于直流系统电力的疏散消纳。所列接入系统方案尽可能全面、周到，参与比选的方案应具备可比性，应能够满足输电要求，具有可操作性。

(二) 接入系统方案技术经济比较

对拟订的接入系统方案应进行技术经济比较，可从潮流分布、输电损耗、系统稳定水平、短路电流水平、无功补偿容量、网络接线、近远期电网发展适应性、工程实施难易程度、经济性等方面进行综合比较。对于直流输电工程，在进行潮流分析比较时，需考虑直流系统单极闭锁对系统潮流分布的影响，在进行方案稳定水平比较时，需要比较直流单极闭锁和双极闭锁之间的稳定情况。

对于换流站近区短路电流水平的比较，需同时关注最大短路电流水平和最小短路电流水平，最大短路电流水平对设备选择影响大，最小短路电流水平在一定程度上反映了交流系统对直流故障扰动的承受能力。在换流站近区电网远景短路电流水平较高时，应考察比选方案的最大短路电流水平，各种可行方案的最大短路电流不可超过容许水平，以留有较大裕度为优；在换流站近区交流系统最小短路水平较低时，应考察比选方案最小短路电流水平的差距，以短路电流水平高者为优。

常规换流站无功消耗较大，无功补偿设备投资约占换流站造价的 10%～15%，为节约工程造价，一般尽可能利用交流系统的无功提供能力，以减少换流站内的无功补偿设备配置。由于不同的接入系统方案中，换流站与交流系统的电气距离不同，可能造成交流系统提供无功的能力也不相同。当所列接入系统方案造成交流系统无功提供能力有较大差异时，交流系统无功提供能力也应参与方案优化比选。各方案的经济性比较采用最小年费用法，列出各方案的投资、年费用等主要指标，以年费用低者经济性为优。

(三) 接入系统方案推荐

推荐的接入系统方案必须满足正常运行和事故运行方式的输电需要，一般以网络结构简洁、清晰、潮流分布合理、输电损耗小，短路电流水平满足要求、稳定水平高、适应能力强、经济性优，便于分期建设和过渡的方案作为推荐方案。各项指标不能兼顾时，应进行综合考虑，权衡各项指标利弊后予以推荐。接入系统推荐方案中应明确换流站接入系统电压等级、相入点、出线一回路数等。

第二章 架空送电线路设计

第一节 架空线路主要构件及作用

输配电线路担负着输送与分配电能的任务，在电能的发、输、变、配、用全过程的五大环节中起着联系纽带与桥梁的作用，是电力系统中不可缺少的重要组成部分。从其安装方式来看，输配电线路可分为架空线路和电缆线路两大类。

目前，在输电线路工程的建设中，一般都优先采用架空送电线路，只有在城区，线路走廊拥挤地段，对环境保护有特殊要求的地区，或跨越大的江、湖、海峡等不能采用架空线路时，才采用电缆线路。

架空线路，主要由导线、绝缘子、金具、架空地线和接地装置、杆塔与基础等构成。在预（概）算定额中，这些构件统称为未计价材料，亦称装置性材料或主要材料（简称主材）。

一、导线

导线是架空线路的主体，担负着传输电能的作用。导线架设在电杆上面，经常承受自重及风、冰雪、雨和空气温度变化等的作用，同时会受到周围空气所含化学物质的侵蚀。因此，导线不仅要有良好的电气性能、足够的机械强度、较强的抗腐蚀性能，还要尽可能质轻而经济。

送电线路的导线截面，除根据经济电流密度选择外，还要按电晕及无线电干扰等条件进行校验。大跨越的导线截面宜按允许载流量选择，并应通过技术经济比较确定。

(一) 导线种类

导线的种类、性能及截面的大小，不仅对杆塔、地线、绝缘子、金具等有影响，而且直接关系到线路的输送能力、运行的可靠性和建设费用的大小。

裸导线主要由铝、钢、铜等材料制成，在特殊条件下也使用铝合金。铜是理想的导线材料，但由于铜的资源少、价格高，故使用不多。使用最多的是铝导线。为了提高导线的机械强度，架空线路导线采用绞合的多股导线。常用的导线有硬铝线、钢芯铝绞线，也有采用钢芯铝合金绞线、铝合金绞线和铝包钢绞线及硬铜线等。稀土铝的导电率高，达到了电工铝的水平，运行经验表明，其耐腐蚀性也较好，因而钢芯稀土铝绞线亦得以使用。钢芯耐热铝合金绞线，允许工作温度达150℃，与同截面钢芯铝绞线相比输送容量约提高50%。根据需要，有时还采用特种导线，如扩径导线和防腐型导线等。

硬铝线即裸铝绞线，由多股铝线绞制而成，比重小，价格低，导电性能仅次于铜，但机械强度较低。

钢芯铝绞线由内部的钢芯和外部的铝线绞制而成，是将铝线绞绕在单股或多股钢线外层作为主要载流部分、机械荷载则是由钢线和铝线共同承担的导线，其机械强度高，导电性能好。钢芯铝绞线中铝线部分与钢线部分截面积的比值不同，机械强度也不同。比值越小，强度越高。

铝合金绞线含有98%的铝和少量的镁、硅、铁、锰、锌等元素，比重和裸铝绞线相似，机械强度比铝线约高一倍，导电率比铝线降低10%左右。铝包钢绞线用于线路大跨越及其他特殊用途，它以单股钢线为芯，外面包以铝层，做成多股绞线。

硬铜绞线由多股铜线绞制而成，导电性能最好，机械强度比铝线高，但比重大、价格高，除特殊需要外，一般很少采用。

在高压送电线路中，还经常采用分裂导线。一般线路每相采用一根导线，所谓分裂导线是指每相采用相同截面、相同型号的两根或两根以上的导线，如两分裂、三分裂、四分裂、六分裂、八分裂导线。相分裂导线多用于电压为330kV及以上的线路。目前，由于送电容量不断增加，为了减少线路的回路数和线路走廊占地面积，有时220kV线路也采用双分裂导线。采用分裂导线相当于增大了导线的直径，因此输电线路的电容增大，电感减小，使输电线路的波阻抗减小，自然功率增大，提高了线路送电容量，减少电量损耗和对无线电等的干扰。

(二) 导线型号及规格

导线型号由导线的材料、结构和载流截面积组成。导线的材料用汉语拼音第一个字母表示：T表示铜，L表示铝，J表示多股绞线或加强型，H表示合金，G表示钢，B表示包，F表示防腐。拼音字母横线后面的数字表示标称截面积（mm²）。导线的规格是按载流部分的标称截面积来区分的，我国常用的标称截面积系列主要有16mm²、25mm²、35mm²、50mm²、70mm²、95mm²、120mm²、150mm²、185mm²、210mm²、240mm²、300mm²、400mm²、500mm²、630mm²、800mm²等。

二、架空地线和拉线

架空地线架设在导线上方,主要功能是防止导线遭受雷击。要求机械强度高、耐振、耐腐蚀,具有一定的导电性和足够的热稳定性。一般采用镀锌钢绞线,当用作通信通道,用以降低对电信线的影响和减小潜供电流时,则需采用良导体地线,如铝包钢绞线、钢芯铝绞线等。架空地线一般采用直接接地运行方式。在超高压线路上为减少电能损失,一般均采用对地绝缘运行方式,雷击时间除击穿,呈接地状态,不影响防雷效果。关于光纤复合架空地线(OPGW),在我国首次于1985年4月架设了2.7km(4芯光纤)的OPGW。若干年过去了,OPGW现在我国各省区都已得到了推广应用。OPGW除防止雷击外,还可实现光纤通信、远动、继电保护和图像传输以及线路运行检(监)测和气象参数的量测等。

(一)地线的选择

地线应满足电气和机械使用条件要求,可选用镀锌钢绞线或复合型绞线。验算短路热稳定时,地线的允许温度:钢芯铝绞线和钢芯铝合金绞线可采用+20℃;钢芯铝包钢绞线(包括铝包钢绞线)可采用+300℃;镀锌钢绞线可采用+400℃。计算时间和相应的短路电流值应根据系统情况决定。

500kV线路的地线采用镀锌钢绞线时,标称截面不应小于70mm^2。

根据线路的重要性以及线路通过地区的雷电活动情况,每条线路可在杆塔上架设一条或两条避雷线。

《110~500kV架空送电线路设计技术规程》(DL/T 5092-1999)对各级电压的送电线路,架设避雷线的要求有以下规定。

(1)110kV送电线路宜沿全线架设地线,在年平均雷暴日不超过15日或是运行经验证明雷电活动轻微的地区,可不架设地线。无地线的送电线路,宜在变电所或发电厂的进线段架设1~2km地线。

(2)年平均雷暴日数超过15日的地区,220~330kV送电线路应沿全线架设地线,山区宜架设双地线。

(3)500kV送电线路应沿全线架设双地线。

(4)杆塔上地线对边导线的保护角,500kV送电线路宜采用10°~15°。330kV送电线路及双地线的220kV送电线路宜采用20°左右。山区110kV单地线送电线路宜采用25°左右。

(5)有地线的杆塔应接地。

(二) 镀锌钢绞线

用作架空地线的镀锌钢绞线按断面结构可分三种：即 3 股 (1×3)、7 股 (1×7) 和 19 股 (1×19)；按公称抗拉强度分为 1175N/mm²、1270N/mm²、1370N/mm²、1470N/mm²、1570N/mm² 五级；钢丝镀锌厚度分为 A、B、C 三级 (特厚、厚、薄)。在购货未注明时，由供方决定。

(三) 光纤复合架空地线 (OPGW)

1.OPGW 简介

众所周知，光纤是利用纤芯和包层两种材料的折射率大小差异，使光能在光导纤维 (光纤) 中传输，这在通信史上称为一次重大革新。光纤光缆重量轻、体积小，已被电力系统采用，在变电站与中心调度所之间传送调度电话、远动信号、继电保护、电视图像等信息。为了提高光纤光缆的稳定性和可靠性，国外开发了光缆与送电线的相导线、架空地线以及电力电缆复合为一体的结构。现仅介绍既能用作防雷又可通信，作为光通道的光纤复合架空地线。光缆与架空地线复合为一体的方式有以下三种。

(1) 把光缆像市话电缆一样悬挂于架空地线的下面并分段绑扎 (ADSS)。

(2) 把光缆按一定节距缠绕在架空地线上 (GWWOP)。

(3) 把光缆作为芯线，外层再缠绞镀锌钢线或铝包钢线或铝合金线 (OPGW)。

前两种方式一般适用于已建线路的改造。第三种方式多用于新建线路，这种方式由于光缆外有金属导线包裹，使光缆更为可靠、稳定、牢固。由于架空地线和光缆复合为一体，与使用其他方式的光缆相比，既缩短施工工期又节省施工费用。另外，如果采用铝包钢线或铝合金线绞制的 OPGW，相当于架设了一根良导体架空地线，可以收到减少输电线潜供电流、降低工频过电压、改善电力线对通信线的干扰及危险影响等多方面的效益。

2.OPGW 的结构

目前，生产 OPGW 的厂家特别多，不同厂家生产的 OPGW 结构也不尽相同，但它们的基本组成不外乎两个部分：光纤部分及金属部分。

(1) 光纤部分。

光纤起着系统通信及传送信号等作用。它的外面通常都包有一层或几层由隔热性能良好的材料制成的护套，以免在线路发生单相接地故障时，光纤的温度过高。根据不同需要，光纤的数量可由几根至几十根不等，它们一般分成一束或几束放在 OPGW 的轴心处。光纤的二次被覆层有两种不同的材料，它们的区别是耐热温度不同。

（2）金属部分。

金属部分除具有普通地线的作用外，还具有保护光纤，使之不受轴向及法向应力，以及防止光纤受水分的侵蚀等作用（也有些公司用有机材料制作防水保护层）。通常用来制造 OPGW 的金属材料包括铝合金线、铝包钢线、镀锌钢线、铝管、铝合金管、铝合金骨架等。

3.OPGW 架设及元件组成

光纤系统的路径，一般可分为三段。前后两段是光纤的进线或出线的构架接线盒至通信光纤机房，配置地埋式光缆，敷设在电缆沟道内。中间的一段，即连接进线和出线间的构架接线盒的这段，采用的是光纤复合架空地线，沿送电线路路径敷设。

OPGW 既是送电线路的一根地线，与送电线路另一根起保护作用的良导地线一起分别架设在送电线路杆塔的两个支架上，又是连接线路两端的通道。为了避免短时对 OPGW 的过热损伤，每基杆塔上的 OPGW 设专线可靠引下接地。另外，对线路两端各 3 基杆塔的工频接地电阻要求小于 30。OPGW 的附件，均为相应配套的专用线夹、金具等。

4.OPGW 制造长度和架线设计原则

（1）制造长度。

OPGW 常规制造长度为 300m，最大制造长度可达 6000m，但特定的 OPGW 交货制造长度由用户指明，供货容差可为 +2% 和 0。

（2）OPGW 架线设计原则。

① OPGW 悬挂点最大综合荷载小于铁塔头部允许的强度；

②架线弧垂与另一根地线基本一致；

③档距中央与导线的距离必须满足规程要求；

④ OPGW 安全系数大于 2.5；

⑤年平均运行张力不大于 20%UIS(产品在正常状态下，质量要求的张力加裕度)。

（四）拉线

杆塔上的拉线，用来抵消作用在杆塔上的荷载，以减少杆塔材料消耗量，降低造价。

由于拉线承受杆塔上的荷载，拉线一旦发生断线或上拔变形，将使杆塔倾斜或破坏，给线路运行造成严重恶果，所以拉线质量的优劣直接影响线路的安全可靠性。

拉线的材料，通常采用镀锌钢绞线，根据受力大小可采用单根或双根。采用双根拉线时，两根拉线的紧固程度应相同，以保证拉线受力均匀。

拉线系统由镀锌钢绞线及拉线盘等组成。拉线盘用钢筋混凝土或条石制作，拉线盘上部承压面积与拉线拉力及其埋深等因素有关。

三、绝缘子

绝缘子（俗称瓷瓶）用来支吊导线使导线和大地保持绝缘，同时承受导线的垂直荷载和水平荷载。因此，绝缘子必须具有机械强度高、绝缘性能良好，不受强度急剧变化的影响，耐自然侵蚀及抗老化等特点。绝缘子的材料一般采用瓷和钢化玻璃，也有用合成绝缘材料的。

架空送电线路常用的绝缘子有针式绝缘子、悬式绝缘子、蝶式绝缘子、瓷横担绝缘子等。此外，近些年所出现的复合绝缘子以其优良的性能，亦日益得到应用和推广。

以下将逐一介绍各类绝缘子。这里特别指出的是，随着经济的发展、市场的繁荣，各生产厂家技术逐渐提高，不断出现了新型号的绝缘子，在系列和品名上都有所变化。所以我们仅能概略介绍，其丰富的内容和实际标识，还需要在工作实践中搜集、了解和认识。

（一）针式绝缘子

针式绝缘子使用在电压不超过 35kV 的线路上。原有弯脚与直脚之分，用于额定电压为 3kV 以上、20kV 及以上的线路直线杆上，还可用在导线截面较小，档距又不大的 35kV 送电线路的直线杆上。适用电压可分为 6kV、10kV、35kV 针式绝缘子。根据绝缘子爬距（又叫泄漏距离，是指绝缘子上的导体沿绝缘子表面到绝缘子铁脚的最短距离）的不同，分为普通型和加强绝缘型两种。加强绝缘型爬距大，抗污性能较好，适用于污秽地区的线路。根据其铁脚型式的不同，分为短脚、长脚两种。

（二）悬式绝缘子

悬式绝缘子由介质部分（瓷料或石英玻璃等）和金具部分（包括可锻铸铁的铁帽和钢脚）组成。两部分用水泥等固装，成串时将一个绝缘子的钢脚放入另一个绝缘子铁帽的球窝或槽座里，并用专用金属锁扣固定起来。可根据线路不同的电压等级组成不同片数的绝缘子串。

关于悬式绝缘子，目前种类较多。按材料划分为瓷质和钢化玻璃两类；按耐污能力划分为普通型和防污型；按适用的电压波形又可分为直流型和交流型两类。

就绝缘材料而言，瓷质绝缘子具有良好的绝缘性能和耐自然气候变差性等优点，使用很广，是具有丰富生产、运行经验的电瓷产品；玻璃绝缘子是近四十来年出现的一种新材料产品，具有零值自爆、自洁性能好、不易老化、人在地面即可观测、提高工效以及耐电弧和耐振动性能好等优点。

目前，我国生产的悬式绝缘子，连接方法分为球型和槽型两种，其中球型连接采用较广。可以说，目前绝大部分均采用球型连接。

中外合资企业生产的悬式绝缘子，其型号表达的方式与国产不同，使用时以其产品样本为准。

普通型悬式绝缘子，一般用于空气清洁地区和轻污秽区；防污型悬式绝缘子，一般用于空气中等污秽区及重污秽区。双联及以上的多联绝缘子串应验算断联后的机械强度，其荷载及安全系数按断联情况考虑。

绝缘子机械强度的安全系数 K，应按下式计算

$$K = \frac{T_R}{T} \tag{2-1}$$

式中：T_R——盘形绝缘子的额定机械破坏负荷，kN；

T——分别取绝缘子承受的最大使用荷载、断线、断联荷载或常年荷载，kN。

我国绝缘子常按机械强度（kN）分级，分级为：70、100、160、210、300。绝缘子机械强度的选择，一般是按所选用的导线型号及分裂根数和覆冰厚度、风速等所受综合荷载来确定。110～220kV 线路，一般常用 70kN 和 100kN 二级；330kV 线路，常用 100kN 和 160kN 二级；500kV 线路，常用 160kN、210kN 和 300kN 三级。

普通型悬式绝缘子，一般为单伞结构，构造较为简单，下表面沟槽较浅，泄漏距离较小。

防污型悬式绝缘子具有伞形结构，并分双层伞形与钟罩形两种。前者泄漏距离大，伞形开放且伞面平滑，不易积灰及风雨自洁性能好；后者具较大伞倾角与较多垂直面，利用内外受潮的不同周期性及伞下高棱的抑制放电作用可提高污闪电压与改善防污性能，故防污效果好。

各种绝缘子在安装使用时应先做外观检查，有的还要进行必要的绝缘试验。其外观检查的主要内容为：各部尺寸是否符合规定要求；装配是否适当；铁件与瓷件的结合是否牢固；铁件镀锌是否完好；查看瓷釉表面是否光滑；有无裂纹、掉渣、黏结、缺釉、斑点、烧痕或含气泡等现象。用于空气污秽地区的绝缘子，还要根据实际情况进行闪络电压测试，适当增加泄漏距离或采用相应的防污措施。

绝缘子单个为片，工程设计中根据要求，根据电压等级和空气污秽程度确定悬式绝缘子的片数，组装成串。在海拔高度 1000m 以下地区，要求的悬垂绝缘子串的最少片数，具体是：35kV、66kV、110kV、220kV、330kV 标称电压，分别不少于 3 片、5 片、7 片、13 片、17 片（单片绝缘子高度为 146mm）；500kV 标称电压不少于 25 片

（单片绝缘子的高度为155mm）。

耐张绝缘子串中的最少片数，是在以上基础上增加，330kV及以下送电线路增加1片，500kV送电线路增加2片。

（三）瓷横担和横担式复合绝缘子

1.瓷横担

瓷横担具有良好的绝缘性能，可用来同时代替悬式或针式绝缘子和木、铁横担，供3～35kV线路使用。因其电气性能好、维护方便、运行安全，又能节省钢材、木材，降低线路造价，因此获得广泛应用。按外形则有圆锥形与方形之分。

瓷横担有全瓷式和胶装式两种；有带金属附件的，也有不带金属附件的。绑扎的形式有两种；一种是直接绑扎，一种是瓷件头部带有连接金具，用以悬挂线夹。安装方式有水平式（边相用）和垂直式（顶相用）两种。它有以下优点：由于采用可转动结构，断线时，导线两端张力不平衡，使瓷横担转动，使电杆承受的拉力得到缓和，避免断线事故的扩大；因系实心结构，不易击穿，不易老化，绝缘水平较高；容易清扫，自洁性好，可减少线路维护工作；结构简单，安装方便；能充分利用电杆高度，节约钢材或木材，降低线路造价。其主要缺点是机械抗弯强度低，在施工或运行中时有断裂现象。

2.横担式复合绝缘子

横担式复合绝缘子主要用于承受弯曲负荷的复合绝缘子，其一端固定于杆塔，另一端接近水平地伸出与导线连接，一般用于线路的尺寸减小及跳线支撑。复合相间间隔棒，连接于两相导线间，用于防止导线舞动或实施紧凑型线路的复合绝缘支撑件。

（四）复合绝缘子

（1）复合绝缘子（亦称合成绝缘子）的发展和使用。19世纪70年代，高温硫化硅橡胶合成绝缘子首先在德国问世。国外使用合成绝缘子主要是因其运输方便和防止枪击事故。20世纪80年代，我国研制开发合成绝缘子用于输变电设备的防污闪。20世纪90年代中期，芯棒与护套界面由汇胶、挤包式工艺迅速向整体注射工艺转变，合成绝缘子从10kV到500kV每种电压等级都有产品，合成绝缘子在电力系统内的使用量，亦在逐年增加。

近年来，合成绝缘子以其优良的性能获得电力系统的好评，它具有体积小、重量轻、不易破损、安装运输十分方便的特点。水泥杆是污秽地区，合成绝缘子具有优异的防污闪性能，适用于高压输电线路，确保输电线路的安全运行；而且不需要测零值，不需要经常清扫，因而节约了大量的人力、物力，也为事故检修及实施紧凑型线路提供了良好条件。

为更好地使用合成绝缘子，国家颁发文件通知，凡进入电力网的合成绝缘子必须具有技术鉴定和产品鉴定证书以及由国家电力公司有关部门核发的"合成绝缘子入网证书"。

（2）结构及性能。合成绝缘子由芯棒、护套和均压环等附件组成，主要承受拉伸负荷。芯棒是复合绝缘件的内绝缘件，它承担机械负荷，一般由玻璃纤维树脂引拔棒制成，它具有很高的抗张强度（大于600MPa），约为普通钢的1.5～2倍，还具有良好的减振性、抗蠕变性及抗疲劳断裂性；护套指某些绝缘子芯棒和伞套之间有一层绝缘层，用来保护芯棒不受大气的侵蚀；伞套是复合绝缘子的外绝缘部件，它提供必要的爬电距离，对某些结构伞套同时起着护套作用，它由以硅橡胶为基体的高分子聚合物制成，具有良好的憎水性，因而具有很高的污闪电压，它还具有优良的耐电腐蚀性、良好的抗氧、抗臭氧及耐老化性能；端部附件与绝缘件装配后，起着连接和传递机械负荷的作用；均压环，是装在端部附件上的一种装置，可以改善复合绝缘子的电场分布，同时在闪络时通过环对地放电，可起到保护伞套不被电弧灼伤的作用。此外，对大鸟活动频繁、鸟粪闪络事故较多地区使用的合成绝缘子在上端第一个伞采用加大伞裙的措施，也可能在线路横担上加装防鸟刺。

目前，各厂家都有其各自的产品，如对结构有特殊要求（如结构高度、元件及组合等），可在订货时提出，和厂家协商确定。

四、架空送电线路金具

架空送电线路金具是在架空送电线路上用于悬挂、固定、保护、连接、接续架空线或绝缘子，以及在拉线杆塔的拉线结构上用于连接拉线的金属器件。一般分为悬垂线夹、耐张线夹、连接金具、接续金具、保护金具和拉线金具六类。

线路金具要具有足够的机械强度，作为导电体的金具还应具有良好的电气性能。由黑色金属制成的金具还应采用热镀锌防腐处理。

(一) 悬垂线夹

悬垂线夹是指在直线杆塔上悬挂架空线的金具。架空线被夹在悬垂线夹上，起到悬挂和一定的紧握作用，再经其他金具及绝缘子与杆塔的横担或地线支架相连。悬垂线夹的结构包括一个具有线槽的马鞍形船体、压紧架空线的紧固件及挂耳。在安装时，将架空线纳入线槽，收紧紧固件使架空线不滑动。船体两端出口为弧形，适应架空线下垂趋势使之不出现硬弯。对悬垂线夹的设计要求包括机械强度、握力、适当的线槽出口曲率和较小的电磁损耗（悬挂导线时）四方面。

悬垂线夹按结构型式和使用导线不同共分为若干系列，多种型号。选用时必须根据导线或地线直径及其荷载大小挑选合适的线夹型号。

(二) 耐张线夹

耐张线夹是指在一个线路耐张段的两端固定架空线的金具，主要用在耐张、转角、终端杆塔的绝缘子串上。耐张线夹必须能承受架空线的全张力，其强度和握力都要不低于架空线计算拉断强度的 95%。根据使用和安装条件的不同，分为螺栓型和压缩型两类，有多个系列，几十种型号。

1. 导线螺栓型耐张线夹

由压块和 U 形螺栓等构成，线夹握力来自以下两方面。

(1) 线夹后面部分由压块压力所产生的摩擦力和许多小波浪形所产生的弧面摩擦力。

(2) 线夹前部弧面所产生的摩擦力。

螺栓型耐张线夹一般多用可锻铸铁制造，由于磁性材料的电磁损耗较大，已逐渐被铝合金代替。

线夹只承受导线全部张力，而不导通电流。螺栓型耐张线夹适合于安装中小截面的导线。其主要优点是施工安装方便，并对导线有足够的握力，重量也较轻，多年来在送电线路上应用广泛。

螺栓型耐张线夹分正装和倒装两种，安装必须严格遵照设计规定。

2. 导线压缩型耐张线夹

有液压型耐张线夹和爆压型耐张线夹两类。用于钢芯铝绞线时，前者用液压机施加压力；后者则用导爆索或太乳炸药爆炸产生强大压力，紧紧将导线的铝股、钢芯分别与线夹的对应部分错压在一起。同时能得到可靠的电气连接。线夹本身除承受导线的拉力外，还要导电，这类线夹适用于大截面的导线。

(三) 联结金具

联结金具主要用于将悬式绝缘子组装成串，并将一串或数串绝缘子串连接，悬挂在杆塔横担上。悬垂线夹和耐张线夹与绝缘子串的连接，拉线金具与杆塔的连接，也都使用联结金具。它的种类非常多，在各种绝缘子金具组合串 (或无绝缘子的金具串) 中，除线夹、接续金具、保护金具和绝缘子以外，都是联结金具。联结金具分专用联结金具和通用联结金具两类。专用联结金具是直接用来连接绝缘子的，故其连接部位的结构尺寸与绝缘子相配合。用于连接球形绝缘子的联结金具，有球头挂环、碗头挂板、直角挂环和直角挂板等。球头挂环是与绝缘子钢帽相连的金具；碗头挂板是与绝缘子铁脚相连的金具。除要求它们有足够的机械强度以外，对各种尺寸的准确性要求也很高，以保证运行安全并有互换性。

通用联结金具，适用于各种情况的连接，并以荷重划分等级，荷重相同的金具具有互联性。通用联结金具，用于将绝缘子组成两串、三串或更多串数，并将绝缘子与杆塔横担或与线夹之间相连接，也用来将地线紧固或悬挂在杆塔上，或将拉线固定在杆塔上等。根据用途不同，联结金具有不同形式和品种，如U形挂环、U形挂板、直角挂板、平行挂板、延长环和二联板等。

（四）接续金具

用于接续断头导、地线的金具叫作接续金具。主要用于架空电力线路的导线及地线终端的接续，非直线杆塔跳线的接续及导线补修等。根据使用和安装方法的不同，接续金具分为钳压、液压、爆压和螺栓连接等几类，共计三个系列，近200个型号。

输电线路的长度以百公里计，而生产厂家提供的架空线每轴只有千米左右，必须依靠接续金具来连接。对于导线，接续金具不但接续好电流通路，而且要负担导线的全张力，其强度和握力都需要不低于导线计算拉断强度的95%。这种接续金具为全张力接续金具，有钳压型、液压型和爆压型三种。用在不带张力的导线上，只负责接通电流的金具，属无张力接续金具，如耐张型杆塔上跳线连接用的跳线线夹和并沟线夹以及线路"T"接和变电所中引下线所用的T形线夹、设备线夹等。

（五）保护金具

保护金具是改善或保护导线以及绝缘子金具串的机械与电气工作条件的金具。有机械保护金具和电气保护金具两类。目前，保护金具共有20个系列，型号近百个。

1. 机械保护金具

安装在导线上对导线作机械性质保护的任何附属器件均为机械保护金具。机械保护金具有防微风振动金具、间隔棒和防舞动金具三种。

（1）防微风振动金具。

有防振锤和预绞丝护线条。它的锤头一般有两种运动形式：一种是锤头绕吊索固定点跃动，另一种是锤头绕本身重心旋转，因此防振锤有两个谐振频率。防振锤通常安装在线夹附近，当微风引起的导线振动频率与锤头的任一谐振频率接近时，便产生共振。锤头运动消耗的功率起到抑制导线振幅和消振的作用。近几年，在原有防振锤的基础上，又研制出了许多改进型的防振锤，可以概括为两方面：一方面是增加谐振频率的个数；另一方面则是利用导线振动时的扭转作用来产生防振锤的扭转运动。如芬兰的哈罗型防振锤将谐振频率增为5个和加拿大的扭转式防振锤。日本的防振环和澳大利亚的狗骨头防振锤则兼有导线的上下运动和扭转运动，其频率覆盖和消振功率都胜过原来的防振锤。

护线条是包缠在线夹处导线外面的条状金具。它是用加强导线刚度的方式来达到减小导线受到的动弯应力的目的，从而提高导线的耐振能力。同时护线条也能将导线振幅抑制 20% 左右，而设计正确的防振锤却能抑制 80% 以上。在已经装有防振锤的线路上再装护线条，可使防振效果进一步加强。护线条有锥棒式和预成形式两种，锥棒式的需用特制工具将其绞拧在线夹处导线表面上，预成形式即预绞丝护线条则可以用手工顺螺旋形将其绞拧在导线表面上。

（2）间隔棒。指安装在分裂导线上固定和保持各分裂导线间的间距，以防止导线互相鞭击的金具。

间隔棒一般安装在档距中间，相隔数十米安装一个。对间隔棒的主要要求：线夹须有足够的握力，且在长期运行中不允许松动；整体强度须能承受线路短路时各分裂导线的向心力和在长期振动下的疲劳。相邻间隔棒之间的距离称为次档距，当水平排列的背风侧子导线处在迎风侧子导线背风面所形成的旋涡尾流中时，子导线之间可能产生扁椭圆形轨迹的次档距振荡。为抑制这种振荡和微风振动而研制出的阻尼式间隔棒，在其关节处装有橡胶垫。

（3）防舞动金具。指防止导线单侧覆冰而产生的大幅度舞动的金具。导线的这种大幅度舞动破坏性很大，常导致相间短路和损坏绝缘子串。目前，世界上还没有找到一个成熟的对策，国外使用较多的防舞动金具有失谐摆锤，其次如偏心重锤、阻扭型防舞动器、风阻尼器、片状防舞动器和相间间隔棒等。其原理是使覆冰导线的扭转频率偏离垂直振动频率，以避免共振而导致导线舞动。

此外，还有预绞丝、重锤等。预绞丝有护线条和补修条之分，用于架空线悬垂线夹中增加导线的刚度和导线损伤的修补；重锤增加导、地线的垂直重量，起着抑制悬垂绝缘子串及跳线绝缘子串摇摆度过大及直线杆塔上导线、地线上拔的作用。

2. 电气保护金具

指从电晕和沿面闪络的角度对绝缘子金具串进行保护的金具，如保护环（包括均压环、屏蔽环、均压屏蔽环）和招弧角。均压环的作用是使绝缘子串上的电压分布趋于均匀；屏蔽环的作用是使线夹和连接金具不产生可见电晕；均压屏蔽环则是均压环和屏蔽环的合并。

(六) 拉线金具

指由杆塔至地锚之间连接、固定、调整和保护拉线的金属器件，用于拉线的连接和承受拉力之用。拉线杆塔的安全运行，主要是依靠拉线及其拉线金具来保证的。根据使用条件，拉线金具可分为紧线、调节及连接三类。紧线零件用于紧固拉线端部，与拉线直接接触，必须有足够的握紧力；调节零件用于调节拉线的松紧；连接零件用于拉线的组装。常用的拉线金具有楔型线夹、UT 型线夹、拉线二连板等。

五、杆塔

杆塔的作用主要是支持导线、地线、绝缘子和金具，保证导线与地线之间、导线与导线之间、导线与地面或交叉跨越物之间所需的距离。导、地线在杆塔上有多种布置方式，杆塔的头部尺寸应满足绝缘配合和带电作业的要求。杆塔不仅承担着导线、地线、其他部件及本身的重量（承力杆塔还要承受导线与架空地线的张力），还要承受侧面风的压力，因此对杆塔的要求应具有足够的高度和机械强度，以保证线路在发生故障和自然因素变化（如大风、暴雨或冰冻）的情况下不致折断、倾斜或倒塔。它是架空线路的极重要部件，其投资常占线路本体造价的 1/3 ~ 1/2。

送电线路杆塔多数采用钢结构和钢筋混凝土结构，过去也采用木结构。通常对木和钢筋混凝土的杆形结构称为杆，钢的塔形结构和钢筋混凝土的烟囱形结构称为塔。不带拉线的杆塔称为自立式杆塔，带拉线的杆塔称为拉线杆塔。我国在应用离心原理制作的钢筋混凝土杆以及钢筋混凝土烟囱形跨越塔方面有较为突出的成就。此外，还有使用钢柱、钢管、铝合金制造的杆塔。

送电线路杆塔按其不同的用途和作用分为直线、悬垂转角、耐张、终端、换位、大跨越 6 种类别；按不同的外观结构形状可分为酒杯型、猫头型、干字型、上字型、悬链型、拉线 V 型、拉线门型等十多种主要形式的铁塔，以及上字型、单柱型、Ⅱ型等主要形式的钢筋混凝土杆。

（一）杆塔型式

杆塔型式主要是根据电压等级、线路回路数、地形、加工及运输等条件来选取。从结构型式上可分为电杆和铁塔两大类型。

1. 电杆

送电线路上使用的电杆主要有钢筋混凝土电杆、薄壁离心钢管混凝土电杆和拔梢钢管电杆。

（1）钢筋混凝土电杆。具有耗钢量少、施工方便、维护工作少，又可在工厂用离心机生产等优点，因而在送电线路上得到广泛的应用。

（2）薄壁离心钢管混凝土电杆。这种形式的电杆是近几年发展起来的，并用于送电线路工程中。它是将混凝土浇灌在薄壁钢管内，经离心成型的空心复合构件，钢管壁厚为 3 ~ 5mm，离心后混凝土壁厚为 25 ~ 35mm。它可以充分发挥钢和混凝土两种材料的特性，并具有良好的共同工作性能，与钢筋混凝土电杆相比，在相同的承载力条件下可以减少截面尺寸，减少混凝土用量，减轻构件自重，方便施工安装，加工时可取消钢模，构件规格和长度不受钢模限制，也不需要蒸气养护，而且可以解决混凝土电杆的裂缝问题。该杆型已用于 110～220kV 送电线路上。

（3）拔梢钢管电杆。主要用于向城市市区供电的 35～110kV 送电工程。虽然它的造价较高，但用在市区线路上，具有占地少、所需线路走廊窄等优点，且显得美观、挺拔、简洁，与城市环境较为协调。

2. 铁塔

铁塔是高压送电线路上常用的支持物。它大多采用热轧等边角钢，用螺栓连接成空间桁架结构。也有少量高塔用钢管加工成部段，两端用法兰盘、螺栓连接成钢管塔。也可采用冷弯薄壁异型钢作为塔材，这种塔重量小，便于安装起吊，节约钢材。铁塔一般采用热浸镀锌来防止大气腐蚀。根据结构形式和受力特性，铁塔可分为拉线式铁塔和自立式铁塔两大类。

（1）拉线式铁塔。由塔头、立柱和拉线组成。塔头和立柱一般由角钢组成的空间桁架构成，拉线一般用单根或双根高强度钢绞线组成。它的立柱能承受较大的轴向压力，拉线能承受很大的拉力，以抵抗水平荷载，但拉线系统应十分可靠。拉线塔能充分利用材料的强度特性，从而减少材料的消耗量。

近几年发展起来的悬索铁塔也是拉线式铁塔的一种型式，这种塔型取消了传统形式的钢横担而采用钢索和绝缘子串来悬挂导线，支承结构采用两根打拉线的钢柱，改善了塔头电气间隙的布置，特别适用于 500kV 及以上的超高压和特高压输电线路，它比常规塔型节省钢材，但占地大，故只宜用于空旷地带，同时绝缘子用量多，运行维护比较复杂。

（2）自立式铁塔。自立式直线铁塔常用的塔型有上字型、猫头型、酒杯型，双回路铁塔常用六角型型布置的鼓型及上、下层布置的蝴蝶型。自立式耐张型铁塔常用的有酒杯型、干字型等。由于干字型塔的中相导线直接挂在塔身上，下横担的长度也比酒杯型塔的短，结构也比较简单，因而比较经济，是目前 220kV、500kV 输电线路上用得最多的塔型。

（二）杆塔的分类及其作用

1. 直线杆塔

用于线路耐张型杆塔之间的直线段上，主要承受线路的垂直荷载和横向荷载，并能承受一定的纵向力。直线杆塔仅是线路中悬挂导线和架空地线的支承结构，采用悬垂绝缘子申悬挂导线和地线，是线路中使用最多的杆塔。一般直线杆塔如需要带转角，在不增加塔头尺寸时，不宜大于5°。

2. 悬垂转角杆塔

悬垂转角杆塔的转角角度，对500kV和330kV及以下杆塔分别不宜大于20°和10°。以悬垂绝缘子串支持导线，绝缘子串有偏角，用它可以延长耐张段的长度，降低工程造价。

3. 耐张杆塔

用在线路转角处或有特殊要求的地方，它可承受较大的横向荷载和纵向荷载，具有加强线路纵向强度、限制线路事故范围的作用，并可作为施工和检修时的紧线杆塔。

4. 终端杆塔

终端杆塔是靠近发电厂侧或变电所侧的第一基杆塔即线路两端进出线的第一基杆塔，是一侧承受导、地线单侧张力的耐张杆塔。线路一侧的导线和架空地线直接张拉于终端杆塔上，而另一侧以很小的张力与变电所或升（降）压站的配电装置门型构架相连。承受较大张力差。

5. 大跨越杆塔

指用来支承导线和架空地线跨越江河、湖泊及海峡等的杆塔。导线及架空地线不直接张拉于杆塔上时称为直线跨越杆塔；直接张拉于杆塔上时称为耐张或转角跨越杆塔。为满足航运要求，跨越杆塔一般都比较高。为减小杆塔承载、节省材料及降低工程造价，一般多采用直线跨越杆塔。我国在长江中下游成功地建设了多处高度在100m及以上的烟囱式钢筋混凝土和钢结构直线跨越杆塔，在珠江上建有目前世界最高的钢结构跨越杆塔，塔总高达235.75m，在南京长江上建有目前世界上最高的烟囱式钢筋混凝土跨越杆塔，塔总高达257m。

架空送电线路所经地区，一般或多或少都会遇有交叉需跨越的通信线、电力线、公路、铁路以及房屋建筑等，需采用特殊设计的跨越杆塔通过。其高度，依据规程要求及具体情况加以确定。

一般跨越，在线路设计、施工中无须特殊剔出。而对于特大的跨越，跨越档距一般在1000m以上；塔的高度一般在100m以上；导线选型或塔的设计需予以特殊考虑，则为大跨越，并自成一个耐张段。

6. 换位杆塔

为了使导线相间电压、电流基本对称，提高系统工作质量，改善对通信线路的干扰影响，在中性点直接接地的电力网中，长度超过100km的110kV及以上电压等级的送电线路工程，需要将导线换位。换位杆塔就是用来改变线路中三相导线相互位置的杆塔。导线在换位杆塔上不开断时称为直线换位杆塔，反之称为耐张换位杆塔。

此外，换位的方式还有悬空换位和附加旁路跳线架换位。前者是在耐张绝缘子串外侧另串接一串绝缘子，然后通过一组特殊的跳线交叉跳接以完成三相导线的位置变换；后者是利用干字型耐张塔或转角塔并在其近旁附设一组小型架构，架一小段旁路导线转接跳线，通过跳线换接进行导线换位。这种方式，用于超高压送电线路，布置清晰，运行安全可靠。

六、基础

(一) 基础及其种类

杆塔基础是架空线路杆塔脚扎实地的坐落物，即根基。其作用就是将杆塔牢固地稳定在大地上，在任何情况下，不能变形和变位，以保障线路杆塔运行的安全。

杆塔基础承受着相当大的作用力，主要有：杆塔、导地线（包括导地线覆冰）、绝缘子、金具等自重产生的垂直作用力，风力产生的作用力，两侧导地线张力不平衡或事故断线产生的作用力，组立杆塔及架线时的施工安装作用力。这些作用力使基础承受着下压、上拔及水平推力的作用。为使杆塔稳固地竖立在地面上，支承导线、地线确保安全供电，基础必须具有足够的强度和稳定性。同时，作用于基础和各种作用力又通过基础传递给周围的地基，因此，基础具有承上传下的作用。基础在运行过程中产生的各种变形（下沉、上拔及倾覆等），大多数情况，是由于基础周围（包括基础下部、侧面及上部）的土层被压缩造成的。为此，还要求地基也应有足够的强度和抗变形能力。对我国西北地区的湿陷性黄土，必要时要做地基处理，即下挖一定深度后再用 2∶8 灰土夯实填起，还要做散水坡处理。

送电线路杆塔基础分为电杆基础、铁塔基础、拉线基础。选用的基础形式应根据杆塔形式、沿线地形、工程地质、水文，以及施工、运输等条件，结合造价比较综合考虑确定。按其施工工艺、地质类别，可分为以下几类。

1. 现浇基础

指在杆塔塔位处浇制混凝土做成的基础。在混凝土原材料砂、石和水供给方便、运输条件较好的地区，常考虑采用现浇基础。现浇基础又分开挖式和掏挖扩底式两种。

（1）开挖式现浇基础。这类基础有素混凝土基础和钢筋混凝土基础之分。钢筋混凝土基础的立柱有直立式和斜柱式，底板有刚性和柔性，刚性底板不配钢筋，做成台阶式，柔性底板需配筋做成板式。

直柱基础塔脚传递横向及纵向水平力较大，相应混凝土体积及配筋量较多。斜柱基础的特点：立柱倾斜，塔脚轴向拉力或压力由斜柱承受，塔脚传给基础的横向及纵向水平力大为减小，立柱受弯矩小，因而斜柱基础钢筋及混凝土量较直柱基础的小，是铁塔基础比较经济的一种型式。但斜柱施工工艺较复杂，需使用专用模板。

斜柱与塔脚的连接固定有两种方式：主材直插式和地脚螺栓埋入式。直插式可以省去较重的塔脚板，减轻基础的用钢量，但安装精度要求高，施工工效较低；地脚螺栓埋入式，塔底部有塔脚板，由于立柱是倾斜的，地脚螺栓直放时，一端要弯曲。

（2）掏挖扩底式基础。这类基础是把钢筋骨架放置于机械或人工掏挖扩底的圆形土胎内，然后浇灌混凝土，以原状土扩大头土体抵抗基础上拔。这种基础能充分发挥原状土的特性，抗拔、抗压承载能力强，并能抗较大的水平力。

这类基础具有以下特点。

（1）与同类型开挖式现浇基础相比，能节约钢筋约15%；节约混凝土材料约15%～20%，减少土石方量降低造价。

（2）能加快施工进度，提高工效，掏挖成型后不需要支模板，亦无须回填土。

（3）由于基坑不用大开挖，塔基周围土坡植被不被破坏。

2. 装配式基础

指在现场基坑内用预制的金属构件或钢筋混凝土构件装配成整体结构，然后回填夯实而形成的基础。对于土质较坚硬，无地下水，缺少砂、石、水且运输困难的地区，采用装配式基础比较合适。装配式基础又有金属基础（钢格栅基础）、预制混凝土构件基础（包括直柱单盘型、角锥支架型或称轨枕型）以及金属和预制混凝土构件混合基础（包括塔腿埋入型）三种。

3. 爆扩桩基础

将钢筋骨架放入由炸药爆扩成形的土胎内，再浇入混凝土而形成的基础。由于底部爆扩成大头，挤压密实，故基础抗拔性能好，同时扩大头接触的持力层为一空间曲面，下压承载力大，这种基础爆扩成形的正确与否与土质、施工工艺有很大的关系，通常只能在预先取得施工经验的情况下才能施工。

4. 岩石锚桩基础

用高标号水泥砂浆或细石混凝土浇注于钻凿成型的岩孔内将插入的钢筋锚固，或将混凝土浇注于开挖成坛状的岩石坑内，使锚筋、混凝土墩与岩体结成整体。它具有良好的抗拔性能，基础上拔与下压变形小，适用于覆盖土层较浅或岩石露头的基岩。根据岩石风化程度的不同，分别选用不同的基础形式。

5. 钻孔灌注桩基础

用专门的机具钻（或冲）成较深的圆孔，以水头压力和泥浆护壁，成孔后放入钢筋笼，在水下浇筑混凝土深桩基础，适用于跨河段地下水位较高的塔位，如淤泥、饱和沙土、流沙、有洪水冲刷等软弱地基，以及施工难以开挖成形的地基，可根据荷载的大小，选用单桩、双桩或多桩。

6. 挖孔桩基础

用人工挖较深的孔井，然后浇筑钢筋混凝土而形成的基础。为确保施工安全，挖孔时需采取护壁和保证孔内通风及排水措施。在土质较好的山区，其孔深度一般在10m左右，部分深达15m。

7. 底、卡、拉盘基础

指钢筋混凝土杆的底盘或底盘与卡盘连同杆身的埋地部分形成的基础。它们都是钢筋混凝土制成品。底盘是埋于电杆底部的方形或圆形盘，承受电杆的下压力并将其传递到地基上；卡盘是紧贴于杆身埋地部分的长形横盘，用圆弧形的钢板条借助螺栓与电杆连接，用于承受混凝土杆的横向力，并将其传递到侧面土壤；拉线盘是埋置于土中的钢筋混凝土长方形盘，中部设一吊环与拉线连接金具相连接，用以承受拉线拉力，是拉线的锚固部分。

(二) 基础材料及设计要点

1. 基础材料

基础材料决定着基础的强度和耐久性，送电线路基础是由混凝土、钢材组成，混凝土又由水泥、砂、石等多种材料组成。选择材料时，性能上必须满足使用要求，并充分利用当地材料。

(1) 混凝土：混凝土由四大材料 (胶凝材料、细骨料、粗骨料和水) 经合理混合后硬化而成，在送电线路基础中有着广泛用途。其主要优点是具有很高的抗压强度，凝结前具有良好的塑性，成本较低，经久耐用，耐火性好；缺点是现场浇筑易受气候条件影响，抗拉强度低，加固修理困难。混凝土按其组成材料、用途等可划分成许多种类。

①水泥：水泥是混凝土中的胶凝材料。水泥遇水能进行化学反应，形成一种黏结力很强的胶体，经养护硬化后，可成为像岩石一样的材料。水泥按其性质和用途可分为许多种。在送电线路基础工程中常用的水泥有硅酸盐水泥、普通硅酸盐水泥、火山灰质硅酸盐水泥、粉煤灰硅酸盐水泥等。在特殊情况下，也用特殊用途水泥。

②石子：包括碎石和卵石。碎石是由天然岩石经破碎、筛分而得的粒径大于5mm的岩石颗粒。卵石是岩石由于自然条件作用而形成的、粒径大于5mm的颗粒。碎石和卵石作为粗骨料在混凝土中占有相当大的比例，工程中使用应符合质量标准。

③沙：由自然条件作用而形成的粒径在5mm以下的岩石颗粒称为沙。按产源可分为河沙、海沙和山沙；按细度模数分为粗沙、中沙、细沙和特细沙。沙作为混凝土中的细骨料，其主要作用是填充石子之间的空隙。对其的选料，应符合质量要求。

④水：水在混凝土中的作用主要是与水泥发生化学反应，使混凝土逐渐硬化而产生强度，并在混凝土硬化过程中，进行养护和补充水的损失。水不应含盐、酸及其他有害混合物。

（2）钢筋：钢筋是基础工程中的重要材料，多用热轧钢筋。按外形分为光圆和变形两种，按强度分为Ⅰ、Ⅱ、Ⅲ、Ⅳ四级。钢筋品种必须与设计要求相一致，它起着骨架和增强抗破坏能力的作用。

2.基础设计要点

（1）杆塔基础承受上拔、下压和倾覆荷载，若地质条件合适，施工工艺能保证时，应尽量采用原状土类型的基础，以提高承载力，减小变形。

（2）基础设计必须保证地基的稳定性和结构的强度，对大跨越塔和处于弱地基的重要转角、终端塔的基础应进行地基变形验算，并使地基变形控制在允许范围内。

（3）开挖式基础的回填土按已夯实土考虑，即基坑回填土夯实程度已达到现行施工验收规范中要求的标准。

（4）在计算基础上拔、下压和倾覆稳定时，土的物理力学指标的选取，要考虑杆塔基础地质条件的分散性和季节性的影响。

（5）基础设计如遇地下水，应考虑地下水位季节性的变化，位于地下水位以下的混凝土和土壤的容重，应按浮容重考虑。

（6）如果周围地下水、环境水和土壤对基础材料有腐蚀影响，应根据腐蚀强弱程度，采用相应的防护措施。

（7）对湿陷性黄土、高原季节性冻土和膨胀土的杆塔基础，要参照有关规程要求进行处理。

（8）对饱和沙土和饱和轻亚黏土地基的重要跨河高塔，当地震烈度在八级及以上时，应验算地基由于地震液化的可能性，并采取相应的抗震设防措施。

（9）当塔位为坡地时，应尽量使用全方位高低腿基础，避免开挖大基面，造成工程量增加和环保问题。

第二节　安全距离和路径选择

一、安全距离

为了保证人身安全以及线路本身和线路附近的建筑物（交叉跨越的铁路、通信线、公路、电力线等）的安全，线路导线对地面、山坡、房屋、树木以及交叉跨越物等必须有足够的距离保障。这种安全要求的距离保障，就叫安全距离，是保证安全的最小距离。

二、路径选择

送电线路路径选择是为了在线路起讫点之间寻找一条技术上安全可靠、经济上合理的路径，给线路施工和运行维护创造较好的条件。在线路选线时，要考虑沿线气象、水文、地质、地形等自然环境以及交通运输、居民点等因素，还要妥善处理线路附近其他设施、城乡建设、文物保护、资源开发等方面的关系，按照国家现行法令、政策，进行综合论证比较，选出最佳的路径方案。

送电线路路径选择通常是通过室内图上选线和现场实地选线两步来完成的。

(一) 路径选择的基本要求

(1) 路径长度要短，与起讫点之间的直线距离相比，曲折系数越小越好。

(2) 尽量减少线路转角次数和减小转角的角度，避免出现60°以上的大转角。

(3) 转角点的地形要较好，在施工条件允许的前提下，两个转角点间的距离愈远越好。

(4) 线路沿线交通条件较好，距离公路或通航河道较近。

(5) 沿线地形、地质、水文、气象条件较好，尽可能避开圩地、涝区、地质不稳定地带、地震烈度六级以上地区、严重覆冰区、原始森林区、风口及严重影响线路安全运行的其他地区等。

(6) 少拆房屋，少砍林木，注意保护名胜古迹、绿化地带和大面积果树等经济作物。

(7) 对发电厂与变电所的进出线走廊应做统一规划。

(8) 按照系统规划要求，预留可能出现的其他平行线路路径，以免影响今后线路建设，特别在狭窄通道处这一点更为重要。

(9) 处理好送电线路与有关障碍物的关系，与城乡规划、通信、航空、铁路及航运等部门取得协议。

(10) 若线路途中无法避开特大跨越，由于特大跨越技术复杂，工程量和投资大，则一般先选好跨越地点，然后再定出整条线路的路径。

(二) 图上选线

图上选线是进行大方案的比较，从若干个路径方案中，经比较后选出较好的线路路径方案。图上选线的步骤有以下几方面。

(1) 选线前应充分了解工程概况及系统规划，明确线路起讫点及中途必经点的位置、线路输送容量、电压等级、回路数与导线型号等设计条件。

（2）图上选线所用地形图的比例以 1：50000 或 1：100000 为宜，先在图上标出线路起讫点及中间必经点位置，以及预先了解到的有关城市规划，军事设施，工厂、矿山发展规划，地下埋藏资源开采范围，水利设施规划，林区及经济作物区，已有及拟建的电力线、通信线或其他重要管线等的位置、范围，然后图上选出若干个路径方案作为收资和现场进行初勘的路线。

（3）对已选定的路径方案，根据与通信线的相对位置，按远景系统规划的短路电流及该地区的大地导电率进行对铁路、邮电、军事等主要通信线的干扰及危险影响计算。根据计算结果，便可对已选定的路径方案进行修正或提出具体措施。

（三）收集资料及初勘

1. 收集资料

设计收集资料的主要目的是取得线路通过地区对路径有影响的地上、地下障碍物的有关资料及所属单位对路径通过的意见。由所属单位以书面文件或在路径图上签署意见的形式提供资料，作为设计依据。若同一地区涉及单位较多又相互关联时，可邀集有关单位共同协商，并形成会议纪要。如果最终的路径走向满足对方的要求，可不再办理手续。但当路径靠近障碍物的边沿或从厂、矿区内通过时，应在线路施工图设计后以"回文"的形式说明路径通过位置及要求，以防止后期影响线路的建设与安全运行。

收集资料阶段，调查了解的单位一般应包括大行政区及省、市地区的有关部门和重要厂、矿企业及军事部门。收集资料的内容一般为有关部门所属现有设施及发展规模、占地范围、对线路的技术要求及意见等。在取得对方的书面意见前，应充分了解对方的设施情况与要求，并详细向对方介绍线路的情况，在协商的基础上取得对方同意线路通过的文件。

2. 初勘

初勘是按图上选定的线路路径到现场进行实地勘察，以验证它是否符合客观实际并决定各方案的取舍。

初勘方法可以是沿线了解、重点勘察或仪器初测，按实际需要确定。

野外初勘应由送电设计（包括电气、结构、通信保护）、技经、测量、水文气象、地质物探等专业的人员组成，并邀请施工单位、运行单位参加。

初勘工作一般应包括以内容。

（1）根据地形、地物找出图上选线的实地位置并沿线勘察；对特殊大跨越，应进行实地选线、定线、平断面图草测及地质水文勘察；在某些协议区及复杂地段，需要将线路路径或具体塔位，用仪器测量落实或测绘有关平、断面图。

（2）由收资、协议人员到沿线的县、乡及有关厂、矿补充收集沿线有影响的障碍、设施资料与办理初步协议，并收集沿线交通、污秽等资料。

（3）重点踏勘可能影响路径方案的复杂地段及仅凭图纸资料难以落实路径位置的地段。通常包括：重要或特殊跨越；进出线走廊、城镇拥挤地段；穿越或靠近有影响的障碍物协议区；不良地质、恶劣气象地段及交通困难、地形复杂地段；可能出现多方案地段。

（4）初勘时各有关专业组应做好拆迁、砍伐、修桥补路、所需建筑材料产地、材料站设置及运距等的调查。

初勘结束后，根据初勘中获得的最新资料修正图上选线路径方案，并组织各专业进行方案比较，包括：线路亘长，交通运输条件，施工、运行条件，地形、地质条件，大跨越情况等技术比较；线路投资、拆迁赔偿和材料消耗量等经济比较。按比较结果提出初步设计的推荐路径方案，编写路径部分说明并整理有关协议文件，同时办理最终协议文件。

（四）终勘选线、定位

终勘选线是将批准的初步设计路径在现场具体落实，按实际地形情况修正图上选线，确定线路最终的走向，设立临时标桩。终勘选线工作对线路的经济、技术指标和施工、运行条件起着重要作用。

1. 终勘选线的基本原则

（1）认真贯彻国家建设的各项方针政策，对运行安全性、经济合理性、施工便利性等因素进行全面考虑，综合比较。

（2）尽可能选择长度短、特殊跨越少、水文和地质条件较好的路径方案。

（3）应尽可能避开森林、绿化区、果木林、公园、防护林带等，当必须穿越时，应尽量选择最窄处通过，以减少砍伐树木。

（4）应尽可能少拆迁房屋及其他建筑物，应尽量少占农田。

（5）应尽可能避开地形、地质复杂和基础施工挖方量大或排水量大以及杆塔稳定受威胁的不良地形、地质地段。

2. 终勘选线的一般技术要求及注意事项

（1）线路经过山区时，应避免通过陡坡、悬崖峭壁、滑坡、崩塌区、不稳定岩石堆、泥石流等不良地质地带。当线路与山脊交叉时，应尽量从平缓处通过。线路应避免沿山间干河沟通过，如必须通过时，塔位应设在最高洪水位以上不受冲刷的地方。

（2）线路跨越河流时，尽量选在河道狭窄、河床平直、河岸稳定、两岸不被洪水淹没的地段；选线时应调查了解洪水淹没范围及冲刷等情况，预估跨河塔位并草测跨越档距，尽量避免出现特殊塔的设计；避免与一条河流多次交叉，避免在支流入口处及河道弯曲处跨越河流，不要在码头和泊船地区跨越河流。

（3）线路转角点应放置在平地或山麓缓坡上，并应考虑有足够的施工场地和便于施工机械的到达；选择转角点时应考虑前后相邻两基杆（塔）位的合理性，以免造成相邻两档过大、过小而造成不必要的升高杆塔或增加杆塔数量等不合理现象；转角点不宜选在山顶、深沟、河岸、悬崖边缘、坡度较大的山坡，以及易被洪水淹没、冲刷和低洼积水之处。

（4）线路应尽量避开沼泽地、水草地、已大量积水或易积水地带、严重的盐碱地带、采石场、矿区的塌陷区及可能塌陷的地区。

（5）在严重覆冰地区选线时，应注重调查该地区线路附近已有的电力线路、通信线路、植物等的覆冰情况，避免在覆冰严重地段通过。

3. 定位

根据已经选好并审定通过的线路路径进行定线和断面测绘，并合理地配置杆塔的位置，这就是所说的（送电）线路定位。线路定位工作一般分室内图上定位与室外现场定位两步进行。定位的目的是使全线杆塔的数量较经济、选择的杆塔位置较合适、选定的杆塔形式较恰当，从而使线路造价降低，并保证施工方便，运行维护安全可靠。

送电线路定位的具体内容包括塔位选择、档距配置、选用杆塔三方面。

（1）塔位选择。具体要求：塔位要选择在地基稳固处，尽可能避开洼地、水库、冲沟、陡坡、河边等水文、地质不良处所；对拉线杆塔还应考虑拉线基础的条件；耐张型杆塔宜设在较平缓的便于紧线施工的地方；能有较好的杆塔组立施工场地；与交叉跨越物之间应按规定保持一定距离。

（2）档距配置。具体要求：最大限度地利用杆塔的强度和高度；相邻档距的大小尽可能避免悬殊，以减小纵向不平衡力；当与导线排列方式不同的杆塔相邻时，应注意档距中央导线的接近情况，必要时可缩短档距；尽可能避免出现孤立档。

（3）选用杆塔。具体要求：尽可能多用最经济的杆塔形式与杆塔高度；全线杆塔形式种类要少，并尽量避免使用特殊设计的杆塔；对耐张型转角杆要尽量降低杆塔高度。

（五）航测技术与海拉瓦

1. 航测技术

20 世纪 60 年代中期，勘测设计人员开始利用小比例的航空摄影相片（简称航片），进行送电线路的选线工作。70年代，转用起大比例航片，提供选线与终勘定位。到了80年代后期，航测技术已日趋成熟。

航测技术是综合航空摄影、各种地面信息采集、计算机自动绘图或数字成果编辑，提供线路设计选线、排位的一种先进手段与方法。航摄相片一般采用1∶10000左右的比例尺，镶嵌成带状航片图（简称镶嵌图）进行选线。利用在镶嵌图上选出的各路径方案，通过解析测图仪或数字测图仪，得出断面和风偏数据，再加入现场调绘时所取得的交叉跨越及树高等各种地面信息，供设计进行杆塔优化排位使用，以便确定最优方案。

送电线路航测技术与工测法比较，现以330kV航测工程为例，通过对18个工程（计902km）与同类型工测定位工程比较、分析，有以下优点。

（1）技术指标先进。航片反映的是线路沿线的最新地貌，一目了然，可以充分利用这一特点，在室内就可进行多方案选择，对障碍物做最合理距离的避让；对拥挤地段的走廊做最合理的利用；对地形环境等做综合合理的考虑，路径缩短率2%～4%，耐张段长度、平均档距、杆塔档距利用系数分别平均提高为25%、11%、5.1%。

（2）经济指标合理。经多方案比较后，除技术指标先进外，更主要的是体现在经济指标的合理上。通过室内多方案的比较，最终可降低工程建设投资。按工程归纳和档距利用系数折算，其投资降低率分别为12.2%和7.5%。投资节省按7%低值计算，每公里在万元以上，航测经济效益（投资节省与航摄费支出比较）达几十倍。

（3）提高工作效率，进度快；设计质量高，而且减少了野外劳动强度。野外定位人员劳动强度减少1/2～2/3。

2. 海拉瓦（HELAVA）

"海拉瓦"已应用在多个领域。它是全数字摄影测量系统的工作站之一。其工作机理是把卫星相片或航片（送电线路工程初设用卫片，施工图用航片），通过海拉瓦的"影像相关"技术，把航片的影像信息转化为正射影像地图和数字地面模型，选线人员可借助专用眼镜，在显示屏上直接观察作业地段地面的立体地形，一览地貌、地物（河流、树木、房屋……）等有关信息，操作并选取路径位置、转角地点等，以便控制好与各障碍物的距离，非常直观，充分利用地形。还可自动生成断面图直接排位，统计出房屋拆迁数量等，便于进行各方案的比较，并选出最佳路径方案。

海拉瓦已成为我国线路航测的重要技术手段。北京某公司专门在高等级电压的送电线路工程中应用和发展这项技术。

航测是要通过现场放样，才能将其成果落到实处。航测能减小劳动强度，提高质量，尚不能完全代替现场定位。航测与现场校测，还不能绝对的一致，目前还存有误差。如某500kV线路，地面高程一般最大差别在0.5m左右，个别有超过1.0m的；对于树种调绘不够准确，即槐树、枣树和杨树混在一起，区分不准。另外，影像不清，受摄影质量影响，10kV 及以下电力线、通信线和个别处位树木有时漏测等。所以要重视现场校测，亦相信不断地总结、改进，能够提高。

第三节　送电线路大跨越

一、大跨越的条件

送电线路无处不去，当遇到大的障碍必须通过时，就出现了大跨越。在架空送电线路专业设计上，对大跨越有四个限定条件，具备者则称为大跨越，其条件为：

(1) 跨越通航大河流、湖泊或海峡等；

(2) 跨越档距在 1000m 以上 (尽管塔不是很高)，或者塔高在 100m 以上 (尽管档距不大)；

(3) 导线选型或塔型选择上需要进行特殊设计者；

(4) 发生故障时将严重影响通航或修复特别困难的跨越耐张段。

二、跨越地点和跨越方式

大跨越工程基建投资大，运行维护复杂，施工工艺要求高。因此，跨越地点应结合线路路径方案综合考虑。应进行技术经济比较。选择跨越地点应综合考虑水文、地质等条件。避开不稳定的河道、地震断裂带、山体的滑坡、山洪的冲刷及其他影响线路安全运行的地方，保证大跨越线路安全运行，同时应考虑对国家其他资源设施的影响。

在选点过程中应重视施工、运行时的交通等条件，尽可能靠近交通运输方便的地方，并征求施工、运行部门的意见。

大跨越塔，一般设置在 5 年一遇洪水淹没区以外，并考虑 30～50 年河岸冲刷变迁的影响。若需在水中设置塔位，必须河床稳定和避开主航道。一般按 30～50 年一遇水文数据考虑塔基冲刷深度及基础高度。基础应考虑漂浮物影响，必要时可采取防护措施。

大跨越自成一个耐张段。这是因为大跨越工程技术复杂，设计标准较其他线段高，施工也较困难；同时可限制事故范围，提高安全运行的可靠性。

跨越点和跨越方式，应根据跨越段的情况而定。一般采用耐—直—直—耐方式，也有用耐张塔跨越，以及耐—直—耐和耐—直—直—直—耐等方式。不管用什么方式，都应根据地形、地质、水文及施工运行等条件，并通过技术经济比较确定。

三、大跨越设计及其他

大跨越不同于一般送电线路，是送电线路的一种特殊形式。其设计，如气象条件、导地线选择、防雷保护、绝缘子和金具以及塔高和塔头布置，构造选型、荷载取值、基础类型等，都有其特殊的考虑，设计标准要执行电规送 [1998]11 号《架空送电线路大跨越设计技术规定》。

(一) 大跨越杆塔

大跨越塔结构复杂，耗钢量和投资额较高，目前国内大多采用组合构件铁塔、钢管塔或钢筋混凝土筒身、钢横担组合塔。

在设计方面耐张塔设计尽量降低塔高，结合地形、受力情况及电气布置等作比较后选定，一回路一基塔或一相一基塔，耐张塔一般采用钢结构或钢与钢筋混凝土混合结构。

关于钢筋混凝土塔筒身沿高度设置有若干窗洞。筒身的混凝土标号不低于 C25，当地震设计烈度在 8° 及以上时，不低于 C30。一般采用普通硅酸盐水泥。高度在 100m 及以下的高塔，一般设置带护圈的固定式钢直爬梯，并沿高度设若干个供 2～3 人使用的休息平台。高度在 100m 以上的高塔，一般设置升降梯并设直爬梯或旋转式扶梯。

钢结构主要构件的钢材一般采用 Q235、16 锰钢 (16Mn) 和 16 锰桥梁钢 (16Mn) 的热浸镀锌材 (部分构件可喷锌)。设计气温为 −20℃及以下的焊接杆件，通常采用低合金钢或合金结构钢。螺栓为高强度热浸镀锌螺栓。凡主要杆件和挂点杆件的连接螺栓设有防松措施。

拉线塔的拉线，是由多根拉线组成的拉线组。

拉线的锚具用钢板焊接，锚具内部的锚固材料用熔点不超过 200℃的铅基合金，有条件时也可采用压接式的锚具。

若跨越塔设置在河床内，为防漂流物冲撞，有时加设防护措施。

(二) 基础

基础有多种形式，前文已有所介绍。由于跨越塔高、重和塔位地质条件影响，致使基础都比较庞大。在设计基础方面，为使塔脚板上剪力按设计要求传递到基础上去，基础顶面宜设剪力槽或采取其他措施处理；对饱和沙土及饱和轻亚黏土构成的地基，应考虑地震引起液化的可能性，并采取稳定地基和基础抗震措施；天然地基基础的埋深一般不超过 8m，基础应直接置于稳定土层或基岩上，以满足承载能力、沉降变形和施工的要求；灌注桩基础适合按摩擦桩或摩阻端承桩设计，钢筋混凝土打入桩适合按端承桩或摩阻端承桩设计，如桩尖需嵌入基岩内，不宜采用打入桩；当河床漫滩有可能变迁，采用桩基有困难时，可考虑采用沉井基础；群桩基础一般采用行列式或梅花式排列，使每个桩受力均匀，桩与承台宜采用刚性连接。

(三) 导地线架设及附件安装

凡大跨越的跨越档，在施工架线中导、地线不应有接头，并在架线后应及时安装防振装置。目前，大跨越的防振措施一般以阻尼线为主，辅以防振锤和护线条等。采用非标准金具时，应通过试验验证。

跨越档的绝缘子串每相不少于双串，且其中发生断任何一串时，另一绝缘子串的安全系数不应少于2。同时各串应安装调整板，便于调整弧垂。

(四) 大跨越的高塔装设飞行障碍标志

每基高塔上，航行障碍灯在日落起至日出时禁止开放。其中，顶部至少有一盏开放，设有备用灯具。采用交流电源时，除主电源外尚设有可靠的备用电源装置；采用太阳能电池 (包括充电元件和蓄电池组) 做电源时，亦备有足够的备用组件。

第三章　电网无功补偿和电压调整

第一节　概述

无功功率的存在是交流系统特有现象。在无功功率平衡和电力系统计算中，无功功率取值有两种计算方法：一种是取电流相量为基准值，与电压相量的共轭值相乘而得；另一种是以电压相量为基准，与电流相量的共轭值相乘而得。这两种算法求得的无功功率大小相等，但符号相反。根据国际电工委员会推荐以及习惯用法，当电流滞后电压相量时，功率因数角取正值。有如下关系。

按照这样的约定，滞后电流对应正的无功功率，即感性无功功率取正值；超前电流对应负的无功功率，即容性无功功率取负值。也就是说，对负荷而言，滞后的无功功率为无功负荷，表示负荷从系统中吸收无功功率；超前的无功功率视为无功电源，表示向系统输出无功功率。对发电机而言，滞后的无功功率表示发电机向系统输出无功功率；超前的无功功率则表示发电机从系统吸收无功功率。对元件上的无功损耗，电抗上的损耗表示从系统吸收无功功率；容抗上的损耗则相反。负荷消耗的无功和电抗元件上的无功损耗之和往往统称为无功需求，无功电源包括发电机发出的无功功率和容抗元件输出的无功功率。

一、无功需求和无功电源

(一) 无功需求

1. 无功负荷

无功负荷是综合负荷中的无功分量，是以滞后功率因数运行的用电设备所吸收的无功功率。由于异步电动机在综合负荷中所占的比例较大，约为 60%～70%，而异步电动机的功率因数一般较低，额定负载运行时功率因数为 0.7～0.9，负载率减小，功率因数也随之降低，因而总的来看，终端综合负荷的平均功率因数一般为 0.6～0.9。

2. 无功损耗

电网的无功损耗包括输电线路和变压器的无功损耗。

(1) 输电线路无功损耗。输电线路的无功损耗分两部分：即线路电抗上的损耗和容抗上的损耗。后者损耗为负值，把它归入下面叙述的无功电源中。线路电抗的无功损耗与线路视在功率或电流平方成正比。

$$\Delta Q_L = \left(\frac{S}{U}\right)^2 \chi_L \tag{3-1}$$

式中：ΔQ_L——线路无功损耗，Mvar;

S——线路输送的视在功率，MVA;

U——线路运行电压，kV;

X_L——线路电抗，Ω。

S、U 应取线路同一端的值。在近似计算时，送端电压可取平均电压，受端电压可取额定电压。

（2）变压器无功损耗。变压器无功损耗也包括两部分：一部分为励磁损耗，也叫空载损耗；另一部分为电抗（漏抗）上的损失，也叫负载损耗。

（二）无功电源

电力系统的无功电源有发电机、同步调相机、静电电容器及静止补偿器等，以及线路的充电功率。

1. 发电机

同步发电机不仅是电力系统主要的有功电源，也是电力系统主要的无功电源。

2. 同步调相机

同步调相机是专门设计的无功功率发电机，其工作原理相当于空载运行的同步电动机。在过励磁运行时，同步调相机向系统输送无功功率；欠励磁运行时，它从系统吸收无功功率。由于同步调相机主要用于发出无功功率，它在欠励磁运行时的容量设计为过励磁运行时容量的 50%～60%。调相机装在负荷中心时，可直接供给负荷无功功率，减少传输无功功率所引起的电能损耗和电压损耗；调相机装在输电通道中间时，可以明显地提高通道的输电能力。调相机的无功功率、电压静特性与发电机相似。调相机是通过控制励磁电流来实现无功功率的调节，可以连续地从滞后调到超前，具有快速调节的优点，但是由于它是旋转电机，维护比较麻烦，而且运行不太经济，所以，目前在系统中应用较少。

3. 电容器

并联电容器一般采用中性点不接地的星形接线连接在变电站母线上。220kV 变电站接在中压或低压侧母线上，500（330）kV 变电站接在低压侧母线上。并联电容器供给的无功功率 Q_c 与所在节点的电压 U 的平方成正比，即

$$Q_C = \frac{U^2}{X_C}$$

（3-2）

式中：Q_C——并联电容器组输出的无功功率，Mvar；

U^2——并联电容器组的运行电压，kV；

X_C——并联电容器组的容抗，Ω。

因此在系统发生故障或其他原因而使电压下降时，其输出的无功功率反而减少，致使此时不能有效地提升电压，这是并联电容器的缺点。

并联电容器的装设容量可大可小，可集中使用，又可分散装设就地供给无功功率。

电容器每单位容量的投资较少，运行中功率损耗也较小，约为额定容量的 0.06%，维护也较方便。为了在运行中调节电容器功率，可将电容器连接成若干组，采用断路器分组投切。

4. 静止补偿器（SVC）

静止补偿器（SVC）是一种静止的并联无功补偿装置，其静止是相对于发电机、调相机等旋转设备而言的。SVC 是在机械投切式电容器和电抗器的基础上，采用大容量晶闸管代替机械开关而发展起来的，它可以快速地调整无功功率，为电力系统提供动态无功电源，起到抑制电压波动、降低网损和提高系统稳定水平作用。

SVC 主要包括以下结构：晶闸管控制电抗器（TCR）、晶闸管投切电抗器（TSR）、晶闸管投切电容器（TSC）和固定电容器组（FC），以及它们的组合，即晶闸管控制电抗器＋固定电容器（TCR+FC）、晶闸管控制电抗器＋晶闸管投切电容器（TCR+TSC）。目前广泛应用的 SVC 装置主要是 TCR+FC 和 TCR+TSC，前者有功损耗较大，而且最大损耗发生在浮空状态。对超高压系统来说，这恰恰是 SVC 的常态，因为 SVC 的无功主要是作为热备用，以满足系统紧急状态的需要。有功损耗主要来自滤波支路小值电阻损耗、电容器介质损耗、晶闸管通态损耗、开关损耗和 TCR 回路中的电阻损耗，其损耗率在 0.5% ~ 0.7%，因此长时间积累后的年电能损失费不可小觑，不能不说这是此类结构 SVC 在超高压输电系统中应用的一个缺点，而 TCR+TSC 与此不一样，它在浮空状态损耗最小，只有投入并加大 TSC 的容量时损耗才会增加，而其中的 TCR 容量较小、损耗不大，只有在系统紧急情况下，SVC 短时间内全容量输出无功时才会产生相对较小（0.3% ~ 0.5%）的损耗。这两种结构共同的优点是既可向系统发出容性无功，也可吸收系统的容性无功，可以连续调节，而且响应速度快（20 ~ 40ms），这正是现代电力系统需要的最宝贵的性能。

SVC 仍然是无源设备，存在着同静电电容器一样的缺点，即在系统电压降低时需要它多送出无功功率时，恰按电压平方比例下降了。为此已研究了一种叫

STATCOM 的无功发生器，它等效为可控电流源，输出的无功电流与系统电压无关，而且响应速度可以在 10ms 左右，占地也比 SVC 小得多，但此种设备技术含量较高，目前价格还较昂贵，商业化应用不多。

二、无功和电压的关系

无功与电压是交流系统中一对十分密切的物理量，它们之间有以下两个方面关系。

（1）对电力系统整体，无功功率必须平衡，以保持合格的电压水平；对任何节点来说，正常和事故情况时应在规定的电压水平下保持无功平衡，在极端情况下必须在临界电压以上保持无功平衡。

（2）无功流动是产生节点间电压损失和节点电压偏移的主要原因。众所周知，无功流动使输电线路送受端或两个地区之间存在电压损失，而电压损失的大小直接影响了送受端相关节点的电压偏移，从而影响了节点的电压水平。

三、电网电压的标准

电压是电能质量的一个重要指标，保证电网电压水平符合标准，是电力系统规划和运行的基本任务之一。

(一) 电压偏移的危害

1. 电压偏移对用电设备的影响

各用电设备是按照额定电压来设计制造的，它们只有在额定电压下运行才能取得较好的技术经济性能。当电压偏离额定值较大时，将对用电设备的运行带来不良的影响。

电力系统中作为负荷的常用用电设备的有异步电动机、电热设备、照明、家用电器、电子设备等。异步电动机的电磁转矩与其端电压的平方成正比，当电压降低时，如其机械负载的阻力矩不变，则电动机滑差加大，定子电流增大，发热增加，绕组温升增高，加速绝缘老化，影响电动机寿命，当电压太低时甚至会烧毁电机；当电压偏高时，将会破坏绝缘，并引起磁路饱和等，影响电动机的工作。电炉等电热设备的发热量与电压的平方成正比，当电压降低时将大大降低发热量，使生产率降低。当电压降低时，照明设备将发光不足，日光灯等还会产生无法启动的现象，影响人们的视力和工作；当电压偏高时，将严重影响照明设备的寿命。电压变动对电视机等家用电器也有很大影响，电压偏低电视图像不稳定；电压偏高，将使显像管寿命缩短。现代电子设备和精密仪器对电压变化更是十分敏感，其要求也更高。电压质量已成为现代企业投资环境的重要因素，因此，各种用电设备作为电力系统的用户，都要求电压偏移符合标准。

2. 电压偏移对电力系统自身的影响

电压偏移对电力系统本身也有影响。电压降低后，网络中的功率损耗和能量损耗增加，影响电网运行的经济性。在高压或超高压电网中，电压过低还将危及电力系统运行的稳定性；而电压过高时，各种电气设备的绝缘可能受到损害，还将增加超高压网络中电晕损耗。

(二) 电压偏移的允许值

1. 发电厂和变电站母线 (电源侧) 电压允许偏差值

(1) 500 (330) kV 母线：正常运行方式时，最高运行电压不得超过系统额定电压的 +10%；最低运行电压不应影响电力系统同步稳定、电压稳定、厂用电的正常使用及下一级电压调节。向空载线路充电，在暂态过程衰减后线路末端电压不应超过系统额定电压的 1.15 倍，持续时间不应大于 20min。

(2) 发电厂和 500kV 变电站的 220kV 母线：正常运行方式时，电压允许偏差为系统额定电压的 0 ~ +10%；事故运行方式时为系统额定电压的 -5% ~ +10%。

(3) 发电厂和 220 (330) kV 变电站的 35 ~ 110kV 母线：正常运行方式时，电压允许偏差为相应系统额定电压的 -3% ~ +7%；事故后为系统额定电压的 ± 10%。

2. 用户受电端 (负荷侧) 的电压允许偏差值

(1) 35kV 及以上用户的电压变动幅度，应不大于系统额定电压的 10%，其电压允许值，应在系统额定电压的 90% ~ 110% 范围内。

(2) 10kV 用户的电压允许偏差值，为系统额定电压的 ± 7%。

(3) 380V 用户的电压允许偏差值，为系统额定电压的 ± 7%。

(4) 220V 用户的电压允许偏差值，为系统额定电压的 -10% ~ +5%。

(5) 特殊用户的电压允许偏差值，按供用电合同商定的数值确定。

第二节 无功补偿设备配置

无功补偿设备配置是无功规划的重要任务，包括确定无功设备总容量、分布、单组容量及型式，但在具体工作中，侧重点常常不同。无功补偿设备配置在电源规划、电网规划设计完成后进行，通过无功平衡及潮流计算分析而确定。与前面有关章节论述的有功电力平衡及其由此进行的电网规划和计算分析类似，无功平衡是宏观层面上的分析、估量；潮流计算应在无功平衡指导下进行，是对无功平衡的检验、细化。无功补偿配置应该逐点、按变电站来计算分析，但也可把一个规定的系统作为研究对象，粗略地研究无功补偿设备配置。

一、无功补偿的原则

(一) 无功补偿优化概述

如何进行无功补偿，实际上是一个补偿设备配置的优化问题。最优无功补偿配置从数学上就是在满足一定约束条件下，求出目标函数的极值。无功优化的目标函数一般有网损最小、年费用最小和无功设备投资最小等。约束条件一般分为决策变量和状态变量的约束，前者一般包括补偿总容量、分组容量及补偿地点、变压器分接头选择；后者主要是限定各母线电压、线路和变压器通过功率范围。

目标函数为网损最小的优化，用于电网调度运行中，它是在无功电源(发电机和补偿设备)安排和变压器分接头设置范围既定的条件下，满足各种状态变量约束条件，确定发电机无功出力，投切的补偿设备容量和地点，选定变压器分接头运行位置，使各种运行方式或典型的运行方式下有功网损最小。目标函数为年费用最小的优化，用于电网无功规划，它是在负荷水平、电源安排、电网接线及变电站参数已经确定的前提下，满足状态变量的约束条件，合理地利用发电机无功出力，进行无功补偿设备配置，以及确定各变压器分接头位置，使综合了无功设备投资、维修费和电网有功损失费以后的年费用为最小。目标函数为无功设备投资最小的优化，是电网规划阶段一种简化但又常用的优选方法。

不管采用何种优化目标，由于目标函数及状态变量约束方程都是非线性函数，要通过非线性方程求解，或者将问题线性化后用线性规划、整数规划和动态规划等方法进行求解。这些方法十分严谨，曾作过许多研究，并取得了一定成果，在电力系统中有了不同程度的应用，对于无功规划中研究无功补偿配置，比较现实而具有工程上操作性的做法是先利用无功平衡求出补偿设备配置的估值，然后通过潮流计算检验、完善而得以完成，因为无功规划一般只要抓住两个控制方式：一个是容性无功需求最大的方式(一般是最大运行方式)，用以确定容性无功配置；另一个是容性无功需求最小的方式(一般是最小运行方式)，用以检验电压是否超越上限，多余的无功流向是否合理，并确定是否需要装设感性无功设备。这样做同样可以获得接近于优化的效果。

(二) 无功补偿的原则

1. 一般原则

对 220kV 及以上电网, 无功补偿应遵循分层、分区、就地、就近补偿的原则。

分层平衡的原则是指不同电压层间无功交换应控制在合理的水平, 应使本电压层的无功需求 (无功负荷、无功损耗) 和与无功电源 (发电厂和无功补偿设备出力) 基本相平衡, 减少无功功率在不同电压层间的流动, 避免大量无功功率穿越变压器。

分区平衡的原则是指不同供电区间的无功交换应控制在合理的水平, 应使本供电区的无功需求与区内无功电源基本相平衡, 合理控制输电线路输送无功电力, 使节点间、地区间、省间的无功交换量在技术上允许、经济上合理。

分层无功平衡的重点是, 220kV 及以上电压等级层面的无功平衡; 分区平衡的重点是, 110kV 及以下配电系统的无功平衡。

就地、就近平衡是指应尽可能按节点为单元进行无功平衡, 但由于大部分补偿设备还不可能平滑无级调整, 连续跟踪负荷变化而难以实现, 故实际上允许在一个不大的合理范围内, 满足技术经济要求下做到无功基本平衡。

2. 分层补偿原则诠释

无功分层补偿原则实际上就是要合理控制相邻电压层之间的无功功率交换量, 或控制电压层间的功率因数。

(1) 对于 500kV 与 220kV 电网之间的无功交换, 分析 500kV 系统的无功电源就能得到结论。

① 500kV 电网虽然有大量的充电功率, 但它基本不能利用, 即基本不能把充电功率输入 220kV 电网中去, 而应按照在 500kV 电压层就地补偿原则, 利用高低压并联电抗器把充电功率基本补偿掉。这可用线路运行的两个状态来加以说明: 一是线路输送功率大于、等于自然功率 (或广义自然功率); 二是小于自然功率。在 500kV 线路输送潮流等于或大于自然功率时, 线路输出的净无功 (线路充电功率与电抗损耗之差, 下同) 分别等于零和负值, 无力向 220kV 电网提供容性无功, 而此时正值 220kV 电网无功平衡最困难的时段, 220kV 电网只能自装无功补偿解决缺额。当 500kV 线路输送功率小于自然功率时, 输出净无功虽有不同程度的盈余, 但此时 220kV 电网已度过了困难时段, 不缺少无功了, 500kV 电网若把多余的无功功率向其输入, 反而加剧了 220kV 电网无功平衡和电压调整的困难。因此, 500kV 电网充电功率应基本被网内的感性设备补偿掉了。

② 500kV 系统中发电机是否应该向 220kV 电网送去无功呢? 答案也是否定的。500kV 系统远离负荷中心的发电厂, 一般只能补偿电厂送出线路重载时线路无功净

缺额（线路电抗损耗与充电功率之差，下同）和电厂侧高压电抗器吸收的无功；500kV受端系统或附近的发电厂，正常时一般都应合理地以高功率因数运行，留足动态无功储备，以补偿电网紧急情况下大量无功缺额。

③接在500kV变压器三次侧的容性无功补偿设备，也不应把它的无功电力送到220kV电网去填补无功缺额，其道理十分简单，把大致与送去无功电力等量的无功补偿设备移至220kV电网就地补偿即可，何必装于异地让无功流动而徒然增加有功和无功损失。220kV电网的无功缺额，理应由本网安装的容性无功设备补偿。

500kV变压器三次侧无功补偿设备，从就近补偿原则出发，补偿变电站220kV送出线重载时部分无功缺额。但此缺额经各送出线无功余缺调剂后，绝大多数情况下近似为零。

因此，500kV电网原则上不应向下一级220kV电网送去无功电力，即层间功率因数应接近于1.0，对个别变电站，在电网发展过程中的个案，经论证可考虑适当降低功率因数，但最低也应控制层间功率因数不低于0.98。

（2）对于220kV电网与次级电压（110kV、66kV或35kV）电网的无功交换，即变压器次级侧功率因数问题，似还有较多可以讨论之处。从无功功率基本上分层平衡的角度看，220kV电网不应向次级电压送电网输送无功，即变压器次级侧功率因数应等于或接近1.0，但从无功功率就地、就近补偿的角度看，变压器的次级侧应送出一定量的无功，去补偿次级电压出线上重载时部分无功净损失（如送出线的一半左右），因为它距产生损耗的位置最近，而且从技术经济角度出发，适度向次级电压送去一定量的无功，有利于对作为次级电压电网枢纽点的220kV变压器次级母线进行电压调整，另外这对降低单位补偿容量的造价也是有利的，因为装于220kV变电站二次（或三次侧）的无功补偿容量，可以允许安装较大的单组容量，使无功设备单位造价有所降低。

其实，220kV变压器次级电压侧适当降低功率因数直至0.95，向次级电压电网送去了无功，只要无功不是源于220kV变压器所补偿的设备，而是来自接入220kV的发电厂，则不仅在技术上是无问题的，在经济上也无疑是合适的。

3.分区补偿原则诠释

可以分以下两种情况来讨论此问题。

一种情况是输电线路输送的无功来自无功补偿设备，则线路应尽量少送，最好不送无功到目的地，其原因前已叙述。把无功补偿设备移至缺少无功的目的地就地补偿即可，可以明显地减少有功和无功损失。

另一种情况是输电线路输送的无功来自发电厂，则线路是否输送无功、输送多少无功则就另当别论了，应视具体情况而定。发电厂的无功不必额外增加投资，而且发电厂多发了无功，提高了发电厂电动势，对发电厂自身和电力系统稳定运行都有益，故理应优先利用。但利用发电厂的无功时有两个问题需要论证清楚，首先从技术上讲，为了使送端或受端相关接点电压偏移满足要求，应控制输送无功后送受端电压损失不能过大（例如10%）；其次经济上是否划算的问题，无功输送得越多，线路有功损失越高，如果为了在受端获得一定数量的无功功率而使有功损失增加过大，以至于增加的电能损失费反而超过了受端装设等额无功设备的年费用时，则利用送端发电厂的无功在经济上就失去了意义，就不如在受端系统合适的变电站内安装无功补偿设备经济了。

（1）接入220kV电压的发电厂，到底能输送多少无功至受端，在经济上才算合理，工程技术人员曾做过大量计算分析工作，但很难得出一个简单的函数关系。因为这与输电距离和采用的导线截面有关，输电距离越远，导线截面越小，输送无功越会受到电能损失的制约；输送无功的经济性还与输送无功电力的同时相应输送有功功率的大小有关，在输送有功功率不同的状态下，叠加输送同一数量的无功电力，所增加的有功损失差之甚远，因而对输送无功电力数量上的限制是大不一样的。再者，输送无功多少，还与无功设备造价和电价的高低有关，无功设备造价高，电价低，则就允许输送更多的无功，反之亦然。另外，发电厂输送无功还受到送受端之间电压损失的限制。

（2）500kV受端系统正常时不能或只应从接入500kV电压等级的发电厂获取少量无功。对于远方电厂（例如200km及更远），它所发无功在补偿了送出线路重载时线路上无功净损耗和线路上发电厂侧的高压电抗器所吸收的无功后，基本上已无力再向受端系统输送无功电力了，而且为维持送受端相关节点合理的电压水平也是不允许的。但例外的是，靠近送端发电厂附近500kV变电站，可以从发电厂获取无功电力以补偿变压器无功损失，这样做显然比在变电站内安装无功设备补偿来得经济，而且也符合无功就近补偿的原则。对于受端系统内或附近的500kV的发电厂（例如100km以内），虽然无论在技术上还是在经济上，正常运行时发电厂有能力向受端系统供应无功电力，但从无功资源合理配置角度看，正常时应让发电厂以高功率因数运行，应少送或不送无功电力去受端，最多也只应让其带接入点变电站变压器的无功损失，以保证发电厂在电网紧急状态下，受端系统大量缺失无功时提供动态无功支持。

二、220kV电网无功补偿

220kV电网即220kV电压层的无功补偿问题，应逐点按220kV变电站来研究，也就是逐一分析研究每个变电站的无功补偿设备配置问题，可以从最小单元—单台变压器的无功配置入手。

220kV降压变压器有双绕组和三绕组两种，为了比较清楚地说明问题，以双绕组变压器为例，用无功平衡估算二次侧无功设备容量。当变压器为三绕组时，利用三绕组变压器二次或三次侧电抗其中之一近似为零的特点，经过一定的近似处理后，其方法同样可用。

研究220kV电网容性补偿设备是220kV电网无功规划的主要任务，但在以下情况下，220kV电网亦需研究感性设备即低压电抗器的配置问题：①当220kV变电站二次侧电缆线路较多且在轻负荷时切除并联电容器组后，仍出现向一次侧系统倒送无功电力时，应在变电站二次侧母线上装设并联电抗器，在无功规划时，为留有一定的裕度，可按轻负荷时切除电容器后，一次侧功率因数等于或大于0.98时就按装设并联电抗器考虑；②220kV长线路轻载时，末端电压升高越限，或虽未越限但带来调压困难者，则应在末端变电站安装低压电抗器。

第三节　电网电压调整

作为电网主要无功电源的发电机，调节其无功出力是电网调压的重要手段。此外，诸如改变电网中无功功率分布、改变电网参数及运行中加强无功、电压管理都是调压措施。本节要论述的是电网主要调压措施——通过调节变压器分接头即改变变压器变比来调压。电网无功规划设计的任务是通过系统分析、计算，确定变压器主分接头的电压和分接头的调整范围。

众所周知，改变变压器分接头调压不能增减系统无功，只能改变无功功率分布。因此，改变分接头调压只能在系统无功平衡的基础上，且系统具有足够无功备用的条件下才能发挥作用。

一、采用变压器分接头调压

改变分接头而改变变压器二次或三次侧输出电压的调压方式，适用于任何电压等级的电网，是电网中最广泛采用的一种调压方式。

电网规划的任务是设置分接头的调节范围，调度运行则是在此范围内选择其中之一，满足运行电压要求。改变变压器分接头调压，一般是在已知一次侧运行电压的条件下，在多个分接头中选择一个合理的分接头，使二次侧输出的电压达到预定的目标值，即满足规定的运行电压标准，选择的方法在一般教科书中都进行了详细论述。

二、用等值电路分析分接头调压原理

前述关于变压器分接头的调压计算公式是针对一次侧为电源，二次侧仅为负荷

（无电源）条件下进行的，它的结果对于输电电网中变压器广泛存在的两侧都有电源情况下，则计算分析结果将带来较大误差。

变压器有双绕组和三绕组两种。双绕组变压器是研究一、二次侧电压关系，三绕组变压器是研究一次侧与二、三次侧电压关系。由于三绕组变压器三次侧一般只与无功设备连接，并不供负荷。即使供一定数量的负荷，在电压调整时三次侧电压也只能是从属的，人们最关心的仍然是一、二次之间的电压关系，因此为了能简明地说明问题，三绕组变压器采用分接头调整电压的分析研究，可仍用双绕组变压器来研究。

第四节　电压稳定

电压失稳可能导致大面积、长时间停电，造成巨大的经济损失和社会生活的紊乱，因而电压稳定问题的研究引起了世界各国电力工业界和学术界的普遍关注。但相对于功角稳定问题而言，电压稳定性研究目前仍处于不成熟阶段，至今尚缺乏一套完整的理论和系统的分析方法，甚至还没有一个公认的电压稳定性的定义和分类方法。

1993 年，国际大电网会议组织（CIGRE）的研究报告中明确提出了电压稳定性的定义和分类，指出电力系统的电压稳定性是指系统在某一给定的稳态运行下，经受一定的扰动后各负荷节点维持原有电压水平的能力。根据研究的扰动大小及范围，电压稳定性又可分为小干扰电压稳定性、暂态电压稳定性和长过程电压稳定性。小干扰电压稳定性即为系统遭受小扰动后，负荷电压恢复至扰动前电压水平的能力；暂态电压稳定性是指系统遭受大扰动后，负荷节点维持电压水平的能力；长过程电压稳定性是指系统在遭受大扰动、负荷增加或传输功率增大时，在 0.5 ~ 30min 内，负荷节点维持电压水平的能力。

《电力系统安全稳定导则》（GB 38755-2019）把电压稳定定义为：电力系统受到小的或大的扰动，系统电压能够保持或恢复到允许的范围内，不发生电压崩溃的能力。并指出，电压失稳可表现为静态小扰动失稳、暂态大扰动失稳、大扰动动态失稳、长过程失稳；电压失稳可以发生在正常工况，即电压基本正常情况下，也可能发生在不正常工况，即母线电压已明显降低的情况下，还可能发生在扰动以后。

在过去的 20 多年间，国内外学者从不同角度对电压稳定问题进行了卓有成效的研究，本书只对电压稳定问题进行通俗化的解读，以方便电力系统规划设计的工程师和管理者们理解和应用。

一、无功负荷特性是进一步恶化电压稳定的重要因素

在上述由电路固有特征引起电压失稳的讨论中，并没有涉及负荷本身与电压的关系。在一般的交流电力系统研究中，把负荷看作一个静态元件，认为负荷吸收的有功和无功功率与电压无关。但是在实际的电力系统中，负荷的功率，特别是与电压稳定有密切关系的无功功率，与电压呈非线性关系，尤其是作为负荷中主要成分的异步电动机是非静态的非线性元件。

二、调节元件的缺陷加剧了电压失稳的发展

电压失稳和电压崩溃的动态过程从小于1s到数十分钟，电力系统中大量快速动态元件的暂态行为影响着这个过程的发展。这些动态元件主要有发电机及励磁控制系统、高压直流输电（HVDC）、SVC、自动调压装置（LTC）等，它们在不同时域内响应、动作，往往只有部分元件和控制装置起正面作用，不少元件表现滞延或反调节，助推了电压失稳发展。

（1）发电机引起的暂态电压失稳。发生电压失稳事故时，电网一般处于高负载状态，从远方电源送入大量功率至受端系统，并伴随突然出现的大扰动。受端系统的发电机在大扰动发生后往往会处于过励磁或过载状态，由于励磁绕组热容量限制，机组的过励磁能力到达设定运行时间时，过励限制器会将励磁电流减少到额定值，导致网络中的无功功率大量缺失，使得远方发电机必须提供更多的无功功率，而此时由远方发电机向负荷区域多提供无功功率，基本上全部损失在传输线路上，是低效率或无效果的做法，致使发电和输电系统都不能够再满足无功需求，随即系统电压进一步迅速下降，导致暂态电压失稳。

（2）并联电容器、SVC引起的暂态电压失稳。大量安装并联电容器容易造成暂态电压失稳，其原因是显而易见的，即由并联电容器提供的无功支持随着电压的平方变化，因此在电压下降的同时，其提供的无功支持会大大下降，容易导致暂态电压失稳。SVC的动态调节有利于提高系统的暂态电压稳定性，但一旦达到其最大输出无功功率时，SVC的无功输出同样只能按母线电压平方关系下降，其效果相当于并联电容器丧失了无功调节的能力，同样容易导致暂态电压失稳。

（3）HVDC引起的暂态电压失稳。HVDC在远距离、大容量输电方面具有独特优势。然而，由于换流器要消耗大量的无功功率（为直流有功功率的50%～60%），使得交流系统在大干扰后暂态电压稳定性面临严峻的考验，尤其是与直流系统相连的弱交流系统的暂态电压稳定性。在交流系统故障切除后的快速恢复有助于缓解交流系统的功率不平衡，但过快的功率恢复可能造成后继的换相失败，导致交流系统暂态电压失稳。

对于多馈入交直流电力系统，这一特点更加明显。同样，直流系统的严重故障（例如直流双极闭锁）会导致潮流大量转移，降低交流系统电压，使受端系统中感应电动机负荷的无功需求会大量增加，同时，并使电容器提供的无功补偿开始减少，全网电压会进一步恶化导致暂态电压失稳。

（4）LTC 引起的暂态电压失稳。当网络的无功功率供给充分的时候，自动调压分接头可以保持负荷变动时的负荷侧电压稳定，但当网络无功功率供应不足时，如果继续提高负荷侧电压，反而迫使上一级电网电压下降，而如果网络无功功率缺额过多，就会拖垮上一级电压电网乃至超高压电网，发展为电压崩溃，多次系统电压失稳事故正是这样发展起来的。

第四章　电力电量平衡

第一节　平衡的目的及容量组成

一、平衡的目的

电力电量平衡是在预测的电力负荷水平和规划的电源装机容量条件下，分析电力需求与供应之间的平衡，通常包含电力平衡、电量平衡和调峰平衡。

电力平衡是电力负荷（包括损耗、备用）与电源（发电设备）容量的平衡；电量平衡是在规定时间（年、月、日）内电力负荷所需电量与电源可发电量（或可利用电量）的平衡，并通过核算电源设备年利用小时数分析电源能否满足负荷需求；调峰平衡是特定条件下的电力平衡，重点关注发电设备的调节能力能否满足电力负荷（日、周）峰谷变化需求。

通过电力电量平衡，可以达到以下九方面目的。

（1）确定满足系统最大负荷需求的电源装机容量；

（2）确定系统的备用容量（包括负荷、事故、检修备用）；

（3）计算系统各类电源的利用情况（包括弃水、弃风、弃光），核算各类发电设备利用的合理性；

（4）确定满足系统负荷峰谷变化需要的调峰容量或调峰措施（方案）；

（5）分析送端系统的外送能力和受端系统的消纳能力，确定系统之间的电力交换容量；

（6）分析系统电源的结构，确定系统各类电源装机相对合理的占比；

（7）分析系统备用容量在主要可承担备用的电源之间的分配比例；

（8）计算系统的燃料需求及污染物排放；

（9）分析特定条件下的运行方式。

二、容量组成

容量组成分为系统容量组成和电厂（站、场）容量组成。

(一) 系统容量组成

电力平衡的容量包括负荷和电源两类指标。负荷指标主要包括最大发电负荷、备用容量；电源指标主要包括电源工作出力、系统必需容量、受阻容量、水电空闲容量、系统装机容量、电力盈余等。

(1) 最大发电负荷：指系统典型日最大负荷时段的需求。

(2) 备用容量：指最大负荷时段除工作出力之外，还需要增加设置的电源容量(包括负荷备用、事故备用、检修备用)。备用容量又可分为热备用和冷备用，热备用在电网频率偏离正常时能自动投入，负荷备用为热备用，事故备用中约 50% 为热备用；冷备用应在规定的时间内投入运行，事故备用余下的为冷备用(热备用中承担工作出力机组的备用容量也称旋转备用容量)。

(3) 电源工作出力：指系统各类电源在最大负荷时段的发电出力之和，数值等于最大发电负荷。

(4) 系统必需容量：指系统各类电源满足负荷需求的有效容量，数量等于工作容量与备用容量之和。

(5) 受阻容量：指电源额定容量与实际发电能力之差。对于燃煤火电厂、核电厂、燃气电厂，由于机组的设备缺陷、燃料发热量、环境气温等可能造成部分机组受阻；而水电主要由于水头(上下游落差)不足造成厂内全部机组受阻或由于来水量不足造成径流水电厂整体发电能力受阻。

(6) 水电空闲容量：水电厂装机容量扣除受阻后的发电能力称为预想出力，但是由于来水量不足，预想出力也有不能完全利用的情况。当水电厂承担的工作出力和备用容量小于水电厂的预想出力时，余下的部分称为水电空闲容量。

(7) 系统装机容量：指系统各类电厂发电机额定容量之和。

(8) 电力盈余：指系统装机容量与系统必需容量、水电空闲容量、受阻容量合计值之差。

(二) 电厂 (站、场) 的容量组成

系统电源一般由燃煤火电厂 (含热电厂)、水电厂、抽水蓄能电站、核电厂、燃气电厂、风电场、太阳能电站 (包括光伏电站、光热电站) 组成。电厂 (站、场) 的容量指标主要有单机容量和装机容量。

(1) 单机容量：电厂 (站、场) 由一台或多台发电机组成 (光伏电站除外)，单机容量是指电厂 (站、场) 单台发电机的额定容量。

(2) 装机容量：是电厂 (站、场) 全部发电机额定容量之和。

第二节　电源的运行特性和检修安排

一、电源的运行特性

系统中各类电源参与电力电量平衡，除装机容量指标外，还需要考虑燃煤火电厂的最小技术出力（率）、水电厂的调节能力、抽水蓄能电站库容限制、风电场的可信容量等运行特性。

（一）燃煤火电厂（含热电厂）

1. 燃煤火电厂运行特性

燃煤火电厂是我国承担系统负荷的主力电源，目前燃煤火电容量约占系统总装机容量的65%。燃煤火电厂投资相对较低，运行也比较经济，除计划检修和事故停机，电厂基本处于运行状态，一般年利用小时数为4000~5500h（年利用小时数＝发电量/装机容量）。

燃煤火电厂由锅炉燃烧产生蒸汽，通过汽轮机带动发电机旋转发电。由于锅炉启动时间较长，燃煤机组从冷态启动到并网发电过程需要4~8h，并且启动和停机过程消耗的燃料较多，因此在日平衡中一般不考虑燃煤火电启停。

燃煤机组参与电力平衡需要机组额定容量和最小技术出力两个指标。最小技术出力是燃煤机组降低出力时锅炉保证稳定燃烧的出力最小限制值。根据锅炉类型容量的不同，最小技术出力占机组额定容量的比例也不一样，600MW以上机组最小技术出力为机组额定容量的40%~50%，300MW机组最小技术出力为机组额定容量的50%~60%，200MW及以下机组最小技术出力在机组额定容量的70%以上。

燃煤机组出力大小直接影响机组的煤耗，一般80%额定容量以上出力比较经济，出力越低煤耗越高。因此虽然满足最小技术出力要求，但从经济运行的角度出发，燃煤机组不宜深度调节。

2. 热电厂运行特性

热电厂也是燃煤电厂，只是在冬季不仅要发电，还利用汽轮机的抽汽或排汽为用户供热。与常规纯发电燃煤机组三大主机（锅炉、汽轮机、发电机）相比，热电厂仅汽轮机与纯发电燃煤机组的汽轮机不同。常规纯发电燃煤机组采用凝汽式汽轮机，汽轮机做功后回收的蒸汽全部进入凝汽器，冷凝成水后再回锅炉。热电厂的蒸汽部分用于供热，余下的部分蒸汽回收进入凝汽器。热电厂汽轮机按供热方式可分为背压机组、抽气背压机组和抽凝两用机组。

背压机组、抽气背压机组按"以热定电"的运行方式运行，一般是按热负荷要求来调节电负荷：热负荷变化时，发电功率随之变化；没有热负荷时，背压机组不能单独运行。背压机组、抽气背压机组没有调节能力。

抽凝两用机组在非供暖期机组按纯凝工况运行，运行特性与常规纯发电燃煤机组相同。但在供暖期，由于其高压缸通流容积是按凝汽流设计的，需要抽汽供热，发电出力大幅降低，因此抽凝两用机组供暖期只有部分可发电容量。另外受低压缸流量限制，使得机组调节能力下降。供暖期抽凝两用热电厂发电出力一般不变或少量可变。

（二）水电厂

1. 水电厂特点

水电厂运行最大的特点是发电能力受天然来水控制，水电厂的可发电量是由来水量确定的。另外，水电厂的工作出力也与负荷特性的契合度有关，当水电厂装机容量较大但可发电量较小时数，可能出现空闲容量。当水电厂装机和可发电量占负荷的比例过大且水电厂调节能力又较差时，就可能产生弃水。

水电厂承担负荷的原则是应尽可能利用水电厂的可发电量。由于水电机组启停和调节速度快，因此也应充分利用水电厂水库的调节能力满足负荷变化的需求（减少火电、核电、气电调节）。在水电不弃水（或少弃水）的情况下也可以适当控制水电厂的工作出力，安排水电机组承担部分负荷备用和事故备用。

水电机组发电出力较低时（一般为10%～35%）有共振区不能长时间持续运行，实际运行时需协调水电厂机组之间出力避开共振区。一般平衡计算中，可以忽略共振区因素影响，水电厂的工作出力假设在0～100%时可以连续平滑调节。

2. 水电厂调节特性分类

水电厂按水库调节性能可分为无调节（径流）、日调节、周调节、年调节（不完全年调节、季调节）、多年调节。

（1）无调节（径流）水电厂：发电出力完全受天然来水控制，一般丰水期能够满发，枯水期发电能力仅有装机容量的25%以下。

（2）日调节水电厂：在枯水期日来水量只有库容量的20%～25%时仍能在日内调节的电厂。丰水期这类电厂月平均出力等于（或接近）装机容量，基本没有调节能力。

（3）周调节水电厂：在枯水期能对一周内来水调节的电厂。这类电厂库容系数（有效库容/多年平均来水量）在8%以下，只是在枯水期有一定的调节能力，丰水期调节能力也相对较差。

（4）年调节（不完全年调节、季调节）水电厂：电厂库容系数可达8%～30%，丰水期出力可调节。当可以将丰水期的水调节到枯水期使用时，称为完全年调节；当丰水期的水只能部分调节到枯水期使用时，称为不完全年调节（或季调节）。

（5）多年调节水电厂：能够将丰水年的水调节到枯水年使用的电厂，调节周期在两年以上。电厂库容系数大于30%才具有多年调节能力。

水电厂的调节能力对平衡的影响很大，调节能力好的水电厂通常承担系统的峰荷，不仅水电厂的可发电量能充分利用，也可以减少系统对其他电源的调峰要求；反之，调节能力差的水电厂在丰水期给系统调峰带来困难，不仅要求其他电源承担更多的调峰，还可能造成系统弃水。

3. 平衡中引用的水电厂参数

在电力平衡计算中，水电厂需要输入单机容量、装机容量、受阻容量、预想出力、月平均出力、强迫出力、水库调节系数等参数。

水电厂受阻分两种情况：一种情况发生在丰水期，由于水电厂下游水位抬高，导致上下游落差不够，使水电厂所有机组都不能满发，这种现象称为水头受阻；另一种情况发生在枯水期，径流水电没有调节库容，发电出力不能变化，而枯水期来水量减少，导致发电出力下降，使水电厂整体发电能力受阻，这种现象称为水量受阻。

水电厂的预想出力，是水电厂的装机容量与水电厂受阻容量之差。预想出力是水电厂自身具备的出力能力（可发电容量）。不同水文年各月水电厂的预想出力也不同。对于无调节（径流）水电厂，预想出力始终等于月平均出力。调节能力在不完全年调节（或季调节）以下的水电厂，丰水期（一般为6~9月）预想出力也等于月平均出力，其他月份预想出力大于月平均出力。

水电厂的月平均出力，是通过水利水能动能设计得到的水电厂不同水文年用以确定各月水电可发电量的参数，水电厂的日可发电量等于月平均出力乘以24h，月可发电量等于月平均出力乘以当月小时数。年可发电量为各月可发电量之和。

水电厂的强迫出力，是为满足下游航运、生态等用水需要，水电厂不能间断发电的最小容量。对于具有调节能力的水电厂，强迫出力会减少水电厂的可调节发电量，降低水电厂调节能力。

上述预想出力、月平均出力、强迫出力指标不仅一年内各月不同，而且不同的水文年也不一样，在平衡计算时至少需要枯水年和平水年各月的参数。

水库调节系数即水电厂的月（周）调节系数，在各月最大负荷日电力平衡时，水电厂的日发电量可以按水库调节系数适当提高。根据水电厂调节能力，水库调节系数可在1.05~1.30取值。

（三）抽水蓄能电站

抽水蓄能电站是很好的调峰电源，抽水蓄能电站在负荷低谷时段将下池的水抽到上池存储时会增加低谷时段的负荷。在负荷高峰时段将上池的水发电又流回到下池时会减少高峰时段的负荷，从而起到填谷削峰的作用。抽水蓄能电站主要是为满足系统的调峰需求设置的，也可以为系统调频或承担少量的备用。

抽水蓄能电站运行在电动机抽水状态消耗的功率基本是固定的，一般为机组额定容量的100%~110%（可变速机组抽水功率为额定容量的70%~10%），但运行在发电状态机组的出力可以根据发电容量、可发电量和负荷特性调节。需要注意：抽水蓄能电站的能量转换过程损耗较大，一般发电量为抽水时消耗电量的75%左右。

抽水蓄能电站参与平衡时需要单机容量、装机容量、日抽水（或发电）利用小时、转换效率等指标。日抽水（发电）利用数小时决定了抽水消耗的电量。如果常规电厂（站、场）能够满足系统负荷的调峰要求，在电力平衡时抽水蓄能电站一般承担备用。如果需要抽水蓄能电站参与调峰运行，必须考虑抽水和发电两种工况对负荷进行修正。

(四) 核电厂

核电厂是通过核反应堆加热蒸汽推动汽轮机发电，与燃煤电厂对比，核电厂的核反应堆替代了燃煤电厂的锅炉，因此核电机组运行特性类似于燃煤机组。但考虑到核反应堆的安全和核电厂运行经济的因素，核电机组一般优先按额定容量出力不变带系统基荷运行，年利用小时也非常高。

核电机组出力技术上是能够调节的，并且基本没有低负荷出力限制，最小技术出力主要取决于汽轮机要求。

核电机组的运行与停机主要由核反应堆因素决定，与电力负荷需求没有关系。

(五) 燃气电厂

燃机具有快速启动、可以频繁启停的特点，并且调节范围较大，因此燃气电厂通常作为调峰电源带峰荷运行或备用。当燃气电厂的调峰能力受设备、环境条件限制时，也可以带基荷运行，燃气电厂采用燃气蒸汽联合循环，有两台燃机带一台余热锅炉汽机的多轴布置，也有燃机、汽机、发电机在同轴上的单轴布置。燃气电厂的装机容量为燃机蒸汽联合循环机组容量之和。燃气电厂一般没有最小技术出力限制，但对于必须带基荷运行的燃气电厂，可以根据实际运行情况给定一个最小技术出力要求。

燃气电厂的燃机具有随时调节出力的能力，但是在燃机由冷态启动的短时间内，汽机的调节能力会受到限制。

(六) 风电场

风电场是由几十甚至上百台独立风力发电机组成的电厂。风电场的装机容量为所有风机容量之和。风电是随机电源，风电出力的不规律性不仅难以定量风电在平衡中的出力，也增加了系统的调峰难度。在描述风电的特性时，除了风电的年利用小时数，还采用风电有效容量和风电可信容量两个指标。风电有效容量是指风电累计电量为95%时的最大出力值。风电可信容量是指风电出力累计时间概率为95%时的出力最小值。

在电力平衡时，通常只计入风电可信容量。在分析调峰平衡时，可以考虑风电有效容量的影响。对于水电调节能力强并存在水电空闲容量的系统，可以通过水风互补调节水电的出力过程，以提高风电的可信容量，从而间接发挥风电的容量效益。

(七) 太阳能电站

太阳能电站按发电原理分为光热发电和光伏发电。光热发电将光能转换成热能蒸汽推动汽轮机发电，一般上午发电出力逐渐上升，中午以后基本能按额定容量发电，傍晚发电出力逐步降低直到停机。光热发电机组出力规律性较强，昼夜发电出力过程相对稳定。

光伏发电是将太阳能板产生的直流电能通过逆变器转换成交流发电，是没有发电机电源的。光伏发电容量一般为太阳能板的总装机容量。

光伏发电昼夜规律性较强，但短时发电能力不稳定，也具有一定的随机性。

光伏发电在系统最大负荷时段基本没有发电出力，因此没有直接的电力平衡容量效益。但是如果系统中水电调节能力强，并存在水电空闲容量，通过水光互补，也可以将水电空闲容量转化为工作出力，间接发挥光伏电站的容量效益。

太阳能是可再生能源，调度运行也优先考虑消纳。太阳能电站容量较大时，由于正午出力较大，应分析太阳能电站出力对调峰的影响。

太阳能电站如果配有储能装置，出力的可控性增强，出力过程应计入储能设备，并考虑储能设备作用对太阳能电站容量的影响。

二、检修安排

电力电量平衡不仅要用到电源的运行特性，而且必须考虑电源的检修。电源运行一定时间后都需要检修，电源的检修一般应该根据负荷的需求计划安排 (核电机组除外)。

(一) 机组检修要求

热电机组的检修时间与燃煤机组一样。抽水蓄能机组的检修时间参考水电机组。

核电机组的检修时间和周期主要由核反应堆换料时间决定，属于强制检修。核电机组的检修在核反应堆换料期间进行。核反应堆换料周期一般在18个月左右。每次换料时间约为70天。

燃气机组的检修按每年检修一次。检修时间为30天。风电场是由大量风机组成的，单台风机的检修对风电场出力影响不大，平衡中一般不考虑风电机组的检修。

太阳能光伏电站由大量的发电单元组成。单个发电单元检修对光伏电站的出力影响不大。平衡中一般不考虑光伏电站的检修。太阳能光热电站由于现在尚处于试验运行阶段，还没有比较明确的检修安排规律。

(二) 系统检修安排

系统检修主要是指对燃煤、水电、燃气机组的检修安排。检修应以不影响 (或少影响) 系统容量平衡和经济运行为原则，在系统低负荷季节，利用空出的容量安排检修，系统装机控制月份 (一般也是最大负荷月份) 尽量不安排机组检修。

热电机组在供暖期不安排检修。水电机组宜安排在枯水季节检修。抽水蓄能机组在调峰困难期间不安排检修。太阳能光热电站安排在系统容量充裕且光资源较少期间检修。

检修安排还需要考虑电厂检修能力，原则上一个电厂在同一时间段内只安排一台机组检修。

第三节　备用容量

电力电量平衡考虑的备用容量主要是指负荷备用容量、事故备用容量和检修备用容量。

一、负荷备用容量

负荷备用容量是指为满足电力负荷短时波动变化，系统需要设置一定的可快速调用的发电备用容量。负荷备用容量一般取最大负荷值的2% ~ 5%。低值适合大系统，高值适合小系统。负荷备用容量一般由具有调节库容的水电厂 (含抽水蓄能电站) 和负荷中心带有一定工作容量的燃煤或燃气电厂承担。

二、事故备用容量

事故备用容量是为满足系统发电机组发生故障停运情况保证负荷的连续供电设置的电源容量。事故备用容量一般取最大负荷值的 8% ~ 10%，但不得低于系统中的最大单机（或受电直流单极）容量，其中约 50% 应为可快速调用的热备用，另外 50% 可以为冷备用。

热备用一般也由具有调节库容的水电厂（含抽水蓄能电站）和负荷中心带有一定工作容量的燃煤或燃气电厂承担；冷备用则为处于停机状态的燃煤或燃气机组。

三、检修备用容量

发电机组定期检修是电源自身的要求，原则上在系统低负荷季节有电源富余容量时安排检修（核电机组除外）。安排机组检修后，如果可用机组不能满足系统负荷以及负荷备用和事故备用的需求，系统需要增加的装机容量称为检修备用容量（或检修容量）。

检修备用容量应在安排检修计划后，在系统年负荷曲线上根据平衡计算确定。

四、电源承担备用原则

在所列举的电源种类中，风电、太阳能电站由于发电出力不稳定，不作为备用电源容量。核电厂由于运行安全和经济性，一般也不作为备用电源容量。系统的备用电源，主要由水电厂、抽水蓄能电站、燃煤电厂、燃气电厂承担。负荷备用在不产生弃水（或少弃水）的原则上，优先考虑由调节能力较好的水电机组承担，其次由燃气机组承担，余下的由燃煤机组承担；也可以由水电、燃气、燃煤机组根据承担工作出力按一定的比例分担。

事故备用热备用的承担原则基本与负荷备用相同，只是在比例上燃煤机组承担的份额更大。事故备用的冷备用基本由停机状态的燃煤机组承担。承担事故备用的电源，均应有相应的能量或燃料储备。水电厂要求具有所承担的事故备用容量在基荷连续运行 3 ~ 10 天的备用库容（水量）。

抽水蓄能电站可以短时间承担事故备用。对于水电比重大且水电调节性能差的系统，为不产生（或减少）弃水，丰水期水电可少承担（甚至不承担）备用。检修备用是系统装机安排检修后，可用机组不能满足系统负荷与负荷备用和事故备用需要增加设置的装机容量，一般是燃煤机组。

对于跨区的联网送电，送端承担外送容量电源检修备用，而受端承担受电容量的负荷备用和事故备用。

第四节　平衡计算方法和过程

一、平衡计算方法

平衡计算包括工作出力计算和备用容量校核。

(一) 工作出力计算

工作出力计算采用负荷曲线修正法，即先在日负荷曲线上找出一个电厂(或机组)的工作位置，然后将该电厂(或机组)的工作位置从负荷曲线上移除，这样对负荷曲线进行修正。然后在修正后的负荷曲线上找出另一个电厂(或机组)的工作位置，再移除进行修正。如此重复，直到负荷曲线被电厂(或机组)的工作出力替代完为止。

工作出力计算过程就是对负荷曲线不断修正的过程，负荷曲线修正的原则是尽量使修正后的负荷曲线日最小负荷率越大越好(负荷曲线越平越好)，因此对于仅有燃煤火电的系统，可以按机组最小技术出力占机组额定容量的比例从小到大的原则逐个将燃煤机组按单机容量纳入平衡。最小技术出力部分承担系统基荷，最小技术出力至机组额定容量之间的容量优先承担系统峰荷，也可承担系统基荷。应注意的是，机组纳入顺序也应考虑运行的经济性，综合最小技术出力和经济性对机组纳入进行排序。

对于含有水电的系统，一般先将水电厂按水库调节能力从大到小即水电厂装机容量逐个纳入平衡，然后再将燃煤机组按最小技术出力占机组额定容量的比例，从小到大的原则将燃煤机组按单机容量逐个纳入平衡。需要指出，如果水电比重较大且调节性能差，将水电厂纳入平衡修正后的负荷曲线的日最小负荷率可能更小，但是水电是清洁可再生能源，与燃煤火电比较应优先消纳，因此仍然先将水电纳入平衡。

对于核电、风电和太阳能电源，平衡计算排序优于水火电源，但是在供暖期，供热机组优先纳入平衡，抽水蓄能电源在调峰不能满足要求时纳入平衡。在确定水电厂、抽水蓄能电站的发电工作位置时，由于有电量的约束，工作出力应在日负荷曲线上找到一个位置区间，这个区间的负荷电量等于水电厂、抽水蓄能电站的日可发电量，并且其容量又不超过水电厂、抽水蓄能电站的预想出力。这样既可以充分消纳水电机组的电量，又能充分发挥水电厂、抽水蓄能电站的容量效益。水电厂、抽水蓄能电站的发电工作位置，需要在日负荷曲线上根据水电厂、抽水蓄能电站的预想出力和日可发电量计算确定。

在确定燃煤、燃气、核电机组的工作位置时，没有电量约束的问题，燃煤、燃气机组的出力必须大于最小技术出力并且最小技术出力部分必须带系统基荷，核电机组一般优先按额定容量出力带系统基荷。燃煤、燃气机组可调出力的大小应该在负荷需求和机组承担热备用容量之间调节。燃煤、燃气、核电机组的工作位置，只考虑机组容量的因素，可以直观地在日负荷曲线上安排。

(二) 备用容量校核

备用容量校核包含热备用、冷备用容量校核，以及确定系统是否需要增加检修备用容量。

1. 热备用容量校核

在计算电源工作出力之前，应先估算纳入平衡要承担工作出力的电源总量，这个电源总量不仅要考虑最大负荷需求，还需计入相应的热备用容量（负荷备用容量加50%的事故备用容量）。

既然在估算纳入平衡的电源总量时已经考虑了热备用容量，为什么还要对热备用容量进行校核呢？

估算的电源总量中，如果有水电电源，通常按预想出力进行估算。实际上在确定了电源的工作出力后，水电可能出现空闲容量，在这种情况下，先前估算的电源总量中的一部分容量就不能利用，需要通过热备用容量校核，确定满足最大负荷和热备用要求需要增加的电源容量。

2. 冷备用容量校核

冷备用容量约为事故备用的50%。如果系统电源扣除工作出力和热备用电源后大于冷备用容量，则满足校核要求，否则应增加电源装机容量。

3. 确定检修备用容量

系统是否需要增加设置检修备用容量，需要将满足系统负荷、热备用、冷备用的机组在年负荷曲线上安排检修后确定。

机组检修首先在系统最小负荷月安排，如果系统最小负荷月的负荷与已安排的机组检修容量之和大于次最小负荷月负荷，则认为次最小负荷月为最小负荷，再安排该月检修机组，如此重复直到所有机组全部安排检修完毕。

需要指出的是，前面叙述的需要检修的机组，是以满足负荷（包括热备用、冷备用）需要的电力平衡容量需求确定的电源装机容量。但是有时因为电量平衡，还要增加电源装机容量，因此在安排检修时，需要考虑电量平衡的影响。

实际上，确定电源承担的工作出力、负荷备用容量、事故备用容量，以及是否需要增加检修备用容量，是一个反复计算的过程，手工计算难以完成，通常借用电子表格或通过相应的软件完成计算。

二、平衡计算过程

(一) 纯燃煤电厂系统的平衡计算

纯燃煤电厂系统的平衡计算有以下四个步骤:

根据负荷确定电源开机容量 (工作出力与热备用容量之和) 以及冷备用电源容量; 通过电量平衡校核燃煤机组年利用小时数是否合理, 是否需要增加电源装机容量; 在年负荷曲线上安排电源检修, 以确定是否需要设置专门的检修备用容量; 校核开机电源的调节能力能否满足调峰要求。

1. 电力平衡计算系统电源开机、冷备用

纯燃煤电厂系统电源开机可按式电源开机 = 最大发电负荷 + 系统热备用; 系统热备用 = 负荷备用 +50% 事故备用计算。另外, 系统还需要以下容量的冷备用: 系统冷备用 =50% 事故备用。

2. 电量平衡校核机组利用小时

通过电力平衡确定系统需要电源容量, 还应该通过电量平衡校核燃煤机组年利用小时。如果年利用小时过高, 则需要增加电源装机容量使电源的年利用小时在合理的范围内。机组年利用小时按下式计算: 机组年利用小时 = 负荷年电量 / 系统装机容量。

3. 确定检修备用容量

根据电力平衡和电量平衡确定系统电源装机容量, 在年负荷曲线上安排机组检修, 确定需要增加的检修备用容量。

4. 调峰平衡分析

调峰平衡分析应分月进行, 一般电源开机的最小技术出力合计值如果小于该月典型日最小负荷, 则认为调峰满足要求, 否则需要考虑采取调峰措施。

典型日电力平衡并不是确定是否需要采取调峰措施的唯一依据, 特殊的运行方式也可能对电源的调峰能力提出要求, 因此调峰平衡应结合实际系统的调度运行情况统筹考虑。

需要指出, 由于燃煤电深度调峰运行不经济, 因此对于纯燃煤电厂系统, 虽然调峰平衡计算满足要求, 但是从经济的角度考虑可能仍需要采取调峰措施。

(二) 水火电系统的电力平衡

燃煤火电是以单机为最小单位参与平衡的; 水电则是以单个电厂的容量为最小单位的。

水火电系统的电力平衡首先需要确定水电厂的工作位置，并对水电厂可以承担的备用容量进行分析。当水电厂承担的工作容量和备用容量确定后，余下的就是纯燃煤电厂的平衡了。

1. 水电厂的工作位置

水电厂参与平衡时既有容量限制，又有电量限制。水电厂可参与平衡的容量为预想出力，电量为月平均出力乘以 24h 转化的可用电量。水电的预想出力与月平均出力决定了水电厂在日负荷曲线上的工作位置，单个水电厂的工作位置，通常有以下三种情况。

（1）预想出力与月平均出力完全相等的径流式电厂，工作在基荷位置。

（2）预想出力大于月平均出力的有调节水库的电厂，工作在腰荷或峰荷位置。

（3）对于有强迫出力的并有调节水库的电厂，强迫出力工作在基荷位置，其余出力工作在腰荷或峰荷位置。

2. 水电厂承担备用容量

径流式水电厂由于没有调节阵容，不能作为系统的备用电源（可作为水电厂的事故备用电源）。

水电厂的可调节容量应当优先用于承担工作容量调峰，以减少系统对其他电源的调峰需求。对于水电厂承担的备用容量没有明确的规定，原则上水电厂在丰水期尽量参与发电，少承担备用容量，枯水期水电厂有调节容量时多承担备用容量。承担备用容量的水电厂，参与平衡时需要将承担的备用容量在水电厂的预想出力中预先扣除。

3. 燃煤电厂的工作位置和备用容量

将水电厂纳入负荷曲线确定工作容量并修正负荷曲线后，剩余的负荷就纯火电系统进行平衡。水火电系统备用容量在水、火电源之间的分配也没有严格的规定，可按工作出力容量比例适当分担。

4. 水火电系统弃水现象

对于水电比重较大且水电调节能力较差的系统，丰水期可能产生存水。如果系统因安全需要强制部分燃煤电开机，水电弃水现象可能更加严重。弃水产生的原因是本来可以 24h 带基荷发电的水电容量与火电最小技术出力叠加后超过了系统负荷，使得部分水电电量无法利用。根据日弃水时间长短不同，弃水又分为调峰弃水和基荷弃水。

（1）调峰弃水：当水电可带基荷发电的容量与火电最小技术出力叠加后，超过系统最小负荷需求的多余容量还能部分带腰荷或峰荷的情况，称为调峰弃水。调峰弃水的特点是只有部分时段弃水，水电可带负荷的容量与火电最小技术出力叠加后还没有超过系统最大负荷(也可以理解还需要火电带峰荷)。

(2)基荷弃水:即24h都有弃水的现象。基荷弃水是因为水电可带负荷的容量与火电开机最小技术出力叠加后超过系统最大负荷需要产生的。一般情况下,有基荷弃水的系统同时有调峰弃水。

5. 水火电系统电量平衡

对于水电占比较小的系统,如果能够确定不会产生弃水,电量平衡也可以将负荷电量减去水电可发电量后,按照纯燃煤电厂的电量平衡方法计算。

对于水电占比相对较大的系统,电量平衡由于涉及弃水的问题,则需要在各月的平均负荷曲线上按照电力平衡的过程确定水电厂的工作位置以及火电机组的最小技术出力工作位置进行计算。

水火电系统的电量平衡,不仅关注水电的利用及弃水的情况,也关注燃煤电厂是否能够充分发挥作用,以此来分析电源结构是否合理。

6. 水火电系统调峰平衡

水火电系统电力平衡时,重点关注满足电力负荷需求的电源供应。水火电系统的调峰平衡,虽然也是电力平衡,但关注的是常规或特殊运行方式下电源的调节能力能否满足负荷日变化的需求,以及弃水情况,从而确定是否需要配置调峰电源。

调峰平衡计算的边界条件,对调峰平衡结果及选择调峰措施的影响很大,因此调峰平衡应充分考虑系统调度运行的实际情况,既要满足负荷变化的需求,又要考虑经济的因素。

(三)抽水蓄能电站平衡

系统中虽然建有抽水蓄能电站,但是由于抽水蓄能电站转换电量的损失较大,因此并不是一定要参与电力平衡(可以只考虑承担备用)。只有当系统中的其他电源平衡后调峰不能满足要求时,抽水蓄能电站才应纳入平衡。

抽水蓄能电站平衡分为抽水工况和发电工况。

(1)抽水工况安排在日负荷低谷时段,抽水的机组台数和抽水持续时间以满足系统调峰要求为原则。

(2)发电工况安排在日负荷高峰时段将电站容量纳入平衡,发电电量由抽水电量转换得到(一般为抽水电量的75%)。发电工作容量根据可发电量在日负荷曲线上计算得到。

抽水蓄能电站平衡后,对日负荷曲线进行修正,余下的负荷就可按水火电系统平衡了。

抽水蓄能电站应该同时纳入电力平衡和电量平衡。

（四）其他电源平衡

（1）核电。核电可以认为是不可调的火电，但优先参与平衡，其电量纳入电量平衡。

（2）风电。风电是可再生能源，调度运行优先考虑消纳，平衡中应计入风电的影响，但如何计入风电目前没有统一规定，通常按以下方法处理。

①风电场的发电量纳入电量平衡。

②风电场数量和装机容量均较小时，电力平衡可以不计入风电场的可信容量。当风电场数量多且装机容量较大时，考虑到风电场之间的互补性，电力平衡计入风电场的可信容量，可信容量一般不超过风电场总装机容量的 10%。

另外，风电场装机容量较大时，应分析风电的随机性对调峰的影响。

（3）太阳能。太阳能光热电站出力相对稳定，可按固定的出力曲线优先参与平衡。太阳能光伏电站出力过程变化较大，电力平衡可按较保守的出力曲线纳入。将太阳能电站的发电量纳入电量平衡。同风电场一样，当太阳能电站装机容量较大时，应分析出力随机性对调峰的影响。

第五节　平衡计算输入与输出

一、数据收集与处理

电力电量平衡的计算条件包括负荷水平、负荷特性、电源方案、电源出力特性、分区交换电力、电源检修安排原则等。

（1）负荷水平包括电力和电量。

（2）负荷特性包括年负荷特性和日负荷特性。年负荷特性即全年各月最大负荷的变化规律，日负荷特性表示各月典型日负荷 24h 的变化规律。一般典型日负荷特性曲线按季节分类，根据各系统实际情况，选择春、夏、秋、冬两种以上典型代表季节。

（3）电源出力特性需要按电源类型分类，并且同一类型的电厂（站、场）特性指标也不相同。

水电厂的出力特性受水文年的影响变化较大。一般水电出力特性分为丰水年、平水年、枯水年和特枯水年。

丰水年指水电厂保证率小于 10% 的水文年。

平水年指水电厂保证率为 50% 的水文年。平水年的电量反映了水电厂多年的平均发电量，是确定其他电源多年平均利用水平的基础，也是反映水电弃水的最有效指标。

枯水年指水电厂设计保证率对应的水文年。水电厂的设计保证率宜按85%~95%选取。水电比重大的系统取较高值，比重小的取较低值。枯水年电力平衡是确定系统电源装机容量的依据。

特枯水年指水电厂设计保证率以外的枯水年，接近于保证率100%的水文年，一般平衡中不对特枯水年进行计算。

在系统规划设计中，一般按枯水年进行电力平衡，平水年进行电量平衡，必要时对丰水年和特枯水年进行校核计算。

二、电力平衡

1. 电力平衡负荷

电力平衡采用的负荷是各月最大负荷日的负荷曲线，可以通过以下步骤得到：

(1) 由全年最大负荷与年负荷特性得到各月最大负荷；

(2) 由各月最大负荷与该月日负荷特性得到该月最大负荷日的负荷曲线。

2. 电力平衡电源

电力平衡采用的电源以收集到的电源装机以及电源对应的出力特性为基础。电力平衡中水电厂一般采用枯水年出力特性参与计算。只有在研究水电装机比重较大的系统的外送能力时，可以采用平水年出力特性参与计算。

电力平衡是各月最大负荷日的平衡，对于有调节能力的水电厂，其日发电能力按调节后的出力参与平衡，调节后的出力为相应水电厂的月平均出力乘以水库调节系数。

3. 电力平衡结果

负荷曲线与电源特性确定后，按上述平衡计算过程计算电源工作出力、备用容量等指标。电力平衡结果通常用表格形式表示，必要时也可用图形表示电力平衡。首先关注电源工作出力能否满足最大负荷需求，其次关注电源是否有足够的备用容量以及各类电源承担的备用比例是否合适，最后还要关注是否增加检修备用容量。

电力平衡也关注水电的利用情况，包括工作容量、备用容量、空闲容量、是否弃水以及弃水容量等。电力平衡结果反映的电源装机控制月一般为系统负荷的最大月，但是对于水电比重较大的系统，电源装机控制月可能转移到不是系统最大负荷月的水电厂出力较低的枯水期。

三、电量平衡

(一) 纯燃煤火电或水电占比较小系统的电量平衡

纯燃煤火电或水电占比较小系统的电量平衡，是为校核燃煤机组的年利用小时。如果年利用小时过高，则需要增加电源装机使电源的年利用小时在合理的范围内。电量平衡的计算和结果表达都很简单。

(二) 含抽水蓄能电源的电量平衡

系统含有抽水蓄能电源，在电量平衡表中需要增加抽水蓄能电源发电工况和抽水工况的电量信息。如果平衡计算中某月抽水蓄能电站只承担备用容量，则发电和抽水电量均为零；当某月系统调峰电源不足，需要抽水蓄能电站工作时，则需要计算相应的发电和抽水电量，并在电量平衡表中体现。

(三) 其他电源的电量平衡

含有核电、风电、太阳能电站的系统，电量平衡优先考虑消纳其电量。在系统负荷扣除上述电源的发电量后，再根据该系统的水电占比采用不同的方法调节系数的影响。

各月平均负荷曲线可通过以下步骤得到。

(1) 由全年负荷电量按年负荷特性分配到各月 (注意各月利用小时不同)。

(2) 由各月负荷电量得到各月的平均负荷。

(3) 由各月、日负荷特性得到该月平均负荷特性曲线。

水电占比较大系统的电量平衡，不仅关注水电的利用以及弃水的情况，也关注燃煤电厂是否能够充分发挥作用，以此来分析电源结构是否合理。

四、调峰平衡

在电力平衡中，如果燃煤电厂开机的最小技术出力合计值大于该月典型日最小负荷，或在电量平衡中出现大量的弃水，抑或电力电量平衡能够满足日负荷变化的需求，但是燃煤电厂处于深度调峰的情况，都需要分析调峰平衡。

对于风电场、太阳能电站占比很大的系统，也需要分析调峰平衡。调峰平衡是特殊方式下的电力平衡，调峰平衡计算对负荷特性、电源出力都可能考虑一些极端的影响。

调峰平衡的特点就是既要满足高峰负荷的容量需求，又要满足低谷负荷的电源出力要求，并且还要考虑弃水（风、光）以及燃煤机组深度调峰等经济问题。

因此，调峰平衡结果表达必须对高峰负荷和低谷负荷都有体现。

第五章　输变电工程施工技术及装备

第一节　施工技术及装备概述

输变电工程施工是电力工程建设的重要环节，为提高电力的输送能力和输送质量，世界性电压等级的提高及超远距离、超大规模的特高压输电技术已成为必然趋势，其中包括输电线路施工和变电施工。输电线路施工主要包括物料运输与装卸、基础施工、杆塔组立和架线施工；变电施工主要包括变电站（包括换流站、开关站，以下简称变电站）的土建施工、构支架及电气装置等的安装。

基础施工主要采用土石方开挖、掏挖（半掏挖）、桩锚（嵌固式、岩石）等典型的施工方法与配套机具。杆塔组立主要采用内悬浮双摇臂内（外）拉线抱杆分解组塔、内悬浮外拉线抱杆分解组塔、坐地式双摇臂外拉线抱杆分解组塔等典型的施工方法与配套机具。架线施工采用由张牵系统完成的张力展放导线技术、带电（不带电）跨越、动力伞（直升机、遥控无人直升机等）及"绕牵法"展放导引绳等典型的施工方法与配套机具。

变电工程施工主要有混凝土道路、混凝土电缆沟、GIS设备大体积混凝土浇筑、主变压器（换流变压器）及断路器安装、大重型格构式构架柱、格构式横梁等典型的施工方法与配套机具，OPGW光纤复合架空地线的展放与接续施工方法，以及地下电力电缆敷设等施工方法与配套机具。

近年来，随着 $1250mm^2$ 等大截面导线的应用，创新科研工作在不断推进，例如，混凝土运输设备和泵送管道清洗系统的研究与应用；河网地区大构件运输方法及专用连续输送设备的研究，抱杆起重转移法等新工艺的研究；临时栈桥在电力铁塔基础施工中的应用；特高压交流线路自平衡抱杆的研制；分体式柔性装配张力架线设备在特高压工程中的研发与应用；大截面导线装配式架线的研究；智能化液压张牵机的研制；高海拔地区输电线路架线施工多旋翼飞行器展放导引绳的研发；轻便索道安装扩径导线架空母线及附件装置的研究；装配式变电站施工工艺及工序研究等。城市电缆隧道、海底电缆施工技术与装备也在研发推广中。

在输变电工程建设领域，一些发达国家已经形成了较完善的施工技术体系，各电压等级的施工技术及施工装备标准较完善。我国已形成较科学的施工技术体系，构建了较完整的施工技术与装备的标准化模式。工程施工标准有各电压等级的施工工艺导则(工艺规程)、安全工作规程、施工及验收规范、施工质量检验及评定规程四大类型。施工装备(机具)标准有《架空输电线路施工机具基本技术要求》(DL/T 875-2016)及其主要施工机具的单项标准。工程施工技术及装备的标准化为输变电工程建设提供了质量保障。

第二节　输电线路施工技术及装备

多年来输电线路施工一直分为基础施工、杆塔组立及架线施工。近年来随着施工难度及要求的增加,物料运输与装卸施工越来越显现出专业特征和重要地位。因此,需要研究的领域在拓宽,技术的探索在延伸,施工的机械化程度在提高。例如,国外发达国家线路基础施工普遍采用旋挖转机及轻型挖掘机等专用装备,杆塔组立采用专用塔机、专用轮胎起重机及重型直升机等装备,架线施工采用装配式架线,等等。国内线路基础施工普遍采用简单机械及人工掏挖方式,在较好的地形地质条件下进行了全机械化试点应用;杆塔组立普遍采用悬浮抱杆分解组立的施工方法,在具备机械运输的条件下使用了自动化程度较高的专用大型落地抱杆;架线施工普遍采用张力架线同步展放施工技术;在山区等复杂地形多采用专用货运索道、履带式运输车等施工装备进行工程材料的运输。

一、物料运输与装卸

(一)专用货运索道运输

索道运输技术在物料运输中发挥着重要作用,在地形复杂的山区灵活运用索道运输设备是较经济的运输方式之一。索道运输对自然地形的适应性较强,具有爬坡能力强,可以跨越山川、河流、沟壑及克服道路、线路等地障的优点。电力物料运输索道普遍采用的是多跨单索循环式索道和多跨多索循式索道,索道单件运输重量一般为 1~5t,最长运输距离在 3000m 左右。

(二)运输车运输

履带式运输车是专门针对山区、丘陵、泥沼地区塔材、砂石料、工器具运输难题,研制、开发的新型专用运输设备。设备由发动机、遥控系统、液压驱动系统、减速器传动系统、车斗自卸机构、车载摇臂抱杆系统、龙门架升降、平移机构及主机架九部分组成。履带式运输车的研制成功和推广应用大大减少了因修山筑路而砍伐林木，在提高工效、降低成本的前提下提高了施工的安全系数。履带式运输车的行驶速度为 0～5km/h，最大爬坡度约30°，额定运输荷载 5t。

特高压钢管塔塔材运输用轮胎式运输车可运载吨位较大的钢管塔塔件。轮胎式运输车均采用外部动力牵引，如农用拖拉机或机动绞磨车，在平直路面和载重较小时也可直接采用人力推拉运输。设备由双轴四轮且通过钢管塔钢管构件连接构成，运输最大管件可达 φ1200mm×9000mm，重量 5000kg，运输车转弯半径小，稳定性好，且爬坡能力强，通过性强，设有制动装置。

(三) 直升机运输

使用直升机进行物料运输具有不受地形影响、施工效率高、可显著降低人员劳动强度等优点。在输电线路铁塔建设过程中，直升机在复杂地形的物料运输中被大量采用。目前，输变电施工中普遍采用最大载重 2t 的直升机。

(四) 轨道运输

应用于输电线路的轻型轨道运输设备是指针对线路施工临时性、简易性特点，轻型轨道、轨枕按合理间距布置，直接铺于地面，作为载货小车的运行轨道，载货小车一端由动力牵引设备牵引，从而实现钢管、塔材及基础材料的运输。直线轻轨运输系统由发料场、轻轨、载货小车、卸料场及动力牵引部分组成；转向轻轨运输系统由发料场、轻轨、载货小车、转向盘、卸料场及动力牵引部分组成。轻型轨道由以下部分构成：轻轨、转向系统、载货小车、托架、拖拉机绞磨及锚固系统。可运输的钢管塔的主材最大直径为 900mm，单根主材重量为 4t。采用临时搭建的轨道进行大型塔的运输，可大大降低物料运输中人力的使用。

二、基础施工

(一) 土石方开挖施工

土石方施工 (开挖施工) 是线路基础工程前期主要分部工程之一，包括土石方的开挖、运输、填筑、平整与压实等主要施工过程，以及场地清理、测量放线、施工排水、降水和土壁支护等准备与辅助工作。

线路基础施工中的土石方工程包括挖方工程和填方工程两部分。

1. 挖方工程

用各种施工方法 (机械的、爆破的或人工的) 挖除一部分土石，使其形成设计要求规格的杆塔底部基础空间，这样的工程称为挖方。

土石方开挖施工工艺流程：逐层爆破石方→挖方区找平→至设计高测量放线→清理场地→挖方区石方爆破施工→修筑运渣道路→确定开挖顺序和坡度→分段、分层均匀开挖→运输及排水、降水→土壁边坡和支护结构的建立。

2. 填方工程

工程施工中，把选用的材料从料场运到指定的场地，并采用适当的方法按指定密度和断面填筑起来。回填土是指完成基础等地面以下工程后，再返还填实的土。为了确保填方的强度和稳定性，必须正确选择填方土料与填筑方法。填方要分层进行，并尽量采用同类土填筑。填土必须具有一定的密实度，以避免建筑物产生不均匀沉陷。

土石方回填工艺流程：清理基坑底地坪→检验土质→分层铺土→分层碾压密实→检验密实度→修整、找平、验收。

3. 常用土石方施工机械

（1）挖掘机械：用铲斗挖掘高于或低于成机面的物料，并装入运输车辆或卸至堆料场的土方机械，按铲斗方式分为正铲挖掘机、反铲挖掘机、拉铲挖掘机和抓铲挖掘机等。

（2）装载机械：用机身前端的铲斗进行铲、装、运、卸作业的施工机械，按行走方式分为履带式和轮胎式两种。

（3）推土机械：依靠机身前段装置的推土板进行推土、铲土的施工机械，主要用来开挖路堑、回填基坑、构筑路堤等，也可完成短距离松散物料的铲运和堆积作业。

（4）铲运机械：一种能综合完成全部土方施工作业（挖土、装土、运土、卸土和平土），靠自身行走或外力牵引，由铲斗铲挖、运输和装卸剥离物的机械。

（5）压实机械：主要用来对道路基础、路面等进行压实，以提高土石方基础的强度，降低透水性，保持基础稳定，使之具有足够的承载能力，不致因荷载的作用而产生沉陷的机械。

基面土石方工程采用机械化施工，保证"优质、高效、安全、低耗"完成工程建设任务，适应性选配机械设备，在提高劳动生产率的同时减轻施工人员的劳动强度。施工中要严格遵守《建筑施工土石方工程安全技术规范》（JGJ 180-2009）、《建筑地基基础设计规范》（GB 50007-2011）和《电力建设安全工作规程第2部分：电力线路》（DL 5009.2-2013）等标准的要求。

（二）混凝土基础施工

（1）现场浇筑基础施工。现场浇筑基础施工的施工流程如下：施工准备→钢筋制作与安装→模板安装→混凝土浇筑→基础养护→模板拆除→质量验收。

现场浇筑基础通常由一个立柱和立柱下的底板组成，常用于地下水位较低的黏土、亚黏土、砂、卵石地区，要求施工处地下水位较低，土质有一定的强度，以便基础坑的开挖不会塌方。施工一般必须先开挖基础坑，即将杆塔基础持力层以上的土方全部挖走。对于现浇板式基础，必须在基础坑内设基础模板，即进行基础钢筋绑扎及支模板，以便在模板内放置钢筋并浇筑混凝土，以完成基础施工。目前主要使用的模板是钢模板。施工结束前还要进行基础坑回填和回填土夯实等工作。

　　（2）灌注桩基础施工。灌注桩基础，即在土中先形成一个基础孔，然后置入钢筋并灌注混凝土，使之形成一个现浇混凝土桩单桩基础，或由几根现浇混凝土桩通过承台组合成群桩承台式基础。一般在基础上端设置地脚螺栓，以安装塔脚和组装铁塔；对于单桩基础，也可采用直接插入主材的形式。灌注桩基础适用于输变电工程各电压等级的基础施工，在使用功能上具有承载力大、稳定性好、沉降量小、节约材料、能适应多种地质情况等优势。

　　灌注桩基础主要工艺原理：直接在设计桩位上成孔，利用相对密度较大的泥浆循环带出钻渣，通过循环泥浆的压力形成泥浆护壁，清孔后放入钢筋笼，再安装混凝土输送导管，连续浇筑混凝土，从而完成灌注桩的施工。

　　灌注桩基础按施工方法分为施工人员进入基础孔作业和施工人员不进入基础孔作业两种方式。其中一种是施工人员进入基础孔作业的灌注桩基础主要用于无地下水处土层中的大中型灌注桩基础，便于进行机械化施工，且在施工中不破坏承受基础力的原状土，承载能力大。主要施工方法有：①简易人工掏挖法，仅适用于土质坚固的较浅基础；②简易钻孔法，仅适用于土质坚固的较小型基础孔；③沉管掏挖法，适用于土质松软的基础；④开放式钻孔法，无套管，用专用机械钻孔，适用于土质坚固的较大型基础孔。另一种是施工人员进入基础孔作业的灌注桩基础，通过机械或在封闭的泥浆中成孔，一般采用连梁灌注桩基础，即将各塔腿的基础用四个地表横梁连成一体。主要施工方法有：①无地下水处封闭钻孔施工，仅适用于土质尚坚固的较小基础孔；②沉入钢管法，适用于土质松软的较小基础孔；③在地下水中钻孔施工，即在水中钻孔、孔中注满水、下钢筋笼、进行混凝土水下浇灌，使之成为一个完整的混凝土桩体，最后在浇筑好的承台上组立杆塔；④小直径灌注桩承台基础。

（三）桩基础施工

　　桩基础使用各种打桩机将若干根桩打入土中，使之成为杆塔基础，线路中常用的桩有充填混凝土波纹钢壳桩、木桩、H截面钢桩、充填混凝土钢管桩、预制（包括预应力）混凝土桩等。桩基础一般采用机械化或半机械化施工，在桩的上端常用混凝土浇筑成类似的板式基础。

(四) 岩石基础施工

在岩石地质条件下往往采用岩石基础。常用的有锚杆式 (也称小直径锚桩)、承台式和嵌固式三种。岩石锚杆基础可以节省大量人力、物力，充分利用岩石自身的高强度来锚固铁塔的基础，开凿前利用两台经纬仪从正交的两个方向监控钻杆垂直度，必须保证钻机钻孔的垂直度；锚孔全部成孔后，注入压缩空气吹孔，确认孔壁清洁后植入锚杆并定位；固定好锚杆，进行细石混凝土的浇筑，严格控制混凝土的总量和配合比，并进行养护。

岩石嵌固式基础是利用机械 (或人工) 在岩石地基中直接钻 (挖) 成所需要的基坑，将钢筋骨架和混凝土直接浇筑于岩石基坑内形成的基础。嵌固式基础是利用混凝土直接与坑壁结合，使基础增加了与地基的黏合力，增强了基础下压支撑力，增大了基础的抗拔力，并不用支模板和二次回填的施工方式。

三、杆塔组立

(一) 分类及要求

杆塔组立主要包括钢结构塔 (铁塔) 和混凝土 (钢筋混凝土) 电杆的组立。杆塔组立的施工方法可分为整体组立和分解组立两类。混凝土电杆一般采用整体组立方法，铁塔较多采用分解组立方法。

杆塔组立需要采用组塔设备完成，抱杆是杆塔组立主要的专业设备之一。抱杆是通过绞磨及卷扬机等驱动机构牵引连接在承力结构上的绳索达到提升、移动杆塔或塔材等轻小型起重设备。抱杆按结构可分为单抱杆、人字抱杆、摇臂抱杆及组合式抱杆等，按主要材料分为铝合金抱杆、钢抱杆、复合材料抱杆及多种材料混合抱杆等。

施工前要针对塔型特点及地形条件制定相应的施工方案，根据施工方案选择合适的抱杆形式组立杆塔。进行分解组立铁塔施工设计时，必须对施工设备的受力状况进行全面分析、计算，以受力最大值作为选择设备的依据。抱杆及其他起重工器具的设计、制造、使用要符合《电力建设安全工作规程第2部分：电力线路》(DL 5009.2-2013)、《架空输电线路施工抱杆通用技术条件及试验方法》(DL/T 319—2018) 等相关标准的规定。施工时要严格按照相关的工程施工标准进行。

(二) 施工技术

1. 整体组立

整体组立方法是低电压等级杆塔组立的常用方法。混凝土电杆一般采用整体组立方法，极少采用分解组立方法。整体组立方法主要有以下三种。

（1）人字抱杆整体组立。人字抱杆可用于整体组立拉线杆塔，还可作为组立超长横担铁塔的辅助抱杆使用。人字抱杆适用于拉 V 塔、拉门塔、拉猫塔、门型杆和单电杆的整体组立，还可用于大型抱杆组立，以及超高压、特高压输电线路大型铁塔横担的辅助吊装。

人字抱杆的两个杆体通过抱杆帽连为一体；两个抱杆脚布置于待起吊杆塔塔腿内侧，两抱杆脚之间、抱杆脚与待起吊杆塔之间用钢丝绳连接；抱杆帽一侧与待起吊杆塔之间布置吊点绳，另一侧通过起吊滑车组与牵引设备相连；利用人字抱杆增加牵引支点高度，抱杆随着杆塔的起立，不断绕着地面的某一支点转动，直到杆塔头部升高至抱杆失效，再由牵引绳直接将杆塔拉直调正，完成杆塔整体组立。

（2）直立式抱杆组立混凝土电杆。该方法常用于较低电压等级的单柱电杆。

（3）履带式起重机组立混凝土电杆或铁塔。履带式起重机是利用履带行走的动臂旋转起重机，输电线路工程施工可利用其分解组立或整体组立铁塔。

施工中通常利用履带式起重机起重臂、转台、吊钩及液压传动机构等，实现塔材的分解组立或整体组立；利用起重机的行走机构，实现带负载行走及杆塔组立施工时的施工就位；利用起重机副杆增加吊装作业高度。

2.分解组立

分解组立方法主要用于各种形式的自立式铁塔的组立。铁塔分解组立方法有内悬浮外拉线抱杆分解组立、内悬浮摇臂抱杆分解组立、落地摇（平）臂抱杆分解组立、内悬浮内拉线抱杆分解组立、流动式起重机分解组立及直升机分解组立等。

铁塔分解组立利用塔身分片吊装、横担分段吊装或分片吊装。施工主要分抱杆组立、安装塔腿、提升抱杆、塔身吊装、横担吊装及抱杆拆除等几个主要环节。

（1）内悬浮外拉线抱杆分解组立。该方法适用于分解组立自立式角钢塔、钢管塔。抱杆拉线通过地锚固定在铁塔以外的地面上。

铁塔的组立方法：利用已组立好的塔身，通过承托系统和外拉线系统使抱杆悬浮于铁塔中心；利用布置于抱杆头部的起吊滑车组、布置于地面的牵引设备及抱杆拉线对抱杆倾斜角的调整实现塔材的起吊、就位；利用布置于抱杆底部的提升系统和对抱杆拉线、承托绳的松紧调整实现抱杆的提升与拆除。

（2）内悬浮摇臂抱杆分解组立。双摇臂悬浮抱杆利用设置于抱杆杆体上端的两根摇臂，可用于铁塔根开、塔头尺寸较大的酒杯塔、大跨越塔等塔型的组立施工。双摇臂悬浮抱杆分为内拉线和外拉线两种施工方式：外拉线锚固在地面地锚上，内拉线锚固于已组立塔身上。

铁塔的组立方法：利用已组立好的塔身，通过承托系统和抱杆拉线使抱杆悬浮于铁塔中心；在抱杆杆体上部设置两副可旋转摇臂，通过布置在摇臂上的调幅滑车组和抱杆底部的动力系统实现带负载变幅；抱杆摇臂以上部分可在水平方向旋转；摇臂端部安装起吊滑车组，进行塔材吊装；利用布置于抱杆底部的提升系统和对抱杆拉线、承托绳的松紧调整实现抱杆的提升与拆除。

（3）落地摇（平）臂抱杆分解组立。抱杆立于铁塔中心的地面上，抱杆高度随铁塔组立高度的增加而逐渐增高。在距抱杆顶部适当位置安装副摇臂或副平臂，该摇臂顶部悬挂滑车组，既可用于吊装塔片，又可用来做平衡拉线。

铁塔的组立方法：双摇臂落地抱杆杆体坐落于铁塔中心，高度随铁塔组立高度递增，每隔10~15m设置一道腰环。抱杆上部安装四根拉线，通过拉线及抱杆腰环来保证抱杆的稳定；抱杆杆体上部设置两副可旋转摇臂，通过布置在摇臂上的调幅滑车组和抱杆底部的动力系统实现带负载变幅；抱杆摇臂以上部分可在水平方向旋转；摇臂端部安装起吊滑车组，进行塔材吊装；抱杆顶部安装起吊滑车组，可用于吊装正面、背面塔材；抱杆杆体升高采用倒装提升接长法，利用腰环防止抱杆倾倒。

（4）内悬浮内拉线抱杆分解组立。内悬浮内拉线抱杆分解组塔时，其抱杆拉线固定在已组立塔体上端的主材节点处。该方法适用于场地狭窄等不宜打外拉线的塔位和自立式角钢塔和钢管塔的组立。

铁塔的组立方法：将内悬浮内拉线抱杆的拉线下端固定于塔身四根主材上端节点的下方；利用已组立好的塔身，通过承托系统和拉线系统使抱杆悬浮于铁塔中心；利用布置于抱杆头部的起吊滑车组、布置于地面的牵引设备以及抱杆拉线对抱杆倾斜角的调整实现塔材的起吊、就位；利用布置于抱杆底部的提升系统和对抱杆拉线、承托绳的松紧调整实现抱杆的提升与拆除。

（5）塔式起重机分解组立。在铁塔中心或外侧组装塔式起重机塔身、起重臂、平衡臂、机构等；提升塔式起重机，安装标准节使塔身至预定高度；用塔式起重机吊装塔材；提升塔式起重机塔身，至新一级高度。

（6）流动式起重机分解组立。位于地形平坦、运输道路条件较好的铁塔，可采用流动式起重机分解组塔。

（7）直升机分解组立。对于条件适宜的塔位，可采用直升机分解组立铁塔。铁塔分段或分片在组装场组装好，直升机将吊件直接悬吊运输到塔位进行安装。

四、架线施工

架线施工的核心是使导、地线在架设过程中免受或少受损伤。导线的架设质量可直接影响电力的输送效率及对环境产生的污染程度（电晕损失、电晕噪声等）。架线施工方法有人力及机械拖牵、张力架线和装配式架线。人力及机械拖牵利用人工或机动绞磨等设备的牵引实现导、地线的展放及紧线。在拖牵过程中，导线表面会受到不同程度的损伤，电力施工标准规定220kV以上线路必须采用张力架线施工方法。因此，此法仅限于低电压等级及特殊条件下的导、地线的展放及紧线，同时可用于导引绳、牵引绳的展放。装配式架线是按照耐张施工段的长度定长制造导、地线，将定制导、地线在张力场与专用耐张线夹压接，采用张力展放后直接进行挂线的一种架线工艺。装配式架线施工方法对导、地线长度的制造及测量准确度要求较高，导、地线精确定长制造及测量是装配式架线的必要条件。我国开展了装配式架线架设导、地线的研究和工程试验。其中，可采用激光测速测长仪理论控制导线定长生产的精确度；利用GPS定位和全站仪测量，建立施工段模型等技术，准确计算架线所需的各相子导线长度。近年来，行业内的装配式架线施工技术已取得了一定成果，但在导线的生产质量、施工工艺等技术方面还有待进一步研究、提高及推广应用。

（一）张力架线施工

1. 张力架线

自20世纪80年代我国开始建设500kV超高压输电线路工程以来，张力架线技术已成为现阶段最主要的架线施工方法。张力架线施工采用牵引机、张力机等施工机具带张力展放导、地线，以及用与张力放线配套的工艺方法进行紧线、平衡或半平衡挂线、附件安装等各项作业。张力放线导、地线带张力架空展放，受到的损伤较小，更便于跨越江河、湖泊、电力线路及高山大岭等障碍物的导、地线展放。采用张力架线施工技术架设导、地线在我国已积累了较丰富的施工经验，形成了一套成熟的架线施工技术和施工机具的标准体系。我国的张力架线施工技术在国际上已处于先进水平。

（1）张力架线的基本特征。导线、架空地线在展放过程中处于架空状态；以施工段为架线施工单元工程，放线、紧线等作业在施工段内进行；施工段不受设计耐张段限制；可以在直线塔紧线并在直线塔锚线，宜在耐张塔上做平衡挂线；同极子导线同步展放、同时收紧。

（2）张力架线施工段。张力架线施工段不同于非张力架线，施工段可能是耐张段的一部分，也可能是跨耐张段的。一般来说，施工段长度宜控制在6~8km，且不宜超过20个放线滑车。耐张塔单侧紧线时，要按设计要求安装临时拉线以平衡对侧导线的水平张力。耐张段金具组合形式要适合耐张塔附件的安装作业；整塔或塔局部结构的承载能力和构造要满足于高处作业的需要。

2. 张力放线

张力放线施工在施工段完成，其现场通常由张力场（线轴架）、牵引场（钢丝绳卷缠绕设备）、多级杆塔、放线滑车、牵引绳、牵引板、控制操作台及被展放导、地线等一整套牵引系统构成。

（1）导线展放方式。根据导线的直径、分裂数，输电线路张力放线的展放有以下方式。

①一次展放同相极多分裂导线方式：用一台牵引机和一台或多台张力机组合成所需多分裂导线，通过相匹配的牵引板和放线滑车等牵引放线。通常一次展放方式有一牵一（二、三、四、六、八）、一牵（二＋四）、一牵（四＋四）等。

②同步展放：在同一放线施工段内，能保持同档距内的放线弧垂在基本相同的情况下，两套或两套以上张牵机组合展放同极子导线，即通过张牵机的不同组合分别实现所需多分裂导线的同步展放。通常同步展放方式有一牵四＋一牵二、2×（一牵二）、2×（一牵四）、2×（一牵三）、3×（一牵二）、4×（一牵二）、八牵八等。

值得注意的是，同相极多分裂子导线的展放不宜采用分次展放方式。

（2）张力放线的基本程序。张力放线的基本程序包括引绳展放、牵引绳展放，以及导、地线展放。引绳展放是将初级导引绳用飞行器展放或人工铺放逐基穿过放线滑车，分段展放后与邻段相连。用已放好的导引绳放线其他高级别引绳。牵引绳展放用小牵引机收卷引绳，逐渐将施工段内的引绳更换为牵引绳。导线展放用主牵引机收卷牵引绳，逐步将施工段内的牵引绳更换为导线。

（3）牵引机与张力机的选择。张力放线机具要配套使用，成套放线机具的各组成部分必须相互匹配。在不同条件下，采用不同放线方式，使配套放线机具的性能与放线方式相适应。

①主牵引机。在牵放导线过程中起牵引作用的机械称为主牵引机。

②主张力机。在放线导线过程中对导线施加放线张力的施工机械称为主张力机。

（4）放线滑车。放线滑车的性能要符合《架空输电线路放线滑车》（DL/T 371-2019）要求，施工中一根导线在一基铁塔上一般用一个（组）滑车支承。当出现以下情况之一时，必须挂双放线滑车，双滑车间要用支撑杆连接。

①垂直荷载超过滑车的最大额定工作荷载时。

②接续管及接续管保护套过滑车时的荷载超过其允许荷载（通过试验确定），可能造成接续管弯曲时。

③放线张力正常后，导线在放线滑车上的包络角超过30°时。

（5）张力放线的主要机具。在工程准备阶段需要安排落实的主要机具有主牵引机及钢丝绳卷车，主张力机及导线线轴架，小牵引机及钢丝绳卷车，小张力机及牵引绳轴架，导引绳及抗弯连接器，牵引绳及抗弯连接器，牵引板，旋转连接器，放线滑车，压线滑车，接地滑车，网套连接器，与导线、地线、牵引绳及导引绳配套的卡线器，导线接续管保护套，手扳葫芦等。

(二) 典型施工工艺

1. 跨越施工

通常将越过建筑物、构建物或障碍物的架线施工称为跨越施工。被跨越物分为强带电物、弱带电物和不带电物。跨越电力线路施工 (强带电物) 的跨越方式分为停电跨越和不停电跨越两种,跨越施工中要优先考虑停电跨越。张力架线中的跨越施工,除要执行《电力建设安全工作规程第 2 部分:电力线路》(DL 5009.2-2013) 和《跨越电力线路架线施工规程》(DL/T 5106-2017) 的有关规定外,还要充分注意导引绳、牵引绳及导线等在放线过程中处于架空状态这一特点,慎重选择跨越施工方案,防止放、紧线过程中发生张力失控,确保施工安全和被跨越物的安全。

2. 导引绳展放

张力放线中,牵放导线的绳索称为牵引绳。牵放牵引绳的绳索称为导引绳。导引绳一般为高强度纤维绳,工程施工中多使用迪尼玛绳做导引绳。施工时导引绳一般要分级展放,最小的 (用于飞行器展放或人工铺放的) 为初级导引绳,最大的 (直接放线牵引绳者) 为导引绳,其余中间级为二级引绳,引绳之间均采用旋转连接器连接。

(1) 初级导引绳 (简称初导) 展放。初导展放分为空中展放和地面铺放。空中展放利用直升机、飞艇、热气球、动力伞、航模 (统称飞行器) 或其他设备分段展放,将各段相连,使其在施工段内贯通相连。地面铺放利用人工或采用机动绞磨拖牵沿线路铺放,将成轴导引绳逐塔穿过放线滑车,与邻段导引绳相连,在指定位置将导引绳锚住,在另一指定位置收卷导引绳。

(2) 中间级或终级引绳的展放。小规格导引绳牵放大规格引绳,利用初导逐级展放。放线方式为一牵一或一牵多根引绳,最终牵引出所需规格引绳。

(3) 飞行器展放导引绳。

①直升机展放初导。利用机上专用挂架挂载导引绳线轴,沿线路方向飞行将导引绳放入每基铁塔的朝天滑车后,通过挂架张力调节系统制动,直升机继续飞行进行紧线操作,并用线夹将导引绳逐基临锚于塔顶。

②无人机 (八旋翼无人机) 展放初导。无人机作为牵引设备和专用小型张力机相互配合,采用一牵一方式展放导引绳。

③飞艇 (遥控飞艇) 展放初导。飞艇一次飞行可展放 ϕ2mm 迪尼玛绳最长 5km,通过工作人员遥控操作飞艇悬停、侧飞或升降飞车完成初导的展放。

④动力伞飞行展放初导。动力伞依靠发动机助推,在地面滑行后升空,靠螺旋桨产生的推力向前飞行,伞翼提供向上的浮力,实现在空中滑翔、滞空;并利用对伞绳的下拉操纵来改变飞行方向,通过控制发动机的节气门开度使动力伞升高、降低或

降落。

3. 牵引绳展放

用导引绳通过小牵引机和小张力机的配合展放牵引绳，展放牵引绳的方法与导线展放相同，一般采用一牵一展放方式。牵引绳与牵引绳之间需要使用抗弯连接器连接。

4. 架空地线展放

一般用导引绳作为架空地线张力放线的牵引绳，使用小牵引机、小张力机展放架空地线。展放方法等与张力放线导线基本相同。当张力展放 OPGW 时，要使用符合要求的专用张力机，并要按照制造厂家的技术规定进行施工，OPGW 在放线滑车上的包络角小于 60°。

光纤的熔接要由专业人员操作，剥离光纤的外层铝套管、塑料套管、骨架时不要损伤光纤；要防止 OPGW 接线盒内有潮气或水分进入，安装接线盒的螺栓要紧固，橡皮封条要安装到位。光纤熔接后要进行接头衰耗测试，不合格者要重接。

5. 放线作业

放线开始前要重点检查跨越架的位置和牢固程度；场地布置和机械锚固情况；临时接地是否符合要求；岗位工作人员是否全部到岗；通信联络是否畅通；受力系统连接情况；机械无载启动，空载运转情况；机械预热、牵引绳是否位于正确槽位，做好导引绳、牵引绳及导线之间的连接。调整尾部张力，拉紧尾线。

开始放线时要慢速牵引，检查有无异常现象。调整放线张力，使牵引板呈水平状态。待牵引绳、导线全部架空后，方可逐步加快牵引速度进行正常放线。

导线之间的连接需要采用直线压接，压接宜在张力机前集中完成。两套或两套以上张牵机同步展放同极子导线时，各子导线间放线张力要基本相等，放线弧垂基本相同，放线速度基本相近。子导线的每个直线接续管最后一次通过放线滑车后要立即拆除保护钢甲。每极导线放完时，在张牵机前将导线临时锚固，锚线水平张力最大不得超过导线保证计算拉断力的 16%。锚线后导线距离地面不要小于 5m。

6. 紧线作业

（1）紧线。张力放线结束后要尽快紧线。可选择以张力放线施工段做紧线段，以牵张场相邻的直线塔或耐张塔做紧线操作塔。当施工段由多个耐张段组成时，根据施工需要，也可选择中间耐张塔做紧线操作塔。紧线段跨多个耐张段时，要对各耐张段分别紧线，一般先紧与紧线操作塔最远的耐张段，再紧次远的耐张段，以此类推。

紧线操作是将耐张组装串与导线对接（锚接）后，在两侧锚线卡线器之间靠近放线滑车位置处割断导线，然后利用机动绞磨进行紧线，用手扳葫芦锚线。

（2）弧垂观测与调整。紧线时，要以能全面掌握和准确控制紧线段受力状态为条件选择弧垂观测档。弧垂调整要以各观测档和紧线场温度的平均值为观测温度。调整导线弧垂时，先通过绞磨粗调，再用手扳葫芦进行细调。

弧垂的调整方法是先收紧导、地线，调整距紧线场最远的观测档的弧垂，使其合格或略小于要求弧垂；然后放松导线，调整距紧线场次远的观测档的弧垂，使其合格或略大于要求弧垂；再收紧，使较近的观测档合格，以此类推，直至全部观测档调整完毕。

（3）画印。同一耐张段弧垂调整完毕，紧线应力未发生变化时，要在各直线塔、耐张塔上同时画印。

7. 附件安装

附件安装包括耐张塔附件安装、直线塔附件安装和线路附件安装。

（1）耐张塔附件安装：紧线后在耐张塔上进行割线、安装耐张线夹、连接耐张绝缘子金具串和安装防振锤等作业，称为耐张塔附件安装。耐张塔附件安装又分为以直线塔做紧线操作塔的耐张塔附件安装和以耐张塔做紧线操作塔的耐张塔附件安装。

（2）直线塔附件安装：主要指悬垂线夹的安装。

（3）线路附件安装：包括间隔棒、跳线的安装等。

附件安装方法要按照张力架线施工工艺导则进行。安装间隔棒通常采用专用飞车或人工走线方法，飞车支撑轮不得对导线造成磨损，人工走线时要穿软底鞋。

五、电力工程输电线路施工技术及装备施工要点

(一) 电力工程输电线路施工技术及装备现状

输电线路施工技术是指电力项目建设中输电线路施工的技术方法和管理措施。目前，我国在输电线路建设技术方面取得了一些进展，但仍存在以下问题。

1. 安全管理不到位

在输电线路施工过程中，安全管理不到位容易导致人员伤亡和设备损坏等问题。以下是具体的原因和影响：

（1）工作环境不安全：输电线路施工需要在高空、狭窄的空间或者复杂的地形环境下进行，如果没有采取必要的安全措施，容易发生人员坠落、滑倒、碰撞等意外事故。

（2）设备操作不当：电力系统的建设需要设备和工具，这些设备和工具在处理或操护不当时容易损坏和损失。

（3）工作人员对安全信息不太了解：设计人员的安全意识薄弱，容易忽略安全风险，导致设备丢失和损坏。

（4）安全管理薄弱：缺乏安全管理程序，如安全培训、安全检查、安全警报标记等，会造成安全事故。

2. 施工技术应用不足

在输电线路施工过程中，需要采用一些先进的施工技术，如机器人施工、无人机巡检等，以提高施工效率和质量。但由于技术应用不足，导致施工效率低下和质量不稳定。以下是具体的原因和影响：

（1）技术难度大：先进的施工技术往往需要较高的技术水平和专业知识，如果施工人员缺乏相关技能和经验，就会导致技术应用不足。

（2）设备成本高：先进的施工技术通常需要使用高端设备和器材，这些设备成本较高，对企业的财务状况有一定的压力。

（3）人员培训不足：先进的施工技术需要配合专业的人员进行操作，而企业可能缺乏相关人才或者没有进行相关的培训，导致技术应用不足。

3. 施工过程中的环境污染

输电线路施工过程中，会产生大量的噪声、粉尘和废水等，对周围环境造成污染。以下是具体的原因和影响：

（1）噪声：输电线路施工需要使用各种设备和机械，如铲车、钻机等，这些设备噪声大，对环境和人民的生活造成严重影响。

（2）粉尘：在建设电力管道时，必须进行土方工程开挖等，会造成大量粉尘对周围空气和水的污染。

（3）废水：输电线路施工需要使用很多的水源，如混凝土浇筑、清洗设备等，这些工作会产生大量的废水，对周围的水质造成污染。

（二）输电线路施工的特征

1. 施工工艺比较复杂

由于在施工前要做大量的调查和设计工作，而这些工作都是基于经验进行的，很容易造成误差。输电线路施工不仅是一项复杂的工程，而且涉及领域很广，可能会影响工程的整体效果。对电力工作者来说，保证电力系统在施工期间不受外部因素影响，明确各种外部因素，电网企业应分析其产生原因，制定科学合理的防范措施，才能确保输电线路顺利施工。

2. 技术标准要求高

由于许多因素需要在线路运行过程中加以考虑，以保证传输系统的正常运行。在输电线路施工过程中，经常会遇到各种技术问题，其原因很多，处理方法也比较烦琐。如果输电线路施工技术问题得不到及时解决，还会给企业带来更大的损失。若电线性能出现问题，则可能触发时间问题，进而引发更为严重的故障。因此，为避免出现更大的风险，必须尽快解决与产品性能和施工技术有关的问题。

3. 危险性和复杂性高

由于输电线路需要传输电能，使用中其危险性很高。施工技术差会引起事故，考虑到输电线路施工本身的复杂性，对其技术水平评价不能只停留在短期的角度。在施工过程中，施工人员应具备较高的专业素质，掌握相应的技术措施，确保施工技术符合相关规定，杜绝事故的发生。为此，电力输电线路施工企业应建立一套严格的技术控制体系，对员工进行必要的培训与教育，使其具备足够的意识与技术能力。

(三) 电力工程输电线路施工技术及装备要点

电力工程施工技术是指在电气线路的设计和施工中使用一系列先进的技术和方法来保证电力工程的安全、稳定和高效运行，以下是电力工程施工的一些常见做法：

1. 机器人施工技术

利用机器人进行输电线路的施工，可以提高施工速度和质量，并减少人员的伤亡风险。以下是具体的原因和影响：

（1）提高施工速度：机器人可以实现自动化、连续化和精密化施工，无须人工干预，从而大幅度提高施工速度，缩短施工周期。

（2）提高施工质量：机器人施工可以保证施工的精度和一致性，避免施工误差和漏项，提高施工质量。

（3）减少人员伤亡风险：机器人施工可以取代危险作业，如高空作业、深坑作业等，减少人员的伤亡风险，提高安全性。

2. 预制构件技术

采用预制构件进行输电线路的施工，可以减少现场加工和拼装，提高施工效率，也能够提高施工质量。以下是具体的原因和影响：

（1）减少现场加工和拼装：采用预制构件可以在工厂或生产基地中进行加工和拼装，避免了现场加工和拼装的烦琐和复杂性，从而大幅度减少了施工时间。

（2）提高施工效率：采用预制构件可以直接进行安装，避免了现场加工和拼装的过程，从而提高了施工效率，缩短了施工周期。

（3）提高施工质量：采用预制构件可以保证构件的精度和一致性，避免了现场加工和拼装的误差和漏项，从而提高了施工质量。

3. 空中架线技术

采用空中架线技术进行输电线路的施工，可以避免地面施工对环境的影响，也能够提高线路的安全性和稳定性。以下是具体的原因和影响：

（1）避免地面施工对环境的影响：采用空中架线技术可以避免地面施工对环境的影响，如减少土地破坏、噪声和粉尘污染等。

（2）提高线路的安全性：采用空中架线技术可以避免地面施工对人员和设备的伤害风险，如避免工人从高处坠落、避免机械设备与地面障碍物相撞等。

（3）提高线路的稳定性：采用空中架线技术可以保证线路的平衡和稳定性，避免地面施工对线路结构的影响，如避免地基沉降以及地震、台风等自然灾害对线路的影响。

4. 无人机巡检技术

利用无人机进行输电线路的巡检，可以提高巡检效率和准确性，并减少巡检人员的伤亡风险。以下是具体的原因和影响：

（1）提高控制效率：使用无人驾驶飞行器控制电力线，可实现快速有效的控制，从而降低传统控制方法的人力和时间成本，大大提高控制效率。

（2）提高检查精度：使用无人机检查电气线路，能够执行全面的电路检查，发现潜在的电路问题，避免泄漏和错误，从而提高检查的准确性。

（3）减少巡检人员伤亡风险：利用无人机进行输电线路的巡检，可以避免巡检人员进行高空作业和危险作业，减少了巡检人员的伤亡风险。

5. GPS 定位技术

利用 GPS 技术对输电线路进行精确定位，可以提高施工精度和准确性，也能够提高线路的安全性和稳定性。以下是具体的原因和影响：

（1）提高施工精度和准确性：利用 GPS 技术可以实现对输电线路的精确定位，避免了传统施工方式中可能存在的误差和偏差，从而提高了施工的精度和准确性。

（2）提高线路安全性：GPS 技术可实时监控线路位置和状态，并及早发现异常情况，从而提高线路的安全性。

（3）提高线路稳定性：GPS 技术可实时监控线路的位置和状态，并及早发现异常情况，以及采取有针对性的措施来提高线路的稳定性。

6. 3D 建模技术

采用 3D 建模技术，可以对输电线路进行全方位的设计和施工规划，提高施工效率和准确性。以下是具体的优点和应用：

（1）优点：采用 3D 建模技术可以实现对输电线路的全方位设计和施工规划，包括线路走向、高度、支架位置等方面的设计和规划。可以通过虚拟仿真的方式，模拟出施工过程中可能遇到的问题，并通过预先优化设计，减少施工延误和错误。

（2）应用：3D 建模技术可应用于输电线路的设计、施工规划、施工现场管理等方面。例如，在施工前可以利用 3D 建模技术对线路进行设计和规划，确定线路的走向、高度、支架位置等参数；在施工过程中可以利用 3D 建模技术对施工现场进行管理和控制，实时监测施工进度和质量，发现和解决问题。

（3）效果：采用 3D 建模技术可以提高施工效率和准确性，避免因设计不合理或施工过程中出现问题导致的施工延误和错误，同时能够提高施工的安全性和稳定性，避免因施工现场的危险或不稳定因素导致的安全事故发生。

（四）电力工程输电线路施工技术措施

1. 施工前的准备工作

准备电力管道的制造，这些准备工作包括检查和维护场地和设备，以确保施工期间的安全和稳定。

（1）现场勘查：在开始施工之前，必须检查场地，包括场地位置、环境、天气等，确保场地干净，没有可见的障碍物，没有安全和建筑效率的干扰，并考虑天气对施工的影响，如风、雨等。

（2）设备检查：开始施工前，必须检查和维护施工设备，以确保设备正常工作，避免设备故障导致施工延迟或安全事故。

（3）安全措施：施工前必须制定和实施安全措施，包括识别和隔离场地、设置安全警报、对施工人员进行安全和稳定培训，避免安全事故。

（4）准备材料：准备必要的材料和工具，包括建筑材料，如钢筋、混凝土、沙砾和电气工具、手动工具等，以确保足够的材料和可靠性，避免因材料短缺或质量问题而出现施工延迟或安全事故。

（5）施工计划：在开始施工前，应制订详细的施工计划，包括施工过程、进度、人员等，考虑施工的复杂性和难度，制订合理的施工计划，确保施工顺利进行，这些准备工作对施工过程中确保电气线路的安全和稳定至关重要，为防止施工前的安全事故和延误，应仔细检查和准备，以确保所有工作顺利进行。

2. 施工过程中的安全管理技术

电力线路的建设需要加强人员和设备的安全管理，具体做法有以下几方面：

（1）现场监控和管理：需要现场实时监控和管理，包括设置安全摄像头和检查员，以便及时发现和处理现场安全风险，确保现场安全。

（2）建筑工人的培训和教育：必须进行建筑工人的安全培训和教育，包括安全程序、安全技能培训和安全教育，以提高建筑工人的安全意识和技能，避免因操作不当而出现安全问题。

（3）安全：根据场地的实际情况和特征，需要采取适当的安全措施，例如设置警告标志、标注栏、安全网等，以确保施工期间的安全。

（4）安全检查和评估：必须定期进行安全检查和评估，包括现场检查和评估、设备、人员等。为了检测和解决安全问题，必须实时修复处理和解决安全问题，以确保施工期间的安全。

（5）应急预案：必须制定应急预案，包括施工前应急准备流程和应急设施配置，并确保施工期间的安全。这些安全措施对于保障人员和设备安全，以防止施工中发生安全事故和延误至关重要，必须认真实施，提高安全意识和管理水平，确保施工顺利进行。

3.施工技术的应用

在输电线路施工过程中，采用一些先进的施工技术，如机器人施工、无人机巡检等，可以提高施工效率和质量。以下是具体的施工技术：

（1）机器人施工：机器人施工可以自动完成一些重复性较高、难度较大的施工工作，如焊接、切割、打磨等。采用机器人施工可以提高施工效率和质量，减少人力成本和误差，也能够提高施工的安全性。

（2）无人机巡检：无人机巡检可以对输电线路进行全方位的巡检，发现潜在问题，避免漏检和误检，从而提高巡检效率和准确性。采用无人机巡检可以避免人员进行高空作业和危险作业，降低巡检人员的伤亡风险。

（3）智能设计：智能设计利用人工智能、大量数据，并可实现施工过程自动化，及现场温度、湿度、压力等参数的智能操作，从而提高现场管理和控制能力，这些高级施工技术对于电力线路的建设至关重要，有助于提高施工效率和质量，降低作业成本和错误，同时提高施工安全。用户需根据特定的施工要求和条件选择合适的技术，并改进员工培训和技术交流，以提高技术的使用水平。

第三节　变电施工技术及装备

输变电工程中的变电施工主要指输电线路中变电站的建设施工。一般来说，变电施工的总体施工原则是：先深后浅，先地下后地上，先结构后装饰，先建筑后安装。由于变电施工的工序较多，涉及的施工范畴也较大，在这里只介绍大体积的混凝土基础施工的土建施工、构支架的安装及主要的电气设备安装几个主要的施工环节。

一、户外配电装置土建施工

(一) 变电构架基础施工方法

变电构架是变电所、变电站等室外导线、设备的主要支撑结构的统称。其基础多采用钢筋混凝土材质。基本施工方法有以下几方面：

（1）采用混凝土分层浇筑，分层厚度为 300～500mm，并保证下层混凝土初凝前浇筑上层混凝土，以避免出现冷缝。振捣时尽量避免与钢筋及螺栓接触。

（2）混凝土顶标高用水准仪控制，表面用铁抹子原浆压光，至少赶压进行三遍压光。

（3）混凝土表面采取二次振捣法。

（4）基础混凝土要根据季节和气候采取相应的养护措施，冬期施工要采取防冻措施。

(二) 现浇清水混凝土设备基础施工方法

直接利用混凝土成形后的自然质感作为饰面效果的混凝土称为清水混凝土。此种浇筑形式的混凝土整体性和牢固性较好，所以主变压器、电抗器、GIS 等大体积混凝土基础一般采用现浇清水混凝土设备基础。基本施工方法有以下几方面如下：

（1）混凝土采用斜面分层或全面分层法浇筑。分层厚度为 300～500mm，并保证下层混凝土初凝前浇筑上层混凝土，以避免出现冷缝。振捣时尽量避免与埋件接触，严禁与模板接触。

（2）混凝土顶标高用水准仪控制，表面用铁抹子原浆压光，至少进行三遍压光。

（3）基础阳角做圆弧倒角时宜使用塑料角线。

（4）混凝土表面采取二次振捣法。

（5）基础浇筑时，需预埋与设备连接的大型埋件，埋件安装用专用安装支架。安装支架要牢固可靠，混凝土浇筑时从埋件四周振捣，直至埋件下的气体及泌水排除干净。

（6）冬季施工采取长时间的养护，根据测温记录，当内外温度接近时，逐步减少保温层厚度，尽量延缓降温时间和速度，充分发挥混凝土的应力松弛效应。

(三) 电缆沟的施工方法

电站的电缆沟是敷设电缆的地下专用通道。其施工主要包括沟壁和电缆支架的施工。沟壁一般采用现浇混凝土施工工艺。电缆支架采用钢筋焊制支架。

1. 现浇混凝土沟壁施工方法

(1) 沟壁模板的安装。电缆沟宜采用定型钢模。例如，采用木模板用 18mm 木胶合板方木背楞（方木应过刨，控制尺寸），ϕ50mm 钢管加固。钢管竖、横杆间距不大于 600mm，模板接缝用双面胶带挤压严密；模板组合好后内侧粘贴 PVC 板，粘贴前清理干净表面，满涂稀释后的树脂胶，过 10～16min 待涂胶呈干膜状态时，将 PVC 板由一边向另一边赶贴，并用橡皮锤敲击，以便粘贴牢固，不留气体。粘贴后用手推刨，沿模板四周将板边刨齐、倒口，以免支模时 PVC 板因挤压而碎裂，支模前将 PVC 外层保护膜揭掉。PVC 板接缝处采用热熔工艺消除接缝。阳角采用定制 PVC 阴角线固定于模板内侧。

(2) 混凝土浇筑方法。沟壁两侧要同时浇筑，防止沟壁模板发生偏移。振捣时振动棒要快插慢拔，按行列式或交错式前进。振动棒移动距离一般在 300～500mm，每次振捣时间一般控制在 20～30s，以混凝土表面呈现出水泥浆和混凝土不再沉陷为准。当混凝土初凝、进行沟顶收面时，对沟壁倒角处混凝土进行人工二次振捣，以防止产生倒角处气泡。

2. 电缆支架施工方法

(1) 支架的制作。支架角钢按设计长度用切割机下料，端部切割毛边、飞棱打磨光滑；按支架长度、高度、水平横撑间距用∠ 50mm×5mm 角钢制作支架角钢固定模具，防止焊接变形；将已下好料的角钢横撑、竖撑放入制作好的模具中，校正各部位尺寸，确保支架"横平竖直"、间距准确；将水平横撑焊接在竖撑上，焊接时要先焊两端横撑，再焊中间横撑，以减少角钢焊接变形。焊缝要饱满，不夹渣，无气孔。支架全部制作完成后热镀锌防腐。镀锌后对变形的支架要进行校正。

(2) 支架的焊接及安装。安装前，在沟壁内侧对预埋件进行清理，并进行防腐处理；为了防止扁铁焊接变形，焊接前应每米设置角钢以将扁铁撑紧在沟壁上。在预埋铁件上进行扁铁焊接，焊接中应拉通长线整平。扁铁搭接长度不要小于 2 倍扁铁宽度，三边围接，焊接质量要符合施工规范要求。按设计弹出支架位置线，将支架按标高、位置对正进行焊接，焊缝要饱满，不夹渣，无气孔，支架全部焊接完成后对焊接处进行防腐处理。

(3) 支架膨胀螺栓的安装（仅适用于现浇混凝土沟壁）。安装前在沟壁内侧按设计高度、间距弹出标高控制线、支架位置线，将支架按标高、位置对正，标出钻孔位置，用电锤钻孔，深度由膨胀螺栓长度确定；将膨胀螺栓打入孔中，拧紧螺栓，将支架对正螺栓，加上垫片，拧紧螺杆，使支架紧贴沟壁；支架遇到沟壁预留洞口、转角处时，支架间距可做适当调整。

二、变电站的构架、支架安装施工

变电站中构架一般用于悬挂母线、引线用的钢管或混凝土电杆组成的承力结构，除了避雷针，构架一般是变电所中最高的设备。支架是指开关、刀开关闸、四小器（电压互感器、电流互感器、耦合电容器和避雷器）等设备的支持物，一般是由角钢组成的桁架结构。当然也有些设备可能直接置于基础上，并没有支架。两者最主要的区别是：构架的承力方式是悬挂，支架的承力方式是支撑。

(一) 构架的安装

1. 构架梁的安装

由于构架整体高度、钢梁跨度及重量大，本着减小现场施工强度、加快施工进度、实行工业化生产的原则，构架、钢梁采用现场组合、整体吊装的施工方式。施工时，按照先主后辅、自下而上的原则组织吊装施工。考虑到构架吊装周期短、工作量大，本着保证安全施工的原则，选用灵活性大的汽车吊进行构架、钢梁的吊装。

2. 构架柱（钢管结构）的安装

构架柱是变电站中的主要承载设备。施工方法有以下几方面：

（1）吊装前钢管构架柱，应根据其高度、杆型、重量及场地条件等选择起重机械，并计算合理吊点位置、吊车停车位置、钢丝绳及拉绳规格型号等。在钢管构架的吊点处宜先采用合成纤维吊装带绕两圈，再通过吊装 U 形环与吊装钢丝绳相连，以确保对钢管构架柱镀锌层的保护。

（2）当 A 型杆立起后必须设置拉线，拉线紧固前要将 A 型架构基本找正，拉线与地面的夹角不大于 45°。

（3）构架柱的校正采用两台经纬仪同时在相互垂直的两个面上检测。

（4）构架柱校正合格后，采用地脚螺栓连接方式时，进行地脚螺栓的紧固，螺栓的穿向垂直时由下向上，横向时同类构件一致。紧固螺栓后，要将外露丝扣冲毛或涂油漆，以防螺栓松脱和锈蚀。采用插入式连接方式时，要清除杯口内的泥土或积水后进行二次灌浆，灌浆时用振动棒振实，不得碰击木楔，并及时留置试块。

(二) 大型设备的支架安装

设备支架结构较为简单，主要用于支撑设备。

（1）吊装前支架柱，应根据高度、杆型、重量及场地条件等选择起重机械，并计算合理吊点位置、吊车停车位置、钢丝绳及拉绳规格型号等。宜先采用合成纤维吊装带绕两圈，再通过吊装 U 形环与吊装钢丝绳相连，以确保对钢管支架柱镀锌层的保护。

（2）支架柱的校正采用两台经纬仪同时在相互垂直的两个面上检测，单杆进行双向校正，确保同组、同轴均在同一轴线上。校正合格后进行地脚螺栓的紧固或二次灌浆。支架组立时要考虑混凝土杆模板缝或钢管焊缝朝向一致，接地端子高度及朝向一致。

（3）支架柱校正合格后，采用地脚螺栓连接方式时，进行地脚螺栓的紧固，螺栓的穿向垂直时由下向上，横向时同类构件一致。紧固螺栓后，要将外露丝扣冲毛或涂油漆，以防螺栓松脱和锈蚀。采用插入式连接方式时，要清除杯口内的泥土或积水后进行二次灌浆，灌浆时用振动棒振实，不得碰击木楔，并及时留置试块。

三、电气设备安装施工

（一）变压器的安装

施工中要注意以下两点：

（1）根据厂家提供的变压器安装说明书和变压器安装作业指导书，认真编写变压器安装、内检和油污处理技术方案，施工中严格按照批准的方案进行施工。

（2）变压器主要采用轮胎式起重机和履带式起重机进行起吊、安装。

（二）变压器附件的安装

（1）冷却器的安装。冷却器、管道、阀门必须按厂家的编号进行装配，法兰端面平整、清洁。密封胶垫要清洁，有弹性，不得有伤痕、破裂现象，胶垫置于法兰中心。冷却器用轮胎式起重机按其说明书要求起吊，起吊缓慢，避免冲击碰撞。

（2）储油柜的安装。储油柜与支座的吊装采用轮胎式起重机按制造厂编号进行，支座螺栓暂不拧紧，待储油柜与支座均套上螺栓后再拧紧螺帽。储油柜安装前先装油位指标计。呼吸器联管安装时保持垂直。

（3）套管的安装。套管瓷表面尤其是下部要用白棉布擦净，均压球内无积水。吊装绳索与套管法兰连接可靠，套管头部保险绳要可靠、稳妥。套管进入升高座时，其斜度与升高斜度一致。套管起吊、落下速度要缓慢，严防冲击。确定套管法兰处密封胶垫已居中后，才缓慢落下套管，十字交叉拧紧螺栓。套管连接内部引线时，接线板下端用白布或塑料薄膜托底，以防螺母、垫片脱手掉入油箱内。

（三）GIS 组合电器的安装

GIS 是气体绝缘全封闭组合电器的英文简称。GIS 由断路器、隔离开关、接地开关、互感器、避雷器、母线、连接件和出线终端等组成，这些设备或部件全部封闭在金属接地的外壳中，在其内部充有一定压力的 SF_6 绝缘气体，故也称为 SF_6 全封闭组合电器。GIS 的安装质量，直接影响 GIS 的正常运行和使用寿命。其安装方法及要求有以下几方面：

(1) 安装前采用经纬仪做好基础的复测工作。

(2) 选用轮胎式起重机进行本体吊装。

(3) 在 GIS 安装过程中，随时用吸尘器打扫 GIS 钢体内部。

(4) 选用轮胎式起重机和尼龙吊带进行套管吊装。

(5) 安装过程中严禁灰尘、脏物和潮气进入 GIS 内部。

(6) 在抽真空之前迅速放置干燥剂，要尽量缩短其在大气中暴露的时间（一般不得超过 8h）。

(7) 安装后先在罐体内注入 99.99% 的高纯氮气，经检漏合格后再注入合格的 SF_6 气体，避免 SF_6 气体的浪费。

(8) 隔离开关的安装采用倒装法，在地面按顺序依次组装好后吊装到底座上。

(四) 软母线的安装

安装母线时，首先采用电子全站仪进行档距测量，其次，按照规程对绝缘子进行耐压、绝缘试验，合格后按照设计连接。导线采用放线架进行放线；导线放在纤维地毯上，以达到导线挺直和测量的精确度及避免与地面的摩擦。切割采用充电式软质切刀进行断线。采用电动液压复动压接钳进行金具压接。架空线采用机动绞磨牵引，以进行母线架设。最后，弧垂采用经纬仪测量法进行测量，并及时调整到合适位置。

(五) 一次设备的安装

一次设备主要包括支撑式阻波器、悬吊式阻波器及耦合电容器，这三种设备的安装方法如下：

(1) 采用水平仪和水平尺进行找平。

(2) 设备吊装就位选用吊车进行，吊装绳索采用尼龙吊带。

(3) 按变电作业指导书进行安装调整。

(六) 二次设备的安装

(1) 屏、箱、盘、柜安装就位采用固定方法，常用在基础型钢上打孔攻螺纹进行固定。

(2) 电缆敷设：电缆采用放线车进行展放。

（3）二次接线：电缆终端头采用热缩终端头。为了便于二次查线和更换电缆，电缆进入屏、箱、盘、柜后单根排列绑扎。

第六章　电力电缆线路施工

第一节　电力电缆线路基本要素

一、电力电缆线路基本要素选择

(一) 路径选择

电力电缆线路选择经济合理的路径，是线路工程的要素之一。线路路径的选择是通过地图上选线并结合现场实地勘察来完成的，路径选择的基本要求有以下几方面：

(1) 选择线路路径，要考虑诸多因素，如沿线地貌及城市规划，另外还应考虑施工、运行维护、交通等因素，进行方案综合比较，择优选取，做到安全可靠、经济合理。

(2) 路径长度要尽量短，起止点间线路的实际路径长度应接近或小于选择地理距离长度。

(3) 在选择路径时，沿线有坡度的地段，考虑坡度不得超过 30°。

(4) 电力电缆不得长期承受超限值的机械力，如压力、拉力和震动等。

(5) 电力电缆路径上的土壤应呈中性，即 pH 为 6~8。

(6) 对沿线建筑物和有关障碍物的交越，要与有关方面取得书面协议。

(7) 电力电缆应尽量避免与热力管、燃气管道、油管道等邻近和交越。

(8) 在路径选择时应避开环境脆弱区域、名胜古迹和重要公共设施。

(二) 敷设方式选择

根据同一路径上近、远期规划，电力电缆平行根数的密集程度、道路结构、建设资金来源等因素，确定电力电缆敷设方式。

1. 电力电缆直埋敷设方式的选择

(1) 同一通道少于 6 根的 35kV 及以下电力电缆，在城郊等不宜经常开挖的地段，宜采用直埋，在城镇人行道下或道路边缘，也可采用直埋。

(2) 地下管网较多的地段，可能有熔化金属、高温液体溢出的场所，待开发并有频繁开挖的地段，不宜采用直埋。

（3）在化学腐蚀或杂散电流腐蚀的土壤范围内，不得采用直埋。

2. 电力电缆沟敷设方式的选择

（1）在化学腐蚀液体或高温熔化金属溢流的场所，或在载重车辆频繁经过的地段，不得采用电力电缆沟。

（2）在地下电力电缆数量较多但不需要采用隧道，城镇人行道开挖不便且电力电缆需分期敷设时，宜采用电力电缆沟。

（3）有防爆、防火要求的明敷电力电缆，应采用埋砂敷设的电力电缆沟。

3. 电力电缆保护管和排管敷设方式的选择

（1）在有爆炸危险场所明敷的电力电缆，露出地坪上需加以保护的电力电缆，以及地下电力电缆与公路、铁路交叉时，应采用穿保护管。

（2）地下电力电缆通过房屋、地下管网密集区域、广场的区段，以及电力电缆敷设在规划中将作为道路的地段，应采用穿保护管。

（3）对城市道路狭窄且交通繁忙或道路挖掘困难的通道，宜采用免开挖措施，并安装保护管。

（4）城镇沿道路规划电力电缆通道，平行敷设的电力电缆回路不超过6个回路时，宜采用排管敷设。

4. 电力电缆隧道敷设方式的选择

（1）同一通道的地下电力电缆数量较多，采用电力电缆沟需要较大断面时，应采用隧道。

（2）同一通道的地下电力电缆数量较多，且位于有腐蚀性液体或经常有地面水溢流的场所，或含有35kV以上高压电力电缆以及穿越公路、铁路等地段，宜采用隧道。

（3）受城镇地下通道条件限制或交通流量较大的道路下，较多电力电缆沿同一路径敷设，并与有非高温的水、气和通信电缆共同配置时，可在公用性隧道中敷设电力电缆。

（三）电力电缆型号选择

根据各种电力电缆型号适宜的敷设场所、使用环境，结合具体情况，选择适合的电力电缆型号。

（1）对电力电缆有防止机械力损伤要求的。

（2）对电力电缆有阻燃、耐火要求的。

（3）对电力电缆有防震、防水要求的。

（4）对防止因电力电缆燃烧而产生有害气体的。

（5）电力电缆的额定电压必须大于或等于所连接线路额定电压的。

（6）电力电缆的长期允许电流（载流量）大于所连接线路工作电流的。

（四）电力电缆截面选择

1. 按长期允许电流选择

电力电缆运行时，它的线芯损耗、绝缘损耗（介质损耗）及钢材损耗等均会产生热量，使电力电缆的温度升高。计算表明，在 35kV 及以下电压等级，介质损耗可以不计，但随着工作电压的提高，介质损耗的影响就较显著。例如，110kV 电力电缆的介质损耗是导体损耗的 11%，220kV 电力电缆的介质损耗是导体损耗的 34%，330kV 电力电缆的介质损耗是导体损耗的 105%。因此，对于高压和超高压电力电缆，必须严格控制绝缘材料的损耗。按长期允许电流选择要考虑以下几方面条件：

（1）长期允许的最高工作温度。当电力电缆表面温度高于周围介质温度时，电力电缆中的热量通过电力电缆表面传递给周围介质，当电力电缆的发热量和通过表面散发的热量相等时，电力电缆的温度达到最高温度值。电力电缆绝缘材料的种类不同，其线芯长期允许的最高工作温度也不同。交联聚乙烯电力电缆长期工作的温度不超过规定的最高允许温度时，电力电缆就能够在使用寿命期内安全运行；如果交联聚乙烯电力电缆的工作温度长时间超过规定的最高允许温度，绝缘老化就会加剧，电力电缆寿命就会缩短，这样就增加了运行维护成本，降低了资产的合理使用年限。

（2）长期允许载流量。为控制线芯温度不超过最高允许值，必须使通过电力电缆的电流值限制在一定的数值以内，这个电流数值就是长期允许载流量。

（3）长期允许载流量的修正。当环境温度不足 25℃时，35kV 及以下电力电缆必须对长期允许载流量进行适当的修正。电力电缆并列敷设时，电力电缆产生的热量散发困难，其载流量必然减少，并列电力电缆根数越多，间距越近，电力电缆长期允许载流量越小，必须对其进行修正。

（4）长期允许载流量的计算。为了保证电力电缆的使用寿命，运行中的电力电缆导体温度不应超过其规定的长期允许工作温度。

2. 根据电力电缆在短路时的热稳定性校核电力电缆截面

当发生短路时，电力电缆线芯中将流过很大的短路电流，由于短路时间很短，电力电缆热效应产生的热量来不及向外发散，全部转化为线芯的温升。电力电缆线芯耐受短路电流热效应而不致损坏的能力称为电力电缆的热稳定性。为使电力电缆在规定的期限内安全运行，根据电力电缆绝缘材料的种类，规定了各种类型的电力电缆线芯短路时间（最长持续时间 5s）允许的最高温度，为了保证电力电缆在短路时线芯温度不超过规定的数值，必须通过短路电流和短路电流通过的时间对电力电缆进行校核，确定电力电缆的截面是否满足要求。

对于电压为 0.6kV/1kV 及以下的电力电缆，当采用自动开关或熔断器作保护时，一般电力电缆均可满足短路热稳定性的要求，不必再进行核算。

3. 根据允许电压损失选择电力电缆截面

对 3kV 以下的低压电力电缆，因其供电半径比较远，因此必须校验其电压降是否满足要求，对 3kV 及以上的电力电缆要校验其短路时的热稳定度。对于较长的高压电力电缆供电线路，应按经济电流密度选择电力电缆截面。

二、电力电缆附件的选择

电力电缆附件是对电力电缆终端进行绝缘封闭和对电力电缆导线进行中继连接的专用设备，通常称为电力电缆的终端和中间接头。电力电缆附件是电力电缆线路中电力电缆与电力系统其他电气设备相连接和电力电缆自身连接不可缺少的组成部分。

(一) 选择电力电缆附件的原则

(1) 优良的电气绝缘性能。电力电缆附件的额定电压应不低于电力电缆的额定电压，其雷电冲击耐受电压 (基本绝缘水平) 应与电力电缆相同。

(2) 合理的结构设计。电力电缆附件的结构应符合电力电缆绝缘类型的特点，使电力电缆的导体、绝缘、屏蔽和保护层这四个结构层分别得到延续和恢复，并力求安装与维护方便。

(3) 满足安装环境的要求。电力电缆附件应满足安装环境对其机械强度与密封性能的要求。电力电缆附件的结构、型式与电力电缆所连接的电气设备的特点必须相适应，应具有符合要求的接口装置，其连接工具必须相互配合。户外的电力电缆附件应具有足够的泄漏比距、抗电蚀与耐污闪的性能。

(4) 符合经济合理的原则。电力电缆附件的各种组件、部件和材料，应质量可靠、价格合理。

(二) 电力电缆终端和中间接头型号

各种类型的电力电缆终端和中间接头型号应按字母和数字标注。

三、电力电缆及连接设备在应用中的注意事项

(一) 电力电缆中压开关站

电力电缆中压开关站设有中压配电电力电缆进出线、对功率进行再分配的配电装置，可用于解决变电站中压出线间隔有限或进出线走廊受限，并在区域中起到电源

支撑的作用。用电负荷密集的高层建筑集中街区、大型住宅小区和工业园区，均适宜建设电力电缆中压开关站。电力电缆中压开关站内必要时可附设配电变压器。

电力电缆中压开关站的电力电缆及连接设备的选用和配置应在使用寿命期限内，综合考虑建设、运行、维护和所接带的负荷类型等因素进行选配，具体应用时应注意以下几个方面：

（1）电力电缆中压开关站进线段电力电缆的导体材料，应考虑接带负荷的情况，对长时段连续稳定的负荷和可靠性有较高要求的，宜采用铜导体。

（2）电力电缆中压开关站进线段电力电缆的长期允许电流，应考虑在高温和重载时段与变电站出线柜开关的过负荷保护功能相互匹配，避免电力电缆线路过负荷的情况发生。

（3）电力电缆中压开关站进线段电力电缆的工作电压，应考虑接带负荷和电力电缆中压开关站配出线路的型式，含有冲击和非对称负荷或配出线路为架空线路时，可适度提高工作电压。

（4）电力电缆中压开关站内连接设备的选型和配置，应遵循设备全寿命周期的管理理念，坚持安全可靠、经济实用的原则，采用技术成熟、少维护或免维护、节能环保的通用设备。

（5）电力电缆中压开关站 10kV 电力电缆附件，应优先选用预制式产品，应有防水密封措施，外屏蔽采用挤包工艺。

（6）电力电缆中压开关站保护和自动装置的配置，应具备自动隔离各出线回路相间故障及接地故障的功能，限制出线回路故障的扩大，缩小故障查找范围，避免对未发生故障回路设备的扰动。

（7）电力电缆中压开关站出线段电力电缆的导体材料，宜选用与进线段相同的导体材料。

（8）电力电缆中压开关站出线段电力电缆的长期允许电流，在高温和重载时段与中压开关站出线柜开关的过负荷保护功能相互匹配，避免电力电缆线路过负荷的情况发生。

（9）电力电缆中压开关站进、出线段电力电缆在隧道和电缆沟内敷设时，外护套应采用阻燃型聚氯乙烯护套。

（二）电力电缆环网单元

电力电缆环网单元在中压电力电缆线路网络中承担电力电缆线路分段、联络及电力电缆线路网络中的负荷接带。电力电缆环网单元应依据安置地点的地理环境、所需实现的预定功能和负荷特性等因素进行选配，具体应注意以下几点：

（1）电力电缆环网单元内所配置的设备，应能在所置放的环境中正常运行，避免选择的设备不能适应环境条件而导致性能下降和故障的增加。

（2）电力电缆环网单元中承担分段、联络功能的电力电缆的长期允许电流，应按照高温和重载时段的工况进行选择，防止承担分段、联络功能的电力电缆线路发生过负荷。

（3）电力电缆环网单元中的10kV电力电缆附件的配置，应选用预制式产品，外屏蔽采用挤包工艺，所处环境湿度较高时，应增强防水密封措施。

（4）电力电缆环网单元中的保护和自动装置的配置，应具备自动隔离所接带的重载和高危用户相间故障及接地故障的功能。

（5）电力电缆环网单元处于高湿环境时，应采取加大支持绝缘体的爬电比距，加装温湿度控制器，电缆附件和母线采用全绝缘、全封闭和防凝露等措施。

（6）电力电缆环网单元处于高粉尘场所时，外防护罩应增强密封性能，电缆附件和母线应采用全绝缘、全封闭措施，增加强制排风降温和散热进出风口的过滤装置。

（三）电力电缆分支箱

电力电缆分支箱在中压电力电缆线路网络中承担电力电缆线路的汇聚和负载线路的接入，电力电缆分支箱需考虑放置地点的环境和接带负荷状况。

（1）电力电缆分支箱内所配置的设备，应能在自然通风的状况下安全运行，一般情况下能适应环境温度和湿度的变化。

（2）电力电缆分支箱主回路（母排）的结构，应优先采用预制插接型；接带负荷的回路结构，应选用全封闭、全绝缘、全屏蔽可触摸式结构；电缆附件应与所选择的结构要求相匹配。

（3）电力电缆分支箱参数的选用，主回路的额定电流不小于630A，配出的负荷接带回路不宜大于3回，额定电流不小于200A，额定短时耐受电流值不小于16kA。

第二节　电力电缆敷设

一、电力电缆的供货包装、运输与敷设

（一）电力电缆的供货包装

通常情况下，两端封闭的电力电缆是卷绕在木制电力电缆盘上供货的，当电力电缆工程的设计要求长度远超出通常的供货长度范围时，可采用钢制电力电缆盘，以满

足供货运输和电力电缆施放对电缆盘强度的要求，电力电缆卷绕在电缆盘上的重量不得超过电力电缆盘的最大荷重能力。电力电缆盘的尺寸和型式，取决于电力电缆类型和工程中所需长度，电力电缆盘芯表面的弧度，应满足电缆弯曲的要求，电力电缆的内外两端应予以固定，电力电缆两端头密封帽应完好，电力电缆盘上的出厂标示牌应完好，标示牌中相关数据应完整、清晰。

(二) 电力电缆的运输与装卸

在运输和装卸过程中，应规范手段和操作方法，保障电力电缆在运输与装卸过程的安全，防止电力电缆受到外力损坏。

（1）电力电缆的运输。远程陆地运输电力电缆时，通常用火车或载重汽车进行，如果具备条件，宜采用内河船舶运输。由本地仓库向工地运输时，应根据道路条件和施工现场环境，按照尽可能一次运输到电力电缆施放位置的原则选取运输工具。

电力电缆盘应符合专业要求固定在运输工具上，以免在运输途中滑动。木制的载货盘最适用，因为可用钉子将必要的保险楔固定在载货盘上。预先应在考虑到卸货地点具有的起吊机具的情况下计划电力电缆盘在运输工具上的排列，相互间留有足够大的间距，以便能无困难地卸货。当电力电缆盘直径不超过 2.5m 时，电力电缆盘可以按行进方向横向放置。如果尺寸较大，电力电缆盘则顺着行进方向放置。电力电缆盘应立放运输，以使电力电缆盘上各电力电缆层不滑动。

（2）电力电缆盘的装卸。电力电缆盘的装卸一般使用起重机、叉车或通过装卸台进行。在起吊电力电缆盘时应注意，不损伤电力电缆盘、外护板，也不应损伤电力电缆，起吊时起吊工具不得触及电力电缆。人力装卸电力电缆时，应用厚木板或横梁搭建一个辅助装卸台，其坡度不应大于 1：4，木板和横梁的强度应能满足荷载要求。沿斜面滚动时，必须借助绞盘或滑轮组对电力电缆盘进行制动，应在斜面的终端处堆沙土作为落地缓冲。

禁止从运输车辆上直接将电力电缆盘推下，即使在坠落下方设有缓冲物体的情况下，电力电缆盘和电力电缆也极有可能受到损坏。当人工滚动电力电缆盘时，应按电力电缆盘边缘上的箭头所指方向滚动。假如电力电缆盘向相反方向滚动，有使各电力电缆层松脱的危险。电力电缆盘应避免在滚动方向上长距离滚动而造成盘上卷绕的电力电缆损坏。工地上运输使用配有装卸装置的电力电缆车是适宜的。如果该车装有电力电缆盘轴承，可以从车上直接牵引电力电缆或在缓慢行进中敷设。

(三) 电力电缆敷设

实施电力电缆敷设作业前，应依据规划、设计相关文件对作业区域进行勘察，核对现场是否满足施工作业条件，能否满足工程设计文件中的相关要求，能否满足安全运行的相关要求，是否具备在故障状态下快速恢复供电的条件。

1.电力电缆敷设应具备的条件

电力电缆在敷设前应对敷设场所周边环境、气象水文、地质地貌、电缆附属设施、施工器具摆放场所等情况进行检查。

（1）敷设场所应具备的条件。电力电缆通道在城市规划区域内应取得城市管理部门的许可，非规划区域内应与沿线各方签署相关协议，电力电缆通道及保护区域内不得在施工期间和电力电缆敷设完毕后进行机械挖掘土方或其他作业。

敷设前，需对应了解各种方式（如隧道、直埋、沟道、水下等）的敷设总长度、各转弯点位置、工井位置、上下坡度以及地下管线位置特性等因素。在检查电力电缆线路总长度时，应首先检查线路上有无预留位置，俗称"圈"，为电力电缆故障修复时所预留的电力电缆。按照规定应在终端接头、过马路穿管、过建筑物等处预留位置，因为这些位置是电力电缆最易损坏部位，否则日后重新安装检修时，将不易进行。同时，为了使电力电缆运行可靠，应尽量减少电力电缆接头，对高压电力电缆（35kV 及以上电压等级的电力电缆）可采用假接头形式完成交叉互联，这样可以不破坏导体的连续性，提高电力电缆输电能力。电力电缆盘的放置位置最好选在转弯处、接头处、上下坡起始点，对于 66kV 及 110kV 电力电缆的敷设应考虑牵引机具的放置位置。其次要测量各转弯处电力电缆的弯曲半径是否合乎要求。

电力电缆接头处应作防水处理，因为 XLPE 绝缘电缆的接头，无论附加密封多么良好，总是低于原电力电缆护套，特别是中低压电力电缆，密封处一旦进水，将使绝缘部分暴露于水中。高压电力电缆接头虽有金属护套，但金属护套的连接处仍然存在弱点。因此，接头位置最好在电力电缆沟道、直埋处增加防水措施。例如直埋，可在接头位置修建一水泥槽，在进线处进行密封处理后，再填砂盖板，然后直埋。同时，接头应高于周围电力电缆，防止电力电缆内原已进入的水向接头迁移。对于在沟道、隧道内敷设的电缆，应检查电缆支架的安装情况。全塑电力电缆水平敷设支架固定电缆时，支架间距允许为 800mm。

（2）敷设现场的环境温度。绝缘电力电缆为塑料制成，当温度较低时，绝缘材料脆性增强，这时如果敷设不注意，会造成电力电缆外护层开裂、绝缘损坏等事故。电力电缆的敷设温度最好高于 5℃。如无法避开寒冷期施工时，应采取以下适当措施：

①提高周围温度。这种方法需要较大热源，户外施工现场一般无法做到，户内可采用供暖使房间内温度升提高。

②用电流通过导体的方法加热，但加热电流不得大于电力电缆额定电流，经加热后的电力电缆应尽快敷设下去。

敷设前放置时间一般不超过 1h，当环境温度低于规定温度时，电力电缆不宜弯曲。

（3）敷设所应记录项目及原始数据。电力电缆敷设和终端接头及中间接头安装后，应将以下内容标记在电力电缆敷设平面图中：

①电力电缆和附件型号、导线截面、额定电压。

②电力电缆和附件的制造厂家、生产年度、电力电缆盘号及敷设与安装日期。

③从接头中心点到接头中心点或到终端接头螺栓的实际敷设长度（供货长度扣除切去的长度）。

④相对于建筑物、消防栓、界石等固定点的电力电缆和接头位置，但灌木丛、树木、天然水道以及其他随时变化的参照物不适用于作此种目的。由于筑路工程也会造成人行道缘石和里程标石位置的变动，所以它们在需一定条件下才适合作为参照物。

⑤电力电缆及其通道高程的变化。高程标示可参照本地海拔标高为基准。电力电缆敷设图中，必须写明电力电缆设施的所有变动情况。了解电力电缆位置是很重要的，以免在以后进行土建施工时损坏电力电缆，还可以迅速和可靠地测寻和排除可能发生的电力电缆故障。

2. 电力电缆敷设装备

（1）电力电缆盘放线支架和电力电缆盘轴。用以支撑和施放电力电缆盘，电力电缆盘放线支架的高低和电力电缆盘轴的长短视电力电缆重量而定。为了能将重几十吨的电力电缆盘从地面抬起，并在盘轴上平稳滚动，特制的电力电缆支架是电力电缆施工时必不可少的机具。它不但要满足现场使用轻巧的要求，而且当电力电缆盘转动时它应有足够的稳定性，不致倾倒。通常电力电缆支架的设计，还要考虑能适用于多种电力电缆盘直径的通用。电力电缆盘的放置，应使拉放方向与滚动方向相反。

施放电力电缆时，应用手转动电力电缆盘，以免产生不允许的伸拉应力。无论如何不得从电力电缆卷上或卧放的电力电缆盘上抬举电力电缆圈，否则将使电力电缆扭曲并受到损伤。

在电力电缆被牵引大部分长度后，电力电缆内端将会移动，通过电力电缆盘向箭头相反方向转动，当出现电力电缆内圈松动时，应重新固定已松动的电力电缆内端，避免出现电力电缆层互相叠压，影响电力电缆施放。

（2）千斤顶。敷设时用以顶起电力电缆盘，千斤顶按工作原理可分为螺旋式和液压式两种类型。螺旋式千斤顶携带方便，维修简单，使用安全；起重高度为 110～200mm，可举升重量为 3～100t。液压式千斤顶起重量大，工作平稳，操作省力，承载能力大，自重轻，使用搬运方便；起重高度为 100～200mm，可举升重量为 3～320t。

（3）电动卷扬机。敷设电力电缆时用以牵引电力电缆端头，电动卷扬机起重能力大，速度可通过变速箱调节，体积小，操作方便安全。

（4）滑轮组。敷设电力电缆时将电力电缆放于滑轮上，以避免对电力电缆外护套的损坏，并减小牵引力。滑轮分直线滑轮和转角滑轮两种，前者适用于直线牵引段，后者适用于电力电缆线路转弯处。滑轮组的数量，按电力电缆线路长短配备，滑轮组之间的间距一般为 1.5～2.0m。

（5）电力电缆牵引头和电力电缆钢丝牵引网套。敷设电力电缆时用以拖拽电力电缆的专用装备，电力电缆牵引头不但是电力电缆端部的一个密封套头，而且是在牵引电力电缆时将牵引力过渡到电力电缆导体的连接件，适用于较长线路的敷设。电力电缆钢丝牵引网套适用于电力电缆线路不长的线路敷设，因为用钢丝网套套在电力电缆端头，只是将牵引力过渡到电力电缆护层上，而护层的允许牵引强度较小，因此它不能代替电力电缆牵引头。在专用的电力电缆牵引头和钢丝牵引网套上，还装有防捻器，用来消除用钢丝绳牵引电力电缆时电力电缆的扭转应力。因为在施放电力电缆时，电力电缆有沿其轴心自转的趋势，电力电缆越长，自转的角度越大。

用机械牵引电力电缆时在牵引头（或单头网套）与牵引绳之间加防捻器，以防止牵引绳因旋转打扭。

（6）电力电缆盘制动装置。电力电缆盘在转动过程中应根据需要进行制动，以便在停止牵引后电力电缆继续滚动引起电力电缆弯折而造成的损伤。电力电缆盘可使用木板制动，用支架的螺杆将盘轴向上顶起（重量较大的电力电缆盘放置在液压电力电缆盘支架上），直到卡不住木板的高度为止。

（7）安全防护遮拦及红色警示灯。施工现场的周围应设置安全防护遮拦和警告标志，在夜间应使用红色警示灯作为警告标志。

3. 电力电缆敷设前的准备

（1）现场勘察。依据工程设计文件中的相关要求进行现场勘察，了解电力电缆所经地段的地形及有无障碍物，有障碍物应及时清理。对于尚未规划的城市区域，必要时应会同城市规划与测绘部门到现场确定电力电缆的标高与具体的敷设路径。根据电力电缆的电压、截面的大小（主要考虑质量）及每盘电力电缆的长度，敷设路径的曲直和穿越地下管线障碍物的多少来决定施放电力电缆的方式（采用人工敷设还是采用机械敷设方式）。

（2）制订施工计划。根据现场勘察的结果制订施工计划并制定技术和安全措施。根据每盘电力电缆的长度，确定电力电缆中间接头的位置，并决定电力电缆的施放次序，确定交越各种障碍的技术措施等。

（3）与相关部门协调。供电系统的电力电缆线路要与各种公用设施交叉跨越，通过各种公共场所，因此，与相关部门的协调工作特别重要。电力电缆的敷设不仅要符合电力系统规程的规定，还要满足其他部门设施的相关要求（如各种地下管线对电力电缆的安全距离，电力电缆施工对交通安全、市容、各种社会活动的影响，敷设电力电缆所挖掘的各种路面的修复等）。

（4）准备工具材料。根据现场勘察及所制订的施工计划，核对设计用料是否正确，了解材料供应能否满足施工进度，预定的施工方法所需的机具设备（如卷扬机、电力电缆支架、放线杠、千斤顶和滑轮等），检查所有的工器具应齐全可靠，核实电力电缆的型号、规格和长度是否与设计图纸相符，检查电力电缆盘是否完整，电力电缆两端的端头应密封完整无破损，排除电力电缆隧道和人孔井内的有害气体。

4. 电力电缆敷设的一般要求

（1）用机械敷设电力电缆时，对电力电缆将受到的拉力应按照现场条件进行计算。在平直的路线上敷设时，除电力电缆本身重量产生的压力外没有其他压力存在，因此按摩擦力原理来计算，即电力电缆的牵引力和电力电缆的重量及摩擦系数成正比。

（2）用机械敷设电力电缆时，应有专人指挥，前后密切配合，行动一致，以防止电力电缆局部受力过大。

在敷设电力电缆的过程中，电力电缆线路在经过隧道、竖井、支架、沟道或复杂的路段时，要有专人检查。在一些重要的部位如转弯处、井口应配有有经验的人员进行监护，并保证电力电缆的弯曲半径符合要求，以防止电力电缆的铠装压扁、电力电缆绞拧、护层折裂和绝缘损伤等。电力电缆敷设完成后，应做到横平竖直、排列整齐，避免交叉叠压，达到整齐美观。

（3）寒冷季节敷设电力电缆应采取的措施。塑料电力电缆尤其是聚氯乙烯电力电缆在低温时变硬、变脆，弯曲时绝缘容易发生断裂。因此，寒冷季节敷设电力电缆，如聚氯乙烯电力电缆的存放地点在敷设前24h内的平均温度以及现场的温度低于0℃时，应将电力电缆预先加热。加热的方法有两种：一种是提高周围空气温度的加热方法，即把电力电缆放在有暖气或火炉的室内和帐篷内，在室内温度为5～10℃时存放72h，25℃时需29～36h，用这种方法需要的时间较长；另一种方法是用电流通过电力电缆线芯，使电力电缆本身受热，这种方法可以在1～2h内将电力电缆绝缘均匀地加热到所需温度。电流加热法所用设备一般是小容量的三相低压变压器或电焊机，高压侧额定电压为380V，低压侧能提供加热电力电缆所需的电流。加热时，将电力电缆一端三相导体短接，另一端三相接至变压器的低压侧。电源应有可调节电压的装置和保险装置，以防电力电缆过载。加热中，3kV及以下的电力电缆，表面温度不应超过40℃；6～10kV电力电缆，表面温度不应超过35℃；20～35kV的电力电缆，表面温度不应超过25℃。加热后，电力电缆表面的温度应根据各地气候决定，但不得低于5℃。电力电缆加热后，应尽快敷设，放置时间不宜超过 1h。

（4）郊区或空旷地带的电力电缆线路敷设。因无参照物可确定地下电力电缆的位置，所以必须在电力电缆路径上埋设电力电缆标示桩。在电力电缆线路的转弯处、接头处和直线部分 50～100m 处埋设标示桩。

（5）直埋电力电缆应采用有铠装和有防腐层护套的电力电缆。进入发电厂、变电站和隧道的电力电缆应采用阻燃型外护套电力电缆。

（6）电力电缆从地下或电力电缆沟等处引出到地面时，为了防止外力机械损坏，在地上 2m 和地下 0.2m 段，套金属管加以保护。

（7）电力电缆的接头位置不宜设在道路的交叉路口、地下管线相交处、车辆行人进出较多的大门口。其接头位置应相互错开，其间净距不小于 1m。应在接头处安装防止机械外力损坏的保护盒。

二、电力电缆的敷设方式

（一）直埋电力电缆的敷设

（1）放线。根据电力电缆设计图纸的要求，按电力电缆线路的敷设走向，用石灰标出放线挖土范围，每隔一定距离做长度标记，以便施工时安排分工。沟的宽度、电力电缆的条数、电力电缆间距按照施工设计图的要求，应满足电力电缆弯曲半径的要求。

（2）挖沟。电力电缆沟的深度应考虑以下两点：

①规程中规定电力电缆埋设的深度不应小于 0.7m（从电力电缆表皮至地面的净距），穿越绿化带和农田时电力电缆的埋深应不小于 1m。

②应考虑未来城市规划，不能以自然标高来选择电力电缆沟的深度，由设计单位会同城市规划部门共同确定电力电缆的标高。在开挖电力电缆沟时，一方面应将挖出来的路面结构材料与泥土分别放置于距沟边 0.3m 以外的两旁，不可重复利用的路面结构材料（碎石和混凝土块）需清理运出，也便于在电力电缆敷设后从沟旁取细土覆盖电力电缆。另一方面，可以防止石块等硬物滑进电力电缆沟内，避免电力电缆的机械损伤，同时为人工敷设电力电缆留出了通道。电力电缆沟开挖时应视土质状况，将电力电缆沟两侧留有适当的坡度，在松软土质的建筑物旁挖沟时，应做好电力电缆沟支撑等加固措施。挖沟作业时段，应根据交通安全的要求设置遮拦和警告标志，夜间施工应挂红色警示灯。

（3）敷设过路保护管。电力电缆穿越道路时，应不妨碍道路交通。不准开挖的铁路和交通频繁的道路，应采用非开挖敷设保护管的措施。如果穿越道路段地下管线复杂时，应分段进行施工，可在夜间交通空闲段进行施工。

（4）敷设电力电缆。在实施电力电缆施放前应做好以下几项工作：

①清理电力电缆沟。将沟内掉入的石块及泥土清除，以保证电力电缆的埋设深度。

②在沟内放置滑轮。一般间隔 3 ~ 5m 放置，其间距与电力电缆单位长度的重量等有关，以不使电力电缆外护套触及地面为宜，因为当电力电缆碰触沟底时不但增加了摩擦力，而且还会损坏电力电缆外护层。

③装设电力电缆放线盘。先将电力电缆盘按线盘上箭头所示方向滚到预定位置，再将放线轴穿入电力电缆盘孔中，用千斤顶将电力电缆盘顶起，其高度应使线盘离开地面 50 ~ 100mm 即可，并将放线轴调整至水平。在施放电力电缆时，应使电力电缆从盘的上方放出。放线时，电力电缆盘应有紧急制动措施。

④在使用卷扬机或机动绞磨牵引电力电缆时，应事先固定好卷扬机及封好牵引头或套好钢丝网套，并放好钢丝绳。

⑤在所有预埋的电力电缆过路管道中穿好绳索或铁丝。

⑥在电力电缆沟的两侧或一侧按照需要量将电力电缆保护盖板（或砖）分散放在沟旁。

⑦根据电力电缆接头工艺的要求，在接头处的电力电缆应有适当的重叠。人工敷设的电力电缆重叠长度 0.5 ~ 1.0m，使用机械敷设的电力电缆重叠长度 1.0 ~ 1.5m。

人力施放电力电缆时，当电力电缆较重时除了拖拽端部外，还需有一部分人分布在电力电缆两旁协助拖动，这样可以减少电力电缆的损伤，分布点的距离一般为 15 ~ 30m，每个点设 6 ~ 8 人，以免拉力过于集中而损坏电力电缆。协助电力电缆拖动的人分布于沟的两旁呈"人"字形。当牵引端用卷扬机牵引时，分布点间的距离可适当加长，每点人数可以减少。但无论在什么情况下都不得让电力电缆在地上拖动。在转弯处应防止电力电缆承受较大的侧压力，将电力电缆挤坏。施放电力电缆时必须听从统一指挥，应使用步话机、扩音机进行指挥。在电力电缆盘的两侧应有专人看管，随时可将电力电缆盘制动，防止线盘被拉倒或损伤电力电缆。

（5）土方回填。电力电缆敷设完成后，应对电力电缆进行外表检查。有多条电力电缆并列敷设时，按规定保持电力电缆间的距离并摆好。然后在电力电缆上、下覆盖100mm 的细河沙，并盖保护盖板或砖，在保护盖板或砖上方用细土（均匀介质）将电力电缆沟填至要求的标高。

（二）沟道电力电缆的敷设

电力电缆沟一般在以地面为平面 0.2m 以下，由砖砌或混凝土浇灌而成，电力电缆沟的顶部与地面齐平的地方用钢筋混凝土盖板覆盖，电力电缆在沟内可以放在沟底或放在支架上。电力电缆沟的宽度，当一侧装设电力电缆支架时，支架与墙壁间的水平距离（通道宽）不小于0.7m；当两侧安装电力电缆支架时，支架间水平距离（通道宽）不小于1.0m。电力电缆沟的高度，根据电力电缆敷设的条数决定。沟道电力电缆的敷设与直埋电力电缆的敷设方法相似，一般可先将滑轮放在沟内，施放完毕后，再将电力电缆用人工放置在支架预定的位置上，并在电力电缆上绑扎线路名称的标记。施放时注意以下事项：

（1）电力电缆沟应平整，沟内应保持干燥。沟内每隔50m设置积水坑，尺寸以400mm×400mm×400mm为宜。

（2）敷设在支架上的电力电缆和其他电力电缆应按电压的等级分层排列，高压在上层，低压在下层，控制电缆与通信电力电缆排列在最下层。两侧装设支架时，高压电力电缆、控制电缆、低压电力电缆、通信电力电缆应分别放在两侧支架上。电力电缆在支架上支持与固定，水平敷设时，外径不大于50mm的电力电缆及控制电缆，支持与固定间距为0.6m，外径大于50mm的电力电缆，支持与固定间距为1.0m；垂直敷设时，支持与固定间距为1.5m。

（3）电力电缆沟内金属支架应装设连续的接地线装置，接地线的规格应符合规范要求。电力电缆沟内的金属结构均需采取镀锌或涂刷防锈漆的防腐措施。

（4）敷设在电力电缆沟或电力电缆隧道中的电力电缆，应采用裸铠装或阻燃型外护套的电力电缆。在电力电缆沟内的中间接头应将接头用防火保护盒保护。

（三）电力电缆排管的敷设

采用排管敷设电力电缆在中低压电力电缆敷设中非常普遍，其最大特点就是无须二次开挖。因此，在排管埋设时应注意以下事项：

（1）排管管材必须是非磁性的，通常选用水泥石棉管、聚氯乙烯或尼龙材质加工而成的无缝管。管径应不小于电力电缆外径的2倍。

（2）敷设管道前应将地基填平、夯实，并垫以150~200mm的混凝土作基础，管道敷设完成以后，仍需铺以100mm左右的混凝土于管道上面，以承受压力。

（3）管道应保持平直，尽量避免弯曲。管道的内壁应光滑清洁，两端管道口应无利角或尖刺。组成管道后，在铺上混凝土前应将管道的每处连接口盖上塑料薄膜，并将管道的两端临时封堵，以防止泥沙进入管道。

（4）管道埋于车行道下面的深度应不小于1m，达不到这一深度时应用钢筋混凝土加强抗压。

（5）管道的接口必须采用套筒的连接形式，同时必须将大头的一端朝电力电缆的穿入方向铺设，以利于电力电缆的敷设。

(四) 排管电力电缆的敷设

(1) 该将电力电缆盘架设在人孔井的外部，并根据每盘电力电缆的长度以及电力电缆接头井的具体位置，合理安排电力电缆盘的放置位置，以尽量避免或减少电力电缆受损或出现故障的情况。

(2) 疏通穿电力电缆的排管。用两端带刃的铁制试通棒，其直径比排管内径略小。先用绳子拴住试通棒的两端，然后将其穿入排管来回拖动，可消除积污并刨光不平的地方。

(3) 先将电力电缆盘放在工作井底面较高一侧的外边，然后用预先穿入管道内部无毛刺的钢丝绳与电力电缆牵引头连接，把电力电缆放入排管并牵引到另一个工作井。

(4) 如果排管中间有弯曲部分，则电力电缆盘应放在靠近排管弯曲一端的工作井口，这样可减少电力电缆所受的拉力。电力电缆牵引力的大小与排管对电力电缆的摩擦系数有关，一般约为电力电缆重量的 50% ~ 70%。

(5) 敷设时电力电缆的牵引力不得超过电力电缆的最大允许拉力。因此，为了便于敷设，要减小电力电缆和管壁间的摩擦力，电力电缆穿入排管前，可在其表面涂以与其护层不起化学反应的润滑脂。

(五) 隧道电力电缆的敷设

在隧道敷设电力电缆时的基本要求：

(1) 电力电缆隧道一般由钢筋混凝土筑成，也可用砖砌成，视当地的土质条件和地下水位的高低而定。隧道一般高度为 1.9 ~ 2.0m，宽度为 1.8 ~ 2.0m，以便在内部安装电力电缆支架和工作人员通行。

(2) 电力电缆隧道应有两个以上的出入口，长距离的隧道一般每隔 100 ~ 200m 应装设一个，以便于进行维护检修，同时应考虑到电力电缆隧道发生故障或火灾时，工作人员能迅速、顺利地进入或撤出隧道。

(3) 隧道内不应有积水，为了便于排除隧道中的积水，应在隧道的地面留有排水沟或坡度，以便将水集中到积水坑，通过人工或水泵将积水排出。

(4) 为了便于电力电缆的巡视检查和检修，隧道内应有良好的电气照明，并且能在隧道的两端或出入口进行控制，以便节约用电和避免走回头路。

(5) 电力电缆应固定于隧道的墙上。水平装置时，当电力电缆外径等于或大于 50mm 时应每隔 1m 加一支撑；外径小于 50mm 的电力电缆和控制电缆应每隔 0.6m 加一支撑；排成正三角形的单芯电力电缆，每隔 1m 应用绑带扎牢。垂直装置时，电力电缆每隔 1.0～1.5m 加以固定。

（6）电力电缆隧道应根据电力电缆的条数和电力电缆的发热量，每隔一定距离留有进气口和排气口，使进气口较低，排气口较高，产生压力差使空气流通。如果电力电缆的发热量较大自然通风不足时，还应安装自动强迫通风装置，来降低隧道内的温度。

（7）电力电缆隧道应装有连续的接地线，接地线应和所有的电力电缆支架相连，两头和接地极连通。接地线的规格应符合《交流电气装置的接地设计规范》（GB/T 50065-2011）的要求。电力电缆铅包和铠装除有绝缘要求以外（单芯电力电缆），应全部相互连接并和接地线连接，一方面避免电力电缆外皮与金属支架间产生电位差，造成交流电腐蚀；另一方面也可防止在故障情况下电力电缆外皮电压过高，危及人身安全。电力电缆的金属支架和接地线均应涂刷防锈漆或镀锌以防止腐蚀。

（8）敷设在电力电缆隧道的电力电缆，应采用裸护套、裸铠装或阻燃性材料外护层的电力电缆。为了防止电力电缆中间接头故障时损伤邻近的电力电缆，可根据电力电缆运行电压的高低在中间接头的上部 2～4m 范围内用耐火板隔开。

（9）隧道内电力电缆的排列，应将电力电缆和控制电缆分别安装在隧道的两边，如不能分别安装在两边时，则应电力电缆在上控制电缆在下，以防故障时损伤控制电缆。

（10）隧道电力电缆的敷设与排管电力电缆的敷设相似，所不同的是隧道电力电缆拐弯和交叉穿越可能较多，敷设时应注意保持电力电缆的弯曲半径和不刮伤电力电缆，同时应细心防止放错位置。当每条电力电缆敷设完毕后，应及时将电力电缆放置在设计规定的支架位置，并在电力电缆上绑扎铭牌。

（六）水底电力电缆的敷设

水底电力电缆敷设的基本要求：

（1）敷设在水底的电力电缆，必须采用能够承受较大拉力的钢丝铠装电力电缆。如电力电缆不能埋入水底，有可能承受更大的拉力时，应考虑采用扭绞方向相反的双层钢丝铠装电力电缆，以防止因拉力过大引起单层钢丝产生退扭使电力电缆受到损伤。

（2）由于电力电缆中间接头是电力电缆线路中的薄弱环节，发生故障的可能性比电力电缆本身大，因此水底电力电缆尽量采用整根的不应有接头的电力电缆。

（3）水底电力电缆最好采取深埋式，一方面在河床上挖沟将电力电缆埋入泥中，其深度至少不小于 0.5m。因为河底的淤泥密封性能非常好；另一方面深埋也能减少外力损坏的机会。

（4）通过电力电缆的河的两岸还应按照航务部门的规定设置固定的"禁止抛锚"的警示标志，必要时可设河岸监视。在航运频繁的河道内应尽量在水底电力电缆的防护区内架设防护索，以防船只拖锚航行时剐伤电力电缆。

（5）应尽量远离码头、港湾、渡口及经常停船的地方，以减少外力损伤的机会。两端上岸部分电力电缆应超出护岸，下端应低于最低水位，超过船篙可以撑到的地方。

（6）水底电力电缆线路平行敷设时的间距，不宜小于最高水位水深的2倍，如水底电力电缆采取深埋时，则应按埋设方式和埋设机的工作能力而定。原则上应保证两条电力电缆不致交叉、重叠；一条电力电缆安装检修时，不致损坏另一条电力电缆。

（7）水底电力电缆在河滩部分位于枯水位以上的部分应按陆地敷设要求埋深；枯水位以下至船篙能撑到的地方或船只可能搁浅的地方，应由潜水员冲沟埋深，并盖瓦形混凝土板保护。为了防止盖板被水流冲脱，盖板两侧各有两个孔，以便将铁钎经孔插入河床将盖板固定。

（8）水底电力电缆在岸上的部分，如直埋的长度不足50m时，在陆地部分要加装锚定装置。在岸边的水底电力电缆与陆上电力电缆连接的水陆接头，应采取适当的锚定装置，要使陆上电力电缆不承受拉力。

（9）在沿海或内河敷设水底电力电缆后，要修改海图及内河航道图，将电力电缆的正确位置标示在图纸上，以防止船只锚损事故。

三、敷设方法

电力电缆的敷设方法，主要分为人工敷设和机械敷设；在机械敷设中，又分为陆上和水下敷设两种，这两种方法使用的机械不一样。

（一）人工敷设

人工敷设是指用人力来完成电力电缆的敷设工作，这种敷设方式多用于明沟、直埋、山地等无法使用机械的地方，有时也用于隧道内敷设，这种方法费用小，不受地形限制，但在人力搬动过程中，很容易损伤电力电缆。

人工敷设方法的步骤：

（1）将电力电缆盘移动到现场最近处，安装、放置好。

（2）将电力电缆从电力电缆盘上倒下来，注意倒下的电力电缆必须以"8"字形放在地上，不能缠绕和挤压，转弯处的半径应符合要求。

（3）根据电力电缆的大小，每隔2～5m站一个人，将电力电缆抬起。不要将电力电缆在地上拖拉，这样不仅可能损坏电力电缆外护套，而且会使阻力过大损伤钢带铠装。

（4）将电力电缆小心放入挖好的电力电缆沟内，然后填砂，盖保护板。

人工敷设一般不考虑电力电缆受力问题，只需注意电力电缆扭曲和人工安全问题。

（二）陆上机械敷设

陆上机械敷设可分为电力电缆输送机牵引敷设和钢丝牵引敷设。

（1）电力电缆输送机敷设是将电力电缆输送机按一定间隔排列在隧道、沟道内。电力电缆端头用牵引钢丝牵引，同时要求电力电缆输送机的速度不超过15m/min。采用牵引头牵引电力电缆是将牵引头与电力电缆线芯固定在一起，受力者为线芯；采用钢丝网套时是电力电缆护套受力。

使用电力电缆输送机敷设方法应注意以下几点：

①在敷设路径落差较大或弯曲较多时，用机械敷设35kV及以上电力电缆时，即使已作过详细计算，也很可能在施工中超过允许值，因此要在牵引钢丝和牵引头之间串联一个测力仪，随时核实拉力。

②当在卷扬机上的钢丝绳放开时，牵引绳本身会产生扭力，如果直接和牵引头或钢丝网套连接，会将此扭力传递到电力电缆上，使电力电缆受到不必要的附加应力，故必须在它们之间串联一个防捻器。

③当输送速度过快时，电力电缆会发生以下问题：a.电力电缆容易脱出滑轮；b.造成侧压力过大，损伤电力电缆外护套，如使外护套起纹等；c.使外护套和内部绝缘产生滑动，破坏电力电缆整体结构。

④牵引速度应和电力电缆输送机速度保持一致。这两个速度的调整是保证电力电缆敷设质量的关键，两者的微小差别会通过输送机直接反映到电力电缆的外护层上。

⑤当有弯曲路径的电力电缆敷设时，牵引和输送机的速度应适当放慢。过快地牵引或输送都会在电力电缆内侧或外侧产生过大的侧压力，而XLPE绝缘电力电缆的外护层为PVC或PE材料制成，当侧压力大于3kN/m时，就会对外护层产生损伤。

（2）钢丝牵引敷设。钢丝牵引敷设的具体做法：首先选用两倍电力电缆长的钢丝绳，将牵引用卷扬机放在电力电缆盘的对面位置，将滑轮按一定距离安放于全线路，钢丝绳从电力电缆盘开始沿路线通过各滑轮，最后到达卷扬机上；然后将电力电缆按2m间距做一个绑扎，均匀绑在钢丝绳上，这时一边使卷扬机收钢丝，一边将电力电缆盘上放下的电力电缆绑在钢丝上。这种敷设方法由于牵引力全部作用在牵引钢丝上，而牵引电力电缆的力通过绑扎点均匀作用在全部电力电缆上，因而不会造成对电力电缆的损伤，且费用较小，比较适用于小型安装队，但使用这种方法应注意以下问题：

①两绑扎点的距离取决于电力电缆自重，自重较轻的电力电缆可选用较大间距。

②在电力电缆转弯处，由于钢丝和电力电缆的转弯半径不同，必须在此设置各自转弯用的滑轮组，当电力电缆开始进入转弯时，应解开绑扎，转弯完成后再扎紧。

③绑扎时应注意：应该用一端绳子首先在钢丝上绑扎牢，再用另一端绳子将电力电缆扎牢，如果将电力电缆和钢丝扎在一起，很可能在牵引时钢丝和电力电缆护套之间形成相对滑动，而损伤外护层。

④牵引速度应考虑电力电缆转弯处的侧压力问题。由于钢丝绳走小弯，它的速度在此处相对电力电缆要快一些，这样会在电力电缆上增加一个附加侧压力，只有降低速度方可使这个应力逐渐消失，否则会损伤电力电缆外护层。

(三) 水下机械敷设

水下机械敷设时，因为电力电缆接头制作比较困难，同时要求密封性高于其他接头，所以应尽量避免使用接头，应按跨越长度订货。

敷设方法分两种：

(1) 当水面不宽时，可将电力电缆盘放在岸上，将电力电缆浮于水面，由对岸钢丝牵引敷设。这种敷设方法应注意的问题在于，电力电缆牵引力应小于电力电缆最大承受力，这时电力电缆线路的自重和水阻力是造成抗拉力的主要因素，摩擦力基本不考虑。同时，长度敷设时，钢丝绳退扭会引起电力电缆打扭，为此必须增加防捻器。

(2) 当在宽江面或海面上敷设时，或在航行船频繁处施工时，应将电力电缆放在敷设船上，边航行边施工。为了减少接头，这些电力电缆的制造长度较长，因此只能先将电力电缆散装圈绕在敷设船内，电力电缆的圈绕方向，应根据铠装的绕包方向而定。同时，为了消除电力电缆在圈绕和放出时因旋转而产生的剩余扭力，防止敷设打扭，电力电缆放出时必须经过具有足够退扭高度的放线架以及滑轮，电力电缆敷设过程中应始终保持一定的张力，一旦张力为零，由于电力电缆铠装的扭应力，会造成电力电缆打扭。电力电缆敷设过程中是靠控制入水角度来控制电缆张力的。

应根据以上各参数的实际值控制入水角的大小，一般入水角应控制在 $30° \sim 60°$ 范围。入水角过大，会使电力电缆打圈；入水角过小，敷设时拉力过大，可能超过电力电缆允许拉力而损坏电力电缆。一般牵引顶推敷设速度控制在 $20 \sim 30 \text{m/min}$ 时，比较容易控制敷设张力，保证施工质量和安全。如果使用非钢丝绳牵引的敷设船敷设电力电缆，敷设船敷设张力一般应控制在 $3 \sim 5 \text{kN}$。

水底电缆登陆、船身转向、甩出余线是水底电缆敷设中最易打扭的施工环节，一般入水时必须保持张力，应顺潮流入水，敷设船不能后退或原地打转，应全部浮托在水面上，再牵引上岸。

四、电力电缆敷设施工组织设计方案

电力电缆敷设工程施工组织设计是电力电缆敷设工程的纲领性文件，一般应包括以下内容。

(一) 编制依据

工程施工图设计、工程协议、工程验收所依据的行业或企业标准名称，制造厂提供的技术文件以及设计交底会议纪要等。

(二) 工程概况

(1) 线路名称和工程账号。

(2) 工程建设和设计单位。

(3) 电力电缆规格型号、线路走向和分段长度。

(4) 电力电缆敷设方式和附属土建设施结构 (如隧道或排管断面、长度)。

(5) 电力电缆接地方式。

(6) 竣工试验的项目和试验标准。

(7) 计划工期、形象进度。

(三) 施工组织

施工组织机构包括项目经理、技术负责人、敷设和接头负责人、现场安全员、质量员和资料员。

1. 部门及人员职责

(1) 主管副总：制定工程的质量标准，负责在技术领域贯彻质量方针和目标，掌握工程的质量动态，分析质量趋势，采取相应措施，负责审批各种技术文件。

(2) 公司质管部：负责公司一级的验收工作及向甲方进行工程移交。

(3) 项目经理：工程质量第一责任人。主持工程质量内部验收，督促、支持质检组及专职、兼职质管员的工作；组织或配合质量事故的调查，分析质量状况，制定纠正措施。

(4) 项目质管员：负责本项目工程的施工质量和检验工作，组织自检，做好资料的收集、统计，掌握工程进度和质量控制，随时纠正质量不合格，制止一切可能造成

质量事故的违章作业；对本项目轻微不合格下达返工／返修通知单，负责对不合格品的验证工作。

（5）部门质管员的质量职责：负责质量保证体系在本工程的正常运行，制定本项目的质量策划文件，制定工程质量管理办法、措施及工程质量奖惩条例；负责各种质量文件贯彻的组织、监督和检查；负责国家标准、技术规范的贯彻执行和质量技术交底，分阶段对工程质量进行检验，对发现的问题及时采取纠正、预防措施；组织中间验收工作，参加试运，组织竣工移交工作。

（6）施工队长的质量职责：负责本公司质量体系在本队运行和组织、协调、监督、考核等管理工作；负责组织本队职工学习公司有关质量文件，提高全体职工质量意识，并对临时合同工的质量教育负有责任；负责本队的质量自检，配合工程公司的复检；支持本队质管人员的工作，严格按质量标准施工，保证质量责任制在本队的层层落实。

2. 施工前准备工作

（1）电缆的运输与装卸。

电力电缆到货后应对电力电缆盘进行外观检查，外观应完好无损伤，并按有关技术文件和商务合同的条款对电力电缆进行核对。电力电缆运输要配备承载力足够、操作灵活、制动迅速可靠的专用平板车。起重配用专用16t吊车（电力电缆盘重约10t），决不允许将电力电缆盘直接从汽车上推下。电力电缆盘在地面应尽量减少滚动，假如需要有少量滚动，则必须按照电力电缆盘侧面上所要求的箭头方向滚动。电力电缆盘决不允许反向滚动，也不允许电力电缆盘平放运输。

（2）技术准备。

技术负责人要在充分理解设计意图的基础上沿电力电缆走径做详细调查，做出切实可行的电力电缆敷设技术方案及安全技术措施，经公司主管副总工批准后，报监理工程师认可批复后执行。技术负责人向全体参加施工人员做详细交底，对施工负责人做安全措施交底。

对参加施工的所有人员，进行关于电力电缆敷设的技术培训，经考核合格后方可上岗。

（3）施工准备。

①电力电缆敷设指挥统一。

②核实拐角弯曲半径，应符合设计要求。

③根据电力电缆管实际长度，核定电力电缆长度。

④保证电力电缆转弯半径。

⑤清除电力电缆敷设现场的无关设备、物体和垃圾，以防它们掉在电力电缆上或

损伤电力电缆。

⑥检查电力电缆管内无杂物。

⑦应全面检查电力电缆支架是否牢固。

（4）施工方案及措施。

电缆的敷设施工方案及措施有以下几方面：

①电力电缆敷设采用头部牵引技术，电力电缆牵引头应做成防捻式，并采用电力电缆输送机在隧道内敷设。根据设计，本工程段，具体数据要求制成相应表格。

②电力电缆盘应卸在线路末端电力电缆放线位置。先将电力电缆盘放在电力电缆盘架子上，确保电力电缆盘的水平位置，然后除掉电力电缆盘的包装或木条。

③用人工拉出电力电缆，电力电缆头应从电力电缆盘顶部拉出。

④开动全部电力电缆输送机，进行电力电缆敷设。在整个过程中要密切注意电力电缆转弯半径、电力电缆及电力电缆盘的位置、滚轮的转动情况，避免电力电缆外皮损伤。发现问题及时汇报，停车解决。

⑤电力电缆到位后，将电力电缆从滚轮上取下，摆放至安装位置。

⑥电力电缆安装在电力电缆管内，回填土夯实并做标志桩。

⑦敷设工作结束后，应对隧道进行清扫，清除所有杂物。

（四）安全生产保证措施

"安全第一、预防为主"是电力工业企业生产和建设的基本方针，企业必须认真贯彻执行国家及部颁有关安全生产的方针、政策、法令、法规，严格遵照公司的职业安全健康管理体系等进行安全管理，建立健全各项管理制度，落实各级安全责任制，确保施工安全。

1. 安全管理目标

（1）不发生人身重伤事故；

（2）不发生重大机械设备损害事故；

（3）不发生重大及以上火灾事故；

（4）一般交通事故频率低于 5 次 / 年·百台车；

（5）千人轻伤率低于 7‰；

（6）不发生高处坠落、触电、起重伤害等恶性事故。

2. 各级安全职责

（1）公司主管副总：工程安全技术总负责人，对本工程的安全技术工作负全面的领导责任，负责审批工程的重大施工技术方案和安全技术措施。领导技术管理工作，组织研究、处理安全生产中遇到的问题，参加现场安全检查。

（2）公司安监处：监督、检查工程公司安全施工管理和年度安全工作目标计划执行情况。

（3）项目经理：本工地安全施工的第一责任者，对本工地的安全施工负直接领导责任，认真贯彻执行上级编制的安全施工措施，负责组织对跨班组施工项目开工前的安全施工条件进行检查与落实。指导本工地专职安全员的工作，负责本工地职工的安全教育，组织并主持事故调查分析，提出处理意见。

（4）项目部安监工程师：本工程安全监察工作负责人。负责贯彻项目经理、项目法人有关安全生产的指令，负责监督本工程安全责任制、安规、安全技术措施的落实，对生产中的人员和工器具的安全状态进行监督，参加安全检查，提出改进措施，监督检查各施工班组的安全文明施工。

（5）施工队长：本队安全工作负责人。负责检查安全规章制度、安全技术措施的执行情况，监督现场人员的操作和设备的安全运行，制止违章作业，做好各项安全活动，做好本施工队的安全管理工作。

（6）兼职安全员：协助队（班）长学习各种管理规定和制度，开展各项安全活动，协助队（班）长组织安全施工和文明施工，有权制止和纠正违章作业行为，协助队（班）长开展安全施工宣传教育工作，做好安全记录，保管好有关资料。

3.安全管理制度及办法

工程应把"防止触电""防止火灾""防止损伤电力电缆"作为预防事故的重点，提出专项预防措施。

（1）开工前期，应组织各班组及工地有关施工人员进行安全规程学习。在施工中，经常进行教育，做到安全警钟长鸣。

（2）严格执行事故报道制度和事故分析制度，不得隐瞒事故，坚持"三不放过"原则。

（3）重大施工项目必须有安全技术措施和工作命令票，一般项目应有安全工作命令票，各工作人员任务要清楚，分工明确、细致，责任到人并严格监督执行。

（4）每周坚持安全常规学习，并要做到活动有内容、有效果、有记录。

（5）安全工具、设备、工具等使用前要认真检查，不合格的禁止使用。

（6）现场电源箱、电源线应由专职电工定期检查，接线时要有专人监护。不得私自乱拉乱动电源，电工作业时，电源各部分应有停电或者禁止合闸等明显标志。

（7）对于习惯性违章或造成不安全因素者要严肃处理，防患于未然。

（8）施工做到四明确：负责人明确，成员分工明确，施工方法和安全注意事项明确。

（9）现场要建立安全领导小组，安全小组应抓好每道施工工序的事故预测和控制。

(10) 施工期间，严禁酒后作业。

(11) 树立"违章就是事故"的思想，违章从上到下一级一处罚；从思想上重视，在行动上以安全规程为准绳，各工作人员发现有不安全因素时，要马上报告，及时排除。

(12) 各工序开工前，应严格执行安全技术交底制度，熟知施工组织设计，对特殊、重要施工现场应派专人负责安全监护。

(13) 做好治保、消防工作。

(14) 结合现场特点，再作如下安全规定：

①电力电缆放线点要选在道路畅通、场地宽阔的地方。

②放线点位于马路或人行道上时，要设置围栏或醒目标示，并设专人看放线井口，防止发生行人坠落事故。

③安放电力电缆的放线架要远离架空线，特别是高压线路。如离带电线路较近时，起吊电力电缆盘要有专人监护，保持规定的安全距离，所有工作人员要听从专人统一指挥。

④往支架上稳电力电缆盘时要统一指挥，步调一致，防止压碰伤事故的发生。

⑤电力电缆输送机在工作前，要检查电源线有无破损。

⑥电力电缆输送机在工作时，严禁手用或其他工具触动转动部位。严禁在通信工具失灵、无法统一指挥的情况下敷设电力电缆。

⑦施工人员进入作业区域，要按规定着装，佩戴齐全个人防护用品。工作中不打闹，不聊天，不开玩笑。

⑧机械设备的安全防护装置及操作规程应齐全，施工区应有醒目的安全标志牌或安全标语。

⑨临时电源设施装设整齐，符合安全供电要求，严加管理。

(五) 文明施工措施

在城市道路施工应做到全封闭施工，应有确保施工路段车辆和行人通行的方便措施，加强施工管理，严格保护环境。在施工过程中，应遵守国家现行的有关文明施工、环境保护的规定和《环境管理体系》。全面分析施工过程中可能引起的环境保护方面的问题，把保护生态环境作为一项重要工作来抓。

(1) 施工中影响环境保护的因素。

①施工过程中，建筑垃圾、落地灰等不及时清理；砂轮锯、电钻等使用后的剩余金属屑、拆箱板及其他废料乱丢乱放，造成施工场地脏乱。

②施工及生活污水直接排放，对周围环境的污染。

③直接焚烧各种垃圾，对空气造成污染。

④个别人员环境保护和文明施工意识不强。

⑤施工后清场不彻底，现场留有固体废弃物。

（2）环境保护的目标。

在施工中和施工完成后，保护好施工周围地区的自然环境，最大限度地维持生态环境的原状。

①固体废弃物处置率达到100%。

②施工生产对环境的保护措施到位率100%。

（3）环境保护的措施。

①施工过程中，建筑垃圾、落地灰等及时清理。设备开箱时，拆箱板及其他废料及时清理，分门别类，布放整齐，做到工完、料净、场地清。

②施工、生活用水排放应接至下水管道，严禁直接渗入地表。

③禁止直接焚烧各种垃圾。施工和生活垃圾运到当地有关部门指定的地点集中处理，严禁随意倾倒污染环境。

④加强对施工人员的宣传教育，增强环境保护意识。项目安全员负责对施工环境状况进行日常监督检查。环保工作每月进行检查评比，评比结果计入奖金考核范围。

⑤工程竣工后，临时建筑和临时设施立即清除。

⑥施工机械设备在投入施工前，必须进行认真检查，确保各部件处于良好状态，如发现机械设备漏油现象，应立即停止使用，进行维修，并在维修处采取与地面隔离的措施，确保废油不污染地面植被，直到将设备维修至符合环保要求后方可投入使用，以减少对地面的污染。

⑦积极听取项目法人、监理对工程环保工作的要求，协同各有关单位共同做好环保工作。

（六）质量计划

质量计划包括质量目标、影响工程质量的关键部位必须采取的保证措施和质量监控要求等。公司的质量方针：达到顾客满意；实现持续改进；精心施工，创建精品工程；认真维护，确保安全用电。认真执行质量管理体系文件的要求，对工程进行严格管理、精心施工。对工程质量从严要求，"第一次就把事情做好"，实行全过程控制，整体试运一次成功，从而实现"创精品工程"的目标。

（1）质量目标。

①工程目标：分项工程一次验收合格率100%，单位工程优良品率100%。满足国家施工验收规范，确保优质工程和达标投产。

②服务目标：做好施工前、施工中服务，顾客要求 100% 满足，达到顾客满意；保修期内因施工安装出现的质量问题，1 天内到达现场处理；顾客投诉 24h 内响应；顾客满意度 ≥ 4.5（五级标度法）。

③管理目标：实现工程质量管理的网络化和标准化；杜绝重大质量事故的发生；创精品工程。

（2）质量管理措施。

①进入工地的机具必须经工程公司机具管理员组织的检查和试验，及时填写相关的工程开工前机具检查鉴定表并贴有合格证，起重工器具须经拉力试验合格后，方可使用。

②凡无产品合格证书、检定证书、检定标识及未列入周检计划的工作计量器具不许进入工地使用。若发生上述情况，各级质管员有权对该工作计量器具没收。

有施工安全技术措施，但未进行工程前及工前技术交底，严禁施工。施工人员不许擅自变更施工方法，应严格按以下文件施工：经会审的施工图纸、施工图会审纪要及有效的设计变更文件；制造厂提供的设备图、技术说明中的技术标准和要求；经上级批准的各种施工措施。

填写施工记录、工序记录要准确真实，及时填写，不能涂改，空格应画掉，不能代替签字。现场施工如发现设备及材料达不到国家或厂家技术标准，应及时反映，同时要认真阅读厂家说明书，力争现场解决，如确实无法解决，应及时向现场技术负责人和现场负责人汇报，按有关不合格品控制管理管理规程。现场施工如发现设备达不到国家或厂家技术标准，应及时向监理或建设单位联系解决。现场材料库应及时核对材料到货情况，以工程公司提供的《材料计划表》为准，如材料未到齐，应及时催货。如班组提出材料有问题，材料人员应和技术人员及时核对，并向现场负责人汇报。

第三节　电力电缆线路工程验收

一、电缆工程验收制度

电力电缆线路在投入运行之前，应按工程验收制度进行验收，电力电缆线路工程验收包括三级验收，即自验收、预验收和竣工验收。在每次验收中如发现质量问题，必须进行整改。

（1）自验收由施工单位自己组织进行，并填写验收记录单。在自验收后作第一次整改，然后向本单位质量管理部门提交工程验收申请。

（2）预验收由施工单位质量管理部门组织进行，填写预验收记录单。预验收后作第二次整改，并填写工程竣工报告，向上级工程质量监督站提交工程验收申请。

（3）竣工验收由施工单位的上级工程质量监督站负责组织进行，并填写工程竣工验收签字书，对工程质量予以评定。在工程竣工验收中，如发现有少量次要项目存在质量问题，施工单位必须在规定期限内完成整改，然后由施工单位质量管理部门负责复验。

工程竣工报告完成后一个月内进行工程资料验收。

二、电力电缆工程验收流程

（一）敷设验收

（1）抽样验收。电力电缆敷设属于隐蔽工程，验收应在施工过程中进行。当采用抽样验收方法时，抽样率应大于50%（包括自验收和预验收）。

（2）质量验收。电力电缆敷设工程的质量验收应符合以下标准或相关技术文件的规定：

①电力电缆敷设规程。

②本工程设计书和施工图。

③本工程施工大纲和敷设作业指导书。

④电力电缆排管和其他土建设施的质量检验和评定标准。

⑤电力电缆线路运行规程和检修规程的有关规定。

（3）关键验收项目。在电力电缆敷设工程验收中，对以下关键项目应进行重点检验。

①牵引。该项目包括电力电缆盘、牵引机和输运机位置、敷设时的弯曲半径和最大牵引力，均应符合敷设作业指导书和敷设规程的要求。

②支架安装。电力电缆支架应排列整齐、横平竖直，电力电缆在支架上应按规程要求固定（含刚性和柔性固定），在支架上电力电缆应有清晰的线路铭牌和标识。

（二）电力电缆接头和终端安装工程验收

（1）抽样验收。电力电缆接头和终端安装属于隐蔽工程，验收应在施工过程中进行。当采用抽样验收方法时，抽样率应大于50%（包括自验收和预验收）。

电力电缆接头验收包括直接接头、绝缘接头、塞止接头和过渡接头等分项工程的验收，一律采用电力电缆接头验收标准。电力电缆终端验收包括户外终端、户内终端和GIS终端等分项工程的验收，一律采用电力电缆终端验收标准。

（2）检验项目和标准。

电力电缆接头和终端安装工程验收中的检验项目和标准主要包括：检查电缆接头的外观是否完整无损、无变形或渗漏油，接触电阻应小于等于规定值以确保电流通路畅通，绝缘电阻需大于等于规定标准以确保良好的绝缘性能，接头在额定电压的 1.5 倍下应能承受 5 分钟无击穿和飞弧现象以验证耐压性能，同时接头的抗拉、抗压、抗弯曲等机械强度也应达到相关标准要求。此外，还需检查电缆终端的施工是否符合工艺要求，终端位置的电缆弯曲半径是否满足规定，终端及接地装置是否安装牢固、接地良好等

（三）电力电缆线路附属设施和构筑物验收

（1）接地系统验收。接地系统包括终端接地网、接头接地网、护层换位箱及分支箱接地网。

（2）防火工程验收。

①防火槽盒。电力电缆防火槽盒应符合设计要求：上、下槽盒的接口应平直、整齐，接缝要小；槽盒内电力电缆的夹具安装牢固，间距符合安置图端部采用防火包密封完好。

②防火涂料。防火涂料应分数次涂刷，要求涂刷均匀、无漏刷。涂料厚度应不少于 0.9mm，涂料不得出现发胀、发黏、龟裂或脱落情况。

③防火带。以半搭盖绕包，应绕包平整，无明显凸起。

④接头防火保护。电力电缆层、隧道内接头应加接头防火保护盒，接头两侧各 3m 应绕包防火带。

（四）电力电缆线路工程调试和竣工资料验收

（1）电力电缆线路工程调试。电力电缆线路工程调试包括绝缘测试、参数测试、接地电阻测试、相位校核、保护器试验等 5 个分项工程，其中绝缘测试包括直流或交流耐压试验和绝缘电阻测试。以上各项调试结果应全部符合电力电缆线路竣工试验和工程计划书、作业指导书的要求。

（2）电力电缆线路工程竣工资料验收。电力电缆线路工程竣工资料包括以下施工文件、技术文件和资料：

①施工指导性文件：施工组织设计、作业指导书。

②施工过程性文件：电力电缆敷设报表、接头报表，设计修改文件和修改图。

③竣工验收资料：经系统调度批准的申请单，自验收、预验收、竣工验收的记录单，申请单和验收签证书，各种试验报告，开、竣工报告，全部物资（材料、施工工

具、检修仪器）的验收合格证，二次信号系统的安装调试技术资料。

④竣工图：电力电缆排管、工井、电力电缆沟、电力电缆桥等土建设施的结构图纸。

⑤由制造厂商提供的技术资料：产品设计书、技术条件和技术标准、产品质量保证书及订货合同。

（3）分接箱、环网柜开箱验收。

①施工单位收到货后应及时开箱验收，查看设备在运输过程中是否有损伤或变形。

②产品在出厂时 SF_6 气体已经充好，气体的压力符合产品的技术条件要求，现场检查时主要通过压力表的指示来判断气体的压力是否正常，一般指针在绿区为正常，在红区为异常。

③开箱后及时检查设备的一次方案是否符合订货要求，附件是否齐备，包括设备的出厂资料、电力电缆附件、专用开启工具、备品备件等，如果有差错及时与厂家服务人员联系。

④如果设备不能及时安装而要存放一段时间，在开箱检查后及时使用原包装将设备包装好，并存放于干燥清洁的地方，以免设备受到机械损伤。

⑤施工单位项目部应邀业主、供货商、监理公司等部门申请电力电缆设备开箱验收。

（4）电缆连接设备质量检验评定。电力电缆线路工程竣工后的验收应由运行管理部门、设计和施工安装部门等代表所组成的验收小组来进行，并填写安装质量检验评定记录。

（5）工程三级自检。电力电缆线路在施工过程中，施工班组、运行部门、施工单位应经常进行监督及分段验收，并填写工程三级自检报告，电力电缆设备保护装置的现场整定和校验工程三级自检报告。

第七章　变电工程建设管理

第一节　落实标准化开工条件

一、标准化开工流程

(1) 工程项目许可申请手续办理完成。

(2) "四通一平" 施工完成。

(3) 项目施工组织设计已通过评审，项目组织管理机构和规章制度健全，管理体系人员资质符合规定要求。

(4) 临时设施、施工场地布置已完成，施工单位施工人员、施工机械已进场，并通过审查。

(5) 施工图已会检，图纸交付计划已落实，且交付进度满足连续施工要求。

(6) 主要设备已招标，主要材料已落实，设备、材料满足连续施工要求。

(7) 建设、设计、监理、施工单位组织机构已成立，各项管理和技术相关文件已通过评审，完成编制、审批手续，出版并放置在现场。相关内容已经过必要的交底和培训。

二、开工审批单

开工手续办理齐备，标准化开工条件落实后，业主项目部应填写开工审批单，由建设单位及省公司建设部进行审批。

第二节　变电工程基础施工

一、基础形式

变电站工程主要建筑物为主控楼、开关室，一般为 2~3 层；500kV 一榀门形架构重量约为 25t，所以变电站工程一般采用浅基础。基础形式一般为刚性基础、扩展基础、杯形基础、筏板基础等形式。

(一) 刚性基础

刚性基础是指用砖石、混凝土、毛石混凝土、灰土、三合土等材料建造的基础，这种材料的特点是抗压性能好，而整体性、抗拉、抗剪性能差。

刚性基础的截面形式有矩形、阶梯形、锥形等。为保证基础内的拉应力不超过基础的容许抗拉、抗剪强度，一般在构造上加以限制，主要限制 a 角要满足刚性角的要求（一般毛石基础为 27°~34°，混凝土基础为 45°，灰土基础为 34°，碎砖三合土为 30°）。

(二) 扩展基础

扩展基础是指柱下钢筋混凝土独立基础和墙下混凝土条形基础。这种基础由于钢筋的抗弯性能好，可充分放大基础底面尺寸，达到减小地基应力的效果，同时可有效地减小埋深，节省材料和土方开挖量，加快工程进度。当竖向荷载的偏心距不大时，采用方形柱下独立基础；偏心距大时，则用矩形。柱下钢筋混凝土独立基础有阶梯和锥形等形式，墙下钢筋混凝土有条形等形式。

扩展基础的构造要求锥形基础（条形基础）边缘高度 h 一般不小于 200mm，阶梯形基础的每阶高度一般为 300~500mm；为使扩展基础有一定刚度，要求基础台阶的宽高比不大于 2.5；垫层厚度一般为 100mm，混凝土强度等级为 C10，基础混凝土强度等级不宜低于 C15；底板受力钢筋最小直径不宜小于 8mm，当有垫层时钢筋保护层的厚度不宜小于 35mm，插筋的数目和直径应与柱内纵向受力钢筋相同。

(三) 杯形基础

杯形基础形式主要有杯口基础、双杯口基础、高杯口基础，所用材料为钢筋混凝土或素混凝土，接头采用细石混凝土灌浆。在变电站工程中杯形基础主要用于构支架基础工程，杯形基础的构造要求主要是柱的插入深度和杯壁厚度方面的要求。变电站工程架构形式主要是管柱，要求柱的插入深度大于 1.5D 且不得小于 500mm；根据管径的不同，要求杯壁厚度在 200~400mm。

(四) 筏板基础

筏板基础由钢筋混凝土平板式或板与梁等组成，它在外形和构造上像倒置的钢筋混凝土平面无梁楼盖或肋形楼盖，分为平板式和梁板式两类。由于筏形基础扩大了基底面积，增强了基础的整体性，抗弯刚度大，故可调整和避免结构物局部发生显著的不均匀沉降。

筏板基础一般要求采用等厚的钢筋混凝土平板，平面应大致对称，尽量使整个基底的形心与上部结构传来的荷载合力点相重合，使基础处于中心受压，减少基础所受的偏心力矩。筏板基础混凝土强度等级不宜低于 C15，筏板厚度应根据抗冲切、抗剪切要求确定，但不得小于 200mm；梁的截面按计算确定，高出底板的顶面高度一般不小于 300mm，梁宽不小于 250mm；底板四角应布置放射状附加钢筋。

二、变电站工程基础特点分析

(一) 经济成本及技术要求高

为了确保变电站的安全运行，必须采取措施来防止可能发生的安全和质量问题。因此，对土建技术的要求越来越高。首先，需要选择一个配送点方便的位置，并且地理位置也需要满足一些条件。其次，还需要满足交通便利和畅通的条件。最后，需要让施工技术达到最佳水平，并将其与设备完美结合。因此，随着时间的推移，对施工技术的要求日益提高。为确保安全，土建和设备的施工应该协同配合。如果没有协调，可能会增加工程难度。在土建基础施工中，需要安装大型设备，由于电力设备的要求极其严格，基础沉降可能会对其造成严重的损害，因此，必须采取有效的技术措施，结合专业知识，以及经验判断，来确保施工的可行性。因此，在建造变电站时，对施工技术的要求非常严格。

(二) 易受多种因素影响较大

变电站的建造可能会带来许多不利因素，但它们仍然是电力系统的关键部分。因此，通常情况下，变电站都建立在用电量较大的区域，以便在短时间内提供高质量的电力，从而保证电力的安全传输。电力设施的功能性与安全性是一个复杂的问题，因此，在进行土建施工时，必须充分考虑到各种可能的限制，以确保其可靠性与稳定性。例如应当仔细检查周边环境，以确保变电站不受大型建筑物的干扰，并且确保穿越的道路上没有超高车辆行驶，施工条件良好，可以方便地把施工材料运输至现场，并且可以获得足够的水源来支持土建施工。此外，应当注意周边的地形，以防止雨季给设备带来的损坏。由于电力需求的增加，许多变电站的扩建工程面临着诸多挑战，其中包括：原有设施的基础必须得到保护，新建基础与原有基础的沉降程度不一致，周边电力线路的复杂性也使得施工更加困难，材料的运输也会受到影响，而且施工过程中与设备人员的沟通也是一个重要的限制因素。

(三) 占地面积小, 功能全面

随着变电站的建成, 它的占地面积虽然有限, 但它的功能却比原来的更加全面。除了完成必要的电力设施的施工, 它还必须建造一些其他的功能性设施, 比如配电室、仓库、值班室等, 这些都可以供变电站的运营人员使用, 使得他们可以安心运营。在土建施工过程中, 除对基础设施的施工外, 也必须对相关的建筑进行基础施工, 以确保变电站的安全运营。因此, 必须在原本规模较小的任务中, 采取多种措施, 以确保项目的顺利完成并保证其质量。在进行扩建时, 变电站必须确保能够提供足够的电力, 由于场地狭窄, 没有足够的空间来堆放材料, 施工材料必须依靠人力运输, 这不仅会增加成本, 而且会拖延施工进度。

三、不良地基产生的常见原因

在变电站施工选址时, 不良地基是一个常见的问题。由于坡底的冲积平地的形成时间相对较短, 加上受到山水的侵蚀, 导致其表面出现了凹凸不平的状况, 从而导致了不稳定的土壤结构, 这也是影响土壤质量的重要因素之一。当变电站位于地形复杂的高低差较大的区域时, 虽然需要进行挖填和压实来平衡地势, 但由于填土深度较大, 压实工程时间较短, 可能会导致深层土层没有得到充分的压实, 从而引发预沉降现象。倘若变电站坐落在平原地带, 地势平缓, 高差也比较小, 但是上方的冲积层和淤泥层却非常厚, 因此, 在建造这座变电站时, 应该特别注意如何处理填土地基。这个部位是构成整个建筑的关键, 所以在使用这种材料时, 必须考虑其稳定性、变形性和强度。在施工过程中, 要尽可能使用含水率接近最佳的填料, 并按照规定的虚铺厚度铺平, 然后再进行碾压。在施工过程中, 应严格按照规定的步骤进行压实, 以确保不会出现任何疏漏。若机械设备无法完成压实, 则需要人工进行补夯。施工完成后, 为了确保地基的质量, 必须进行严格的检查。通常, 在施工过程中会分层测量干土的重量, 并与控制的重量进行比较。此外, 还可以使用静力和动力触探法来检验, 或者两者同时使用。

四、基础施工要点

(一) 模板工程

为使混凝土成形, 并使硬化后的混凝土具有设计所要求的几何形状和位置而进行模板结构的制作、安装和拆除等施工内容的总称为模板工程。

1. 基本要求

模板工程应保证工程结构和构件各部分形状、尺寸、相互位置正确, 应具有足够的承载能力、刚度和稳定性，能可靠地承受新浇筑混凝土的自重和侧压力，以及在施工过程中所产生的荷载；要求构造简单、装拆方便，并便于钢筋的绑扎、安装和混凝土的浇筑、养护；一般应涂刷隔离剂，且不得沾污钢筋和混凝土接槎处。

2. 常见质量问题的原因及防治

在变电站各种形式的基础中，杯形基础的施工最常见，工作量也较大，因此模板安装质量的控制是各个变电站施工过程中研究较多的一道工序。杯形基础的模板缺陷主要为基础中心线不准、混凝土浇筑时芯模浮起和芯模拆除困难等。基础中心线的不准主要是由轴线控制桩放样错误或控制桩中心线往垫层进行放样不准确造成的。在构、支架基础施工过程中，要注意"A"字杆基础杯口开口朝向，如芯模安装位置错误，即造成构、支架柱中心线与基础中心线相对偏差；在混凝土浇筑过程中，要注意在芯模四周均衡下料振捣，防止因侧压力过大而造成芯模的偏移。

芯模的浮起是在构、支架基础施工过程中常遇到的现象，并且一旦出现问题后，整改工作比较麻烦。芯模的浮起主要是由于芯模的支撑方法不当或固定不牢固和芯模的制作引起，杯芯木模板要刨光直拼，底部应钻几个小孔，以便排气，减小浮力。芯模拆除困难主要是因拆模时间掌握不好造成的，所以在施工过程中应根据气温及混凝土凝固情况来掌握。一般在终凝前后即可用锤轻轻击打，撬棍拨动，但拨动幅度不可过大，防止芯模底部混凝土坍落和基础表面混凝土撕裂。

(二) 钢筋工程

钢筋工程在钢筋混凝土结构中主要是承受拉力、剪力作用，对工程结构的使用功能起着举足轻重的作用。钢筋工程是指从钢筋进场检验开始，经加工、焊接、绑扎直到安装成形，成为钢筋混凝土结构、构件的一个重要组成部分之前的全部工作的总称。钢筋进场必须首先检查产品合格证、出厂检验报告，对进场钢筋必须按规定抽取试件做力学性能检验，它是该批钢筋能否在工程应用的最终判断依据。在变电站工程中，对于有抗震设防要求的框架结构，其纵向受力钢筋的强屈比、超强比须符合设计及规范要求；对于存放了较长一段时间后的钢筋，在使用前应对外观质量进行检查，钢筋表面不应有影响钢筋强度和锚固性能的锈蚀或污染。

钢筋的加工着重检查受力钢筋的弯钩和弯折的弯弧内直径及弯曲后的平直部分长度，并应满足规范要求。钢筋的连接方式需按设计要求确定，接头试件的力学性能检验结果应符合相关规程要求。钢筋安装应全面检查受力钢筋的品种、级别、规格、数量和间距，并应符合设计要求。另外，钢筋位置不仅影响构件的耐久性，还可能影响结构性能，尤其是梁、板类构件的上部纵向受力钢筋位置对梁、板的承载能力和抗裂性能等有重要影响。

因此，《混凝土结构工程施工质量验收规范》(GB 50204–2015）中规定对涉及混凝土结构安全的重要部位应进行结构实体检验，其中必备项目就有钢筋保护层厚度的检测，并单独将梁、板类构件上部纵向受力钢筋保护层厚度偏差的合格率要求提高为90% 及以上，对其他部位保护层厚度的允许偏差的合格点要求仍为 80% 及以上。

(三) 混凝土工程

混凝土在钢筋混凝土结构中主要是承受压力的作用，并同钢筋形成共同作用体承担一切外加荷载。它是将水泥、砂、石、水以及必要的掺加剂等按一定比例拌和而成，利用多种方式运送至施工现场浇灌到事先安装好的模板内，经振捣、凝固、养护成形的全部工作总称为混凝土工程。

1. 基本要求

混凝土工程的主要控制内容有原材料、配合比设计以及取样与试件留置等 3 个方面。在原材料方面着重对进场的水泥、砂和碎石等原材料按规范和设计要求进行取样复试，复试合格后方允许使用。配合比设计方面主要是根据混凝土的强度等级检查水灰比、砂率和最小水泥用量是否符合相关规范要求，在施工过程中检查施工混凝土是否按配合比进行配置，根据混凝土使用部位检查混凝土坍落度是否符合要求。

由于结构混凝土的强度等级是否符合设计及规范要求是以混凝土浇筑地随机抽取的试件强度值作为评定依据，因此取样与试件的留置直接关系到能否真实评定混凝土结构实体的质量。为确保试件能真实代表构件混凝土强度，取样地点应为混凝土入模地点，尤其当冬季施工或运输距离较远时，取样过程中要注意取样的随机性和代表性。

2. 施工控制点

混凝土工程施工前，应检查原材料的准备情况，因为大体积混凝土如备料不足，将不得不留置施工缝，有些甚至留下不可弥补的质量缺陷。在施工中应着重检查以下几方面内容：

(1) 控制原材料的计量偏差。原材料的计量工作决定混凝土是否按配合比进行施工，这也直接关系到主体结构的混凝土强度是否满足设计及规范要求。因此在混凝土浇筑前和浇筑过程中要加强对原材料计量工作的检查，并如实记录检查结果。

(2) 控制混凝土浇筑的间歇时间。《混凝土结构工程施工质量验收规范》规定同一施工段的混凝土应连续浇筑，并应在底层混凝土初凝前将上一层混凝土浇筑完毕，否则应按施工技术方案对施工缝的要求进行处理。这主要是为了防止扰动已初凝的混凝土出现质量缺陷，即混凝土结构构件出现所谓的"冷缝"。

(3) 混凝土施工缝留置。混凝土施工缝留置位置或处理方法不当，将影响混凝土结构的受力性能。因此，混凝土施工缝不应随意留置，其位置应事先在施工技术方案中确定，尽可能留置在受剪力较小的部位，承受动力作用的设备基础，原则上不应留置施工缝。

（4）混凝土养护。混凝土的养护条件对混凝土强度的增长有重要影响，混凝土浇筑后，应及时采取有效的养护措施。

（四）地基处理技术

1. 土建工程基础处理

变电站基础处理方式主要分为两种：一种是单独基础技术，另一种是条形基础技术。在施工前，应当对地基的承载力进行全面的检查，确保其达到规范的要求，才可以开始下一步的施工；若检查结果不符合规范，则应当采取有效的措施来改善其承载能力。此外，为了拓展底部空间，应当根据实际情况，结合基础处理，对该区域的承载力进行全面的评估，以便有效地拓展其空间。

2. 围墙基础处理技术

在施工变电站时，为了保护变电站免受破坏，提高变电站的安全性和稳定性，必须建造大量的围墙。这些围墙通常都是沿着挖掘的土壤边缘布置的，因此它们的基础通常没有问题。然而，为了节约建筑面积，设计师会使用重力式挡土墙来固定它们。若在施工过程中发现填土厚度未达到规定标准，应立即采取措施，以确保施工质量，并最大限度地降低项目成本。为改善这种现状，就需要采用自然放坡的方式，改善因填土厚度过大造成工程造价提高的现象。

（五）电缆沟与排水管道施工技术

1. 灰土垫层法

在变电站基础施工中，电缆沟和排水管的基础施工多为长条状，同时其结构重量偏小，可以在原有土的基础上增加强度较高的土料完成其基础垫层的工作。灰土垫层法主要用于厚度在4m内的软弱土质，采用适当的灰土填补地基，并且在水分充沛的条件下，经过多次夯实，可以显著增加土壤的强度，大大减轻未来沉降对环境的负面影响。另外，夯实也能够有效改善土壤结构，使其更加稳定。

2. 围墙基础处理技术

当进行变电站工程施工时，为了确保安全，必须建造足够的围墙，以阻止其他人员进入危险区域。通常，围墙的位置会被安排在挡土墙的附近，因此，当基坑回填完毕后，就可以把它们安装到挡土墙上，从而节省了施工的费用，同又能够避免对围墙的结构质量产生担心。

第三节　变电工程主体施工

一、主体施工阶段工作内容

主体框架施工：基础柱及基础梁；框架柱、梁、楼层板脚手架；框架柱钢筋电渣压力焊；框架柱钢筋；框架柱模板；框架梁、纵梁梁底模板；框架梁、纵梁钢筋；框架梁、纵梁预埋件；框架梁、纵梁侧；楼层板模板；楼层板钢筋；楼层板预埋件；框架柱、梁及楼层板混凝土；屋面钢梁及压型钢板；屋面板钢筋；屋面混凝土。

建筑工程零星施工：砌体砌筑；构造柱、圈梁混凝土；砌筑脚手架；砌体、框架水泥砂浆抹灰；地面回填土；地面垫层混凝土；水泥砂浆地面及地面砖地面。

其他建筑工程施工：砌体砌筑；构造柱、圈梁混凝土；砌筑脚手架；砌体、框架水泥砂浆抹灰；地面回填土；地面水泥砂浆找平层；水泥砂浆地面及大理石地面。

屋面工程施工：砌体砌筑；构造柱、压顶圈梁混凝土；屋面干铺保温层；屋面保温层；水泥砂浆找平层。

二、主体施工阶段安全管理

在主体施工竣工后，将项目安全文明施工总体策划的实际情况纳入工程建设管理总结，检查环保、水保措施落实情况，按照档案管理要求，组织收集、归档施工过程安全及环境方面的相关资料，督促施工承包商及时向分包商支付工程款或劳务费用，并在基建管理信息系统中完成填报和审批项目安全管理的相关内容。

三、主体施工阶段质量管理

(一) 质量日常管理

组织参建单位开展标准工艺宣贯和培训，定期检查标准工艺应用情况，并适时组织召开标准工艺实施分析会，完善措施，交流工作经验，组织参建单位参加质量管理竞赛活动。

监督做好原材料的进场检验、见证取样及送检工作。

(二) 工程实体质量要求

1. 建 (构) 筑物和砌筑工程

(1) 建 (构) 筑物不得出现不均匀沉降超标、裂缝、渗漏水等缺陷。

(2) 清水墙砌筑方法正确，墙面无污染、泛碱，勾缝均匀、光滑顺直、深浅一致；

伸缩缝设置合理，嵌缝满足要求，滴水沿（线）设置满足要求，压顶无裂纹。

（3）施工现场工序准确，严格采用标准工艺，穿墙管道预留套管。

（4）门窗、护栏、梯子、平台等安装符合规范要求。

（5）墙面、楼面、地面平整，无积水等。

（6）建筑物与电缆沟、散水坡 3、室外踏步及坡道等不得出现接合处未设置变形缝现象。

2. 站区道路

（1）道路伸缩缝设置规范。

（2）不得出现破损、裂缝、严重污染、脱皮、起砂现象。

3. 设备基础

（1）设备、构支架基础表面平整美观，不进行二次抹面。

（2）不得出现未实现无垫片安装（设备自动垫片除外）、设备底座与基础间存在明显间隙等现象。

4. 电缆沟

（1）沟内不得有明显积水。

（2）电缆沟伸缩缝间距设置规范，不得出现未全断开、填缝不及时等现象。

（3）接地扁铁焊接满足规范要求，焊接工艺良好。

5. 构支架

（1）钢构支架焊接及外观质量规范（镀锌、焊口外观、锌层不得有磨损等现象）。

（2）接地端子高度、焊缝朝向一致。

6. 建筑电气

室内外照明及管线、器具、配电盘等符合规范要求。

7. 装饰装修阶段

（1）楼梯、栏杆、平台工程。楼梯栏杆高度不应小于1.05m，离地面或屋面100mm 高度内有与平台整体施工的挡板。楼梯栏杆垂直杆件间净空距符合设计要求，栏杆间距偏差小于等于3mm。楼梯踏步和台阶的宽度和高度符合设计要求。相邻踏步的高度和宽度差不应大于10mm，每踏步两端宽度差不应大于10mm，齿角应整齐，防滑条应顺直；梯段数量超过18级应设休息平台，室内台阶踏步数不应少于2级，当高差不足2级时，应按坡道设置。

（2）门窗工程。门窗安装牢固，采用外开窗时应采取加强牢固窗扇的措施，卫生间门应有通风措施。临空的窗台低于800mm 时，应采取防护措施，防护高度由楼地面起计算不应低于800mm。

（3）吊顶工程。饰面表面洁净、色泽一致、平整，无翘曲、裂缝；压条平直、宽窄一致，饰面板安装表面平整、接缝顺直，饰面板、灯具安装位置协调美观；表面平整度、接缝直线度、接缝高低差、吊顶四周水平偏差在规定允许值以内，非整块饰面板使用应符合规范要求。

四、主体施工阶段质量监督管理

中间验收合格后，建设单位提出设备安装前阶段的质量监督申请，质量监督检查活动后专家组组长及全体质量监督人员共同签发电力工程质量监督检查专家意见书，整改验收合格后下发工程质量监督检查转序通知书，方可开展下一阶段施工。

第四节　变电工程电气安装及调试施工

一、电气安装及调试施工阶段工作内容

待土建工程交付安装后可进行电气安装工程的施工，电气安装包括构支架组立，变压器安装及试验，电缆支架及端子箱安装，电缆桥架安装，保护屏安装，开关柜安装，软母线及管母安装，一次设备安装初调及试验，一次设备连接线引下线安装，保护管敷设施工，电缆敷设，电缆二次接线，开关柜等一次设备细调，传动及试验，通信系统施工，视频监控、消防、SF_6 监测等施工，监控系统调试、传动，监控系统对调度调试，保护分系统调试传动，保护系统对调，安装尾工清场等步骤。

电气安装在工序方面应遵循以下原则：先上后下，先内侧后外侧，先一次后二次。调试工作主要是检验设计、安装工作的质量，断路器、隔离开关能否分、合到位，动作时间是否符合技术要求，保护能否正确动作，这些都需要通过调整试验工作来一一验证。调试工作在工序方面应遵循以下原则：先一次后二次，先单体后整体。

二、电气安装及调试施工阶段安全管理

（1）安全评价时段应为 110kV 及以上变电站新建、改扩建工程在电气安装中期。

（2）在电气安装及调试竣工后，将项目安全文明施工总体策划的实际情况纳入工程建设管理总结，检查环保、水保措施落实情况，按照档案管理要求，组织收集、归档施工过程安全及环境方面的相关资料，督促施工承包商及时向分包商支付工程款或劳务费用，并在基建管控系统中完成填报和审批项目安全管理的相关内容。

三、电气安装及调试施工阶段质量管理

(一) 质量日常管理

委托监理项目部组织好导线、绝缘子、铁塔、光缆 (线路工程) 和主变压器 (高抗)、GIS (HGIS) 设备、断路器、隔离开关、互感器、避雷器、继电保护及监控屏 (变电工程) 等主要设备材料的到场验收，以及设备材料的进场检验、试验、见证取样工作，并对检验结果进行抽检、复核。安装、调试和验收期间发现设备材料质量不符合要求时，提请物资管理部门协调解决，并通知运维检修单位。

(二) 工程实体质量要求

1. 设备安装

(1) 设备出现渗漏油现象，瓷件出现损伤、裂纹。

(2) 设备和端子箱出现油漆脱落、起皱、留痕、施工原因划伤等缺陷。

2. 接地装置

接地网及接地引线截面、搭接面积、埋深、焊接、防腐、接地极数量等符合设计或施工规范要求。

3. 电缆敷设

(1) 电缆保护管敷设牢固、整齐，室外 (施工) 电缆无外露，接地和防腐符合规范。

(2) 电缆排放整齐，层次分明，弯曲方向一致、美观，电缆固定牢靠，标志齐全清晰。

4. 二次接线

(1) 二次接线整齐，线帽、电缆标牌清晰、正确、整齐，备用芯处置合理。

(2) 电缆铠甲层、屏蔽层接地牢固可靠，屏柜接地符合设计及反事故措施要求。

5. 盘柜安装

盘柜安装排列整齐，盘面垂直度、平整度和盘间间隙符合规范要求，固定牢靠，色泽统一。

6. 母线、跳线、连线

(1) 三相线管段轴线平行，软母线弛度一致。

(2) 跳线、接线无松股，弯曲平顺一致。

(3) 硬母线接头加装绝缘套后，应在绝缘套下凹处打排水孔。

(4) 软母线安装三相导线弛度一致，间隔棒固定牢固，工艺美观；螺栓、垫圈、弹簧垫圈、锁紧螺母等应齐全、可靠。

(5) 引下线及跳线的弛度符合要求,工艺美观;连接面处理和螺栓紧固符合规范要求;连接的线夹、设备端子无损伤、变形;尾线朝上的线夹有排水孔。

7. 金属构件

(1) 设备、构支架金属部分无锈蚀。

(2) 紧固件无松动,螺栓露扣长度(2~3扣)满足要求。

8. 标准工艺

(1) 施工现场工序正确。

(2) 严格采用最新版标准工艺。

四、电气安装及调试施工阶段技术管理

督促施工项目部上报停电方案,配合建设单位基建部门组织调控、信通、运检等部门审查,严格执行停电计划。

五、变电站电气设备安装工程中出现的问题及技术要点

(一) 变电站电气设备安装工程的意义

1. 提高供电品质

变电站电气设备的安装品质直接影响着供电品质。在电力系统中,变电站负责转换和分配电能,而电气设备的正常运行对于保证电力供应的稳定性和持续性至关重要。高品质的电气设备安装工程能够减少故障发生的概率,提高供电的可靠性和稳定性,满足用户对电力供应的需求。

2. 保障电力系统稳定性

变电站电气设备安装工程涉及众多高精尖技术和复杂的系统结构,任何微小的偏差都可能引发风险事故,给人民的生命财产带来巨大威胁。因此,确保电气设备的安装品质是保障整个电力系统稳定运行的基础。

3. 推动电力行业发展

在电力行业的现代化进程中,技术进步和创新是推动行业发展的关键动力。对变电站电气设备安装工程中存在的问题进行深入研究,掌握并运用相关的技术要点,有助于提升电力行业的整体技术水平,推动行业的持续发展。

(二) 变电站电气设备安装工程中出现的问题

1. 变压器底座和钢座的不匹配

在变电站电气设备安装工程中,变压器为核心设备。然而,在实际施工中,变压

器底座与钢座不匹配的问题时有发生，导致变压器无法稳定地安装在底座上，严重影响了设备的正常运行。这是一个涉及工程品质和设备运行风险的问题，需要深入探讨其产生的原因和解决方案。变压器底座与钢座不匹配的问题，主要原因可能在于施工过程中的误差、测量仪器精密度不足或是设计图纸与实际现场情况存在差异等因素。

2. 断路器技术问题

首先，断路器回路电阻值超过标准范围是一个常见的技术问题。回路电阻值是衡量断路器性能的重要参数之一，如果电阻值过大或过小，都可能导致断路器无法正常工作。这可能是由安装过程中的连接不良、接触不良等造成的。如果断路器的回路电阻值超标，可能会导致电路故障、短路、过载等问题，甚至可能引发火灾等严重事故。其次，断路器开关切断电流不合格也是一个常见问题。断路器开关的主要作用是在电路发生故障时迅速切断电流，以防止事故扩大。如果断路器开关切断电流不合格，就可能无法及时切断故障电路，从而延长故障时间，扩大事故范围。

3. 电缆安装不科学

在电缆安装过程中，一些常见问题往往容易被忽视，这些问题如果不及时解决，将可能给整个电力系统的运行带来严重隐患。首先，在电缆的铺设过程中，如果没有严格按照规定的排列顺序进行铺设，则会导致电缆的混乱排列。这种不整齐的排列不仅影响美观，更重要的是可能会引发一系列的风险隐患。例如，混乱的电缆排列可能导致散热不良，使得电缆在运行过程中过热，进一步引发短路或火灾。其次，电缆防护措施不到位也是一个不可忽视的问题。由于电缆长时间处于户外环境或者恶劣的工业环境中，如果没有采取有效的防护措施，很容易受到腐蚀、磨损和外力的破坏。这些损坏可能引发电缆内部的短路，造成电击、火灾等严重事故。最后，电缆终端头的制作不符合标准也是一个常见的技术问题。电缆终端头是电缆线路的重要组成部分，其制作品质直接关系到整个电缆线路的平稳运行。如果终端头的制作不符合标准，例如密封不严、接触不良等，都可能导致电缆运行过程中的故障。

4. 主变压器技术问题

主变压器是变电站电气设备的核心，其安装品质直接关系到整个变电站的运行状况。在安装过程中，主变压器可能会出现以下技术问题：

（1）变压器油问题。变压器油是保证主变压器正常运行的重要介质，但在实际安装过程中，变压器油的品质可能存在问题，如油质不纯净、含有杂质等，这会影响主变压器的正常运行。

（2）附件安装问题。主变压器的附件包括散热器、油枕、绝缘筒等，这些附件的安装品质直接影响到主变压器的运行。在安装过程中，可能会因为附件之间的密封不好、连接不牢固等问题，导致主变压器运行不稳定。

（3）保护装置问题。为了保护主变压器不受外部干扰和影响，需要安装相应的保护装置。但在实际安装过程中，可能会因为保护装置的配置不合理、安装不规范等问题，导致主变压器的运行受到影响。以上问题都是在变电站电气设备安装工程中比较常见的问题，如果不加以解决和控制，将会对整个电力系统的稳定性造成严重影响。

（三）变电站电气设备安装工程技术要点

1. 隔离开关的安装

在变电站电气设备安装工程中，隔离开关扮演着至关重要的角色。隔离开关的主要作用是在电路中形成明显的断开点。这一功能对于保证电气设备在停电或检修时的稳定性至关重要。其能够确保电气设备与电源完全隔离，从而防止意外事故的发生。在安装隔离开关时，有几个重要的技术要点需要特别注意。首先，安装位置的选择是关键。隔离开关的安装位置必须符合设计要求，通常安装在电气设备进出口的断路器两侧。正确选择安装位置可以确保隔离开关在电路中的有效作用，同时便于日后的操作和维护。其次，隔离开关的支撑必须牢固稳定。为了防止使用过程中出现晃动或变形，安装时必须确保隔离开关的支撑牢固。对于大型隔离开关，应使用专门的钢架构进行支撑，这样可以确保其在使用过程中的稳定性，提高设备的稳定性能。再次，触点的调整也是安装过程中的一个重要环节。在安装过程中，应根据需要调整隔离开关的触点接触深度和接触压力。触点深度和接触压力的调整应适度，以确保其具有良好的导电性能。过松或过紧的触点都会影响隔离开关的正常工作，因此，这一步骤需要经验丰富的技术人员进行精细的调整。最后，连锁装置的安装也是必不可少的。连锁装置的主要作用是保证隔离开关操作的可靠性和稳定性。通过安装连锁装置，可以防止在关闭位置进行操作，从而防止带负荷接地开关或带负荷拉、合隔离开关等误操作。连锁装置的设计和安装应符合相关标准和规范，以确保其正常工作和可靠性。

2. 断路器的安装技术

断路器是变电站电气设备中的重要组成部分，其安装品质直接关系到电力系统的稳定性。在安装过程中，有几个关键的技术要点需要特别注意。首先，要确保断路器的安装位置符合设计要求。断路器的安装位置不仅关系到其功能的有效发挥，还直接影响着电力系统的稳定性。在安装过程中，应根据设计图纸和现场实际情况，选择合适的安装位置，并确保断路器的牢固稳定。其次，断路器的相关参数和规格应符合标准。在安装前，应仔细核对断路器的规格、参数和性能，确保其符合设计要求和相关标准。同时，要检查断路器的附件是否齐全、完好，以确保断路器的正常工作。再次，断路器的安装应遵循一定的顺序和技术要求。在安装过程中，应先按照设计图纸确定安装位置，然后进行基础制作和安装。在安装过程中，应注意保持断路器的垂直度和水平度，确保其工作性能的稳定。最后，应重视断路器的调试和测试。在安装完成后，应对断路器进行严格的调试和测试，确保其工作正常、性能良好。同时，在运行过程中，也应定期对断路器进行检查和维护，及时发现并解决潜在问题，以确保电力系统的稳定性。

3. 优化电缆敷设

优化电缆敷设是变电站电气设备安装工程中的重要技术要点之一。电缆敷设的目的是将电力传输到变电站的各个设备，因此，敷设电缆的方式和位置对整个电力系统的稳定性具有重要影响。在电缆敷设过程中，首先，需要根据电力系统的要求和现场实际情况选择合适的电缆规格和型号。同时，应考虑电缆的长度和弯曲半径，以确保电缆在运行过程中不会因为过热或机械应力而损坏。其次，应重视电缆的排列和固定。电缆的排列应整齐有序，避免交叉和混乱。在电缆的固定过程中，应使用专门的电缆夹具，以确保电缆的稳定性。同时，应考虑电缆的弯曲半径，避免因为弯曲过度而导致电缆损坏。再次，应重视电缆的接地和防护。电缆接地是保证电气设备稳定性的重要措施之一。应确保电缆的接地线连接牢固，接触良好，以防止因为接地不良而导致电气设备损坏或人员触电事故。同时，应考虑电缆的防水、防尘等防护措施，以延长电缆的使用寿命和提高电力系统的可靠性。最后，应进行电缆敷设后的检测和试验。在电缆敷设完成后，应对电缆进行严格的检测和试验，包括绝缘电阻测试、耐压试验等，以确保电缆的工作正常、性能良好。同时，在运行过程中，也应定期对电缆进行检查和维护，及时发现并解决潜在问题，以确保电力系统的稳定性。

4. 大型变压器安装

大型变压器是变电站中的核心设备，其安装品质直接关系到电力系统的稳定性。在安装过程中，有几个关键的技术要点需要特别注意。首先，应重视变压器的运输和就位。由于大型变压器体积庞大、重量重，运输和就位过程中需要考虑设备的稳定性。应使用专门的运输工具和吊装设备，确保变压器在运输和就位过程中的完好无损。其次，应进行变压器的安装固定。大型变压器需要牢固稳定的安装基础，安装时应确保基础的水平和垂直。同时，应使用专门的固定装置，将变压器与基础牢固连接，以防止运行过程中出现晃动或移位。再次，应进行变压器的检测和试验。在安装完成后，应对变压器进行严格的检测和试验，包括电气性能测试、机械性能测试等，以确保变压器的工作正常、性能良好。同时，应检查变压器的冷却系统、油路系统等辅助设备是否正常，以确保变压器的正常运行。最后，应重视变压器的维护和保养。在运行过程中，应定期对变压器进行检查和维护，及时发现并解决潜在问题。同时，应定期更换变压器的油和其他易损件，以保证变压器的性能和延长其使用寿命。

第八章　输变电线路工程建设管理

第一节　落实标准化开工条件

落实标准化开工条件是确保工程顺利进行、按期完成且符合安全与质量标准的基础，其主要内容有以下几方面：

（1）设计与规划的完善。在开工前，必须确保所有设计和规划已经完成并经过批准。这包括线路走向、杆塔位置、导线型号等的具体设计，以及确保设计符合国家和地方的相关规定。

（2）环境与土地使用许可。根据项目所在地的环保要求，完成环境影响评价，并获得相应的许可证。同时，获取土地使用权，包括线路走廊和建设用地的土地征用手续。

（3）建设资源的准备。确认所需的所有建设材料、设备和人力资源的供应情况。材料要符合技术规范，设备需保证性能良好，施工人员需要具备相应的资质和经验。

（4）施工方案和安全措施。制定详细的施工方案，包括施工方法、工期安排、质量控制措施等，并且制定相应的安全生产措施，确保施工过程中的人员安全和工程质量。

（5）质量管理体系。建立并实施质量管理体系，明确质量控制的各项指标和检验程序，确保工程建设满足国家和行业的质量标准。

（6）工程监理和监测。确定监理单位和监理人员，拟订监理计划和监测方案，对工程建设过程进行全程监督，确保施工质量和进度。

（7）通信与协调机制。建立高效的通信和协调机制，确保项目管理团队、施工单位、监理单位和相关政府部门之间的信息流通和问题解决。

（8）法律法规和标准遵循。确保工程建设过程中严格遵守相关法律法规和行业标准，包括施工安全、环境保护、工人健康和公共利益保护等方面。

（9）应急预案。制定应对自然灾害、事故故障和其他突发事件的应急预案，包括预案启动条件、应急响应流程和资源调配方案等。

第二节　基础施工

一、灌注桩典型施工方法

(一) 施工准备

(1) 灌注桩施工前应具备以下资料：

①建筑场地岩土工程勘察报告。

②桩基工程施工图及图纸会审纪要。

③建筑场地和邻近区域内的地下管线、地下构筑物、危房、精密仪器车间等的调查资料。

④主要施工机械及其配套设备的技术性能资料。

⑤桩基工程的施工组织设计。

⑥水泥、砂、石、钢筋等原料及其制品的质检报告。

⑦有关荷载、施工工艺的试验参考资料。

(2) 钻孔机具及工艺的选择，应根据桩型、钻孔深度、土层情况、泥浆排放及处理条件综合确定。

(3) 施工组织设计应结合工程特点，有针对性地制定相应质量管理措施，主要应包括以下内容：

①施工平面图标明桩位、编号、施工顺序、水电线路和临时设施的位置；采用泥浆护壁成孔时，应标明泥浆制备设施及其循环系统。

②确定成孔机械、配套设备及合理施工工艺的有关资料，泥浆护壁灌注桩必须有泥浆处理措施。

③施工作业计划和劳动力组织计划。

④机械设备、备件、工具、材料供应计划。

⑤桩基施工时，在安全、劳动保护、防火、防雨、防台风、爆破作业、文物和环境保护等方面应按有关规定执行。

⑥保证工程质量，安全生产和季节性施工的技术措施。

(4) 成桩机械必须经检定合格，不得使用不合格机械。

(5) 施工前应组织图纸会审，会审纪要连同施工图等作为施工依据，并应列入工程档案。

(6) 桩基施工用的供水、供电、道路、排水、临时房屋等临时设施，必须在开工前准备就绪，施工场地应进行平整处理，保证施工机械正常作业。

（7）桩基轴线的控制点和水准点应设在不受施工影响的地方。开工前，经复核后应妥善保护，施工中应经常复测。

（8）用于施工质量检验的仪表、器具的性能指标，应符合现行国家相关标准的规定。

（二）定位分坑和确定成孔顺序

检查、校核桩位、档距、转角角度是否与断面图和图纸明细表相符，如塔位桩丢失应重新测量补桩。

结合现场施工条件，采用以下方法确定成孔顺序：

（1）不一次成孔，可间隔1~2个桩位进行成孔。

（2）在相邻桩体混凝土初凝前或终凝后再成孔。

（3）5根单桩以上的群桩基础，位于中间位置的桩先成孔，周围的桩后成孔。

（三）成孔

1. 埋设护筒

护筒的中心与桩位中心的偏差应控制在50mm以内，护筒与孔壁间的缝隙应用黏土填实。护筒一般用厚度为4~8mm的钢板制作而成，内径应比钻头直径大10~20mm，埋入土中的深度不宜小于1.0~1.5m，护筒顶面应高出地面400~600mm。在护筒的顶部应开设1~2个溢浆孔。在成孔时，应保持泥浆液面高出地下水位2m以上。

2. 制备泥浆

在钻孔的施工过程中，钻具与土摩擦易发热而磨损，循环的泥浆对钻机起着冷却和润滑的作用，并可以减轻钻具的磨损。

在黏性土中成孔时，可在孔中注入清水，随着钻机的旋转，将切削下来的土屑与水搅拌，利用原土即可造浆，泥浆的密度应控制在1.1~1.2t/m³；在其他土质中成孔时，泥浆制备应选用高塑性黏土或膨润土。当沙土层较厚时，泥浆密度应控制在1.3~1.5t/m³；在成孔的施工中应经常测定泥浆的相对密度，并定期测定黏度、含砂率和胶体率等指标，以保证成孔和成桩顺利。

3. 抽渣清孔

清孔为重要的工序，其目的是减少桩基的沉降量，提高其承载能力。当钻孔达到设计深度后，应及时进行验孔和清孔工作，清除孔底的沉渣和淤泥。

对于不易塌孔的桩孔，可用空气吸泥机清孔，气压一般掌握在0.5MPa，使管内形成强大高压气流上涌，被搅动的泥渣随着高压气流上涌从喷口排出，直至喷出清水为止，待泥浆相对密度降到 1.1t/m³ 左右，即认为清孔合格；对于稳定性差的桩孔，应用泥浆循环法或抽渣筒排渣，泥浆的相对密度为 1.15~1.25t/m³ 时方为合格。

(四) 钢筋笼制作、安装

制作钢筋笼或钢筋骨架时，要求纵向钢筋沿环向均匀布置，箍筋的直径和间距、纵向钢筋的保护层、加劲筋的间距应符合设计规定。箍筋和纵向钢筋 (主筋) 之间采用绑扎时，应在其两端和中部采用焊接，以增加钢筋骨架的牢固程度，便于吊装入孔。

钢筋笼的直径大小除满足设计要求外，还应符合以下规定：

(1) 采用导管法灌注水下混凝土的灌注桩，钢筋笼的直径应比导管连接处的外径大 100mm 以上。

(2) 在钢筋笼的制作、运输和安装的过程中，应采取措施防止产生过大变形，并设置保护层垫块。

(3) 钢筋笼吊放入孔时，应对准孔的中心，不得碰撞孔壁；浇筑混凝土时，应采取措施固定钢筋笼的位置，防止产生上浮和位移。

(五) 导管安装

导管直径宜为 200~250mm，导管分节长度视工艺要求而确定。在下导管前，应在地面试组装和试压。试压的水压力一般为 0.6~1.0MPa，底管长度不宜小于 4m，各节导管用法兰进行连接，要求接头处不漏浆、不进水。将整个导管安置在起重设备上，可以根据需要进行升降，在导管顶部设有漏斗。将安装好的导管吊入桩孔内，使导管顶部高于泥浆面 3~4m，导管的底部距桩孔底部 300~500mm。

(六) 水下浇筑混凝土

泥浆护壁成孔灌注桩混凝土的浇筑，是在孔内泥浆中进行的，所以称为水下混凝土浇筑。

灌注桩的混凝土配制，石子粒径和混凝土坍落度很关键。石子的粒径要求为：卵石不宜大于 50mm，碎石不宜大于 40mm，钢筋混凝土土桩不宜大于 30mm，石子最大粒径不得大于钢筋净距的 1/3。

(七) 桩头清理

水下混凝土浇筑完成后，应进行桩头清理，即破桩头。当桩身上部结构有连续施工要求时，在水下混凝土浇筑完成后应立即进行桩头清理，将混合层清理干净露出桩身混凝土并将桩身混凝土上部400mm范围内的混凝土清除，在混凝土终凝前完成上部结构的钢筋和模板安装，并进行上部混凝土连续浇筑。

当桩身上部结构无连续施工要求时，可在桩身达到预定标高后停止浇筑。待桩身达到设计强度后，在上部结构施工前，清理桩身，凿除桩身上部400mm范围内的混凝土，凿毛处理后，再进行上部混凝土浇筑。

(八) 上部结构施工

桩身上部结构应根据设计进行施工。

二、基础施工阶段进度协调及物资管理

(一) 进度协调

工程开工后，每周检查参建单位项目进度实施计划的执行情况，及时进行协调，纠正偏差，并填写进度管控记录表。

因不可抗力、外部条件、设备供货延期等原因影响项目开工、投产的，业主项目部提出进度计划调整申请，报建设单位审查。

(二) 物资管理

1. 物资部门职责

物资 (招投标管理) 部门负责工程相关招标采购管理和物资管理；负责组织实施相关招标采购、物资合同签订、履约、质量监督、配送和仓储管理等工作，主要包括以下四方面：

(1) 物资协调联系人由物资部门指派，接受业主项目经理的业务管理，参与业主项目部的管理工作，协调推进物资供应工作，参与物资招标及合同签订工作。

(2) 参加物资进场验收、竣工预验收、启动验收、系统调试和试运行工作。

(3) 督促设备制造单位参加设备进场验收、竣工预验收、启动验收、系统调试和试运行工作。

(4) 督促设备制造单位提供现场技术服务，及时消除设备缺陷。

2. 原材料和设备的进场验收

(1) 对于施工单位采购的原材料和设备，施工项目部在进行主要材料或构配件、设备采购前，应将拟采购供货的生产厂家的资质证明文件报监理项目部审查，并按合同要求报业主项目部批准。

施工项目部应在主要材料或构配件、设备进场后，将有关质量证明文件报监理项

目部审查。监理项目部除进行文件审查外，还应对实物质量进行验收。

（2）对于甲供材料，由监理项目部组织，业主、施工、物资供应、生产厂家等单位相关人员参加，按照国家规范标准、合同要求进行验收、检验。

（3）运行单位需要参加隐蔽工程和重要设备材料进场验收的，应在工程开工前向建设单位提交拟参加验收项目的清单，业主项目部在验收前通知运行单位。现场验收按正常进度进行。

3. 电气设备交接试验

电气设备的交接试验由调试单位在施工过程中进行，生产运行单位参加，监理旁站或见证，试验合格后由生产运行单位签字确认结果。

4. 履约评价

业主根据产品质量、物资供应及现场服务等情况，对物资供应商提出履约评价建议，签署支付凭证（到货验收单、投运单、质保单），作为物资进度款支付的依据。

三、基础施工阶段安全管理

（一）安全日常管理

1. 安全风险管理

根据开工前审查过的施工项目部编制的《三级及以上施工安全风险识别、评估和预控清册》，对三级以上风险作业的控制工作进行现场监督检查，并对四级及以上风险作业电网工程安全施工作业票进行签字确认。出现五级风险作业工序时，需组织专家论证施工项目部编制的专项施工方案（含安全技术措施），并报省公司建设部备案。

每月在基建管理信息系统中审批施工、监理项目部填报的重大风险项目信息，并汇总上报到建设单位。通过日常安全巡查、每月例行安全检查、专项安全检查等活动，检查该部分工作风险控制措施落实情况。

2. 安全文明施工管理

落实上级有关工程安全文明施工标准及要求，负责工程项目安全文明施工的组织、策划和监督实施工作，核查现场安全文明施工开工条件，重点做好各参建单位相关人员的安全资格审查、安全管理人员到岗到位情况检查。在该部分施工环节监督检查输变电工程安全文明施工总体策划、安全监理工作方案和输变电工程施工安全管理及风险控制方案执行情况。分阶段审批施工项目部编制的安全文明施工装备设施报审计划，对进场的安全文明施工设施进行审查验收。

发挥监理的安全管理作用，通过专项整治、隐患曝光、奖励处罚等手段，促进参建单位做好现场安全文明施工管理，填写安全文明施工奖励记录和安全文明施工处罚记录，并适时组织项目参加安全管理流动红旗竞赛等活动，按要求开展自查整改。

3. 安全评价管理

建设单位或业主项目部组织有关专家、工程参建各方，按评价时段（110kV 及以上变电站新建工程在土建及构架安装初期）要求做好安全文明施工标准化管理评价工作，并填报输变电工程项目安全文明施工标准化管理评价报告。

评价工作结束后，监督责任单位进行问题整改闭环。

按照要求在基建管理信息系统中填报项目安全文明施工标准化管理评价有关内容。

配合省公司做好安全文明施工标准化管理评价的抽查工作。

4. 分包安全管理

（1）贯彻落实《国家电网公司输变电工程施工分包管理办法》[国网 (基建 /3)181-2015] 及其他有关要求。

（2）负责分包计划动态监管。分包工程开工前，审批施工承包商申报的施工分包计划、申请，优先从合格分包商名录中选择分包商，按照施工合同约定控制施工分包范围，填写施工分包计划一览表。

（3）参与分包准入动态监管。分包工程开工前，对于选择合格分包商名录之外的分包商，督促施工项目部收集分包商资质等材料，上报省公司基建部门复核，经复核批准同意后方可进入工程施工。

（4）参与分包合同动态监管。在分包合同签订的同时，监督施工单位按照《国家电网公司电力建设工程分包安全协议范本》要求签订分包安全协议（对于协议范本中有关安全目标、引用标准等应根据最新管理要求进行更新）。

（5）参与分包人员动态监管。分包工程实施过程中，定期收集施工项目部填报的工程分包人员动态信息一览表，填写施工分包人员动态信息汇总表，报建设单位汇总。审核专业分包商项目负责人、技术负责人、安全员等主要人员的变更，报建设单位批准。

（6）负责分包队伍考核动态监管。工程完工后，组织施工、监理项目部对分包商进行评价，定期填写工程分包单位考核情况一览表，报建设单位汇总。

（7）定期组织开展工程项目分包管理检查，监督检查施工项目部对其分包商的安全管理，对不满足要求的分包队伍，实行停工整顿或清退。

（8）督促施工承包商及时向分包商支付工程款或劳务费用。

（9）按照要求在基建管理信息系统中督促施工项目部填报项目分包管理有关内容并完成相关审批操作。

5. 安全应急管理

（1）现场应急工作组组织一次应急救援知识培训和应急演练，制定并落实经费保障、医疗保障、交通运输保障、物资保障、治安保障和后勤保障等措施，并针对演练情况进行评审，必要时组织修订。

（2）当有意外发生时，工作组接到应急信息后，立即按规定启动现场应急处置方案，组织救援工作，同时上报建设单位应急管理机构。

（3）按要求在基建管理信息系统中填报和审批项目安全应急管理相关内容。

6. 安全检查管理

（1）根据工程项目实际情况，开展例行检查、专项检查、随机检查和安全巡查等活动。

（2）工程项目安委会每季度组织不少于一次安全检查，业主项目部每月至少组织一次监理、施工项目部安全检查。

（3）各类检查事先编制检查提纲或检查表，明确检查重点，检查表可参考《国家电网公司输变电工程安全文明施工标准化管理办法》中的输变电工程项目安全文明施工标准化管理评价表。

（4）针对各类安全检查中发现的安全通病、安全隐患和安全文明施工、环境管理问题，下发安全检查问题整改通知单，要求责任单位整改并填写安全检查问题整改反馈单，对整改结果进行确认，同时业主项目部填写工程安全检查管控记录表（其中整改通知单和回复单参考国网安质部关于规范使用电网工程建设安全检查整改通知单的通知）；对重大问题提交建设单位或项目安委会研究解决；对因故不能立即整改的问题，责任单位应采取临时措施，并制订整改措施计划报业主项目部批准，分阶段实施。

（5）参加工程月度例会，针对安全检查中发现的问题进行通报和专题分析，督促责任单位制定针对性措施，保证现场安全受控。

（6）配合上级单位开展各类安全检查，按要求组织自查，督促责任单位落实整改要求。

（7）按照要求在基建管理信息系统中填报安全检查管理有关内容。

（8）配合项目安全事故（件）调查分析与处理，监督责任单位按要求整改。

（二）施工安全措施

（1）基础开挖等场地实行封闭管理。采用插入式安全围栏（安全警戒绳、彩旗，配以红白相间色标的金属立杆）进行围护、隔离和封闭。

（2）基础施工。土石方、机具、材料应实现定置堆放。材料堆放应设置隔离的标识。

(3) 线路工程基础作业等深基坑及高边坡位置应设置"当心塌方"标志。

(4) 高边坡开挖，深坑基础掏挖（超过3m时），易坍塌等特殊基础开挖、支护等需要旁站监理。

(5) 基础坑壁是否按方案措施放坡。

(6) 坑底作业人员行为需规范。

(7) 掏挖基础挖掘和在基坑内点火时坑上应有监护人。

(8) 基坑深度超过1.5m时，应设置安全围栏（硬质）。

(9) 基础养护人员不得在模板支撑上或易塌落的坑边走动。

(10) 模板拆除作业行为需规范。

(11) 模板的支撑应牢固，并应对称布置，高出坑口的加高立柱模板应有防止倾覆的措施。

(12) 在下钢筋笼时要听从指挥，并在钢筋笼上绑好溜绳，控制钢筋笼的方向，以免下钢筋笼时倾斜。

(13) 跳板材质和搭设符合要求，跳板捆绑牢固，支撑牢固可靠，有上料通道。

(14) 上料平台不得搭悬臂结构，中间应设支撑点并结构可靠，平台应设护栏。

(15) 大坑口基础浇筑时，搭设的浇筑平台要牢固可靠，平台横梁应加撑杆，以防平台横梁垮塌伤人。

(16) 基础施工前应配备漏电保护器，漏电保护器的作业现场，禁止浇筑施工，发电机、搅拌机使用前应在外壳处安装保护接地线，搅拌机电源线应架空。

(17) 经常检查设备的附件是否完好；加料斗升起时，料斗下方不得有人。

(18) 下料时不允许在跳板边缘翻车下料，跳板边缘应设挡板；下料时必须经下料漏斗溜下；下料时坑上、坑下应密切配合，坑内人员应停止一切工作。

(19) 中途休息时作业人员不得在坑内休息。

(20) 使用前检查振捣器绝缘情况，确保绝缘良好；在受电侧应安装漏电保护器，并指定专人戴绝缘手套穿绝缘鞋操作。

四、基础施工阶段质量管理

(一) 质量日常管理

以下为线路工程全过程质量日常管理工作均需遵照的要求，其他工程建设阶段不再赘述。

(1) 按国家电网公司优质工程标准对工程质量进行全过程管理，以组织召开质量分析会、质量专项检查等方式，监督工程质量管理制度、工程建设标准强制性条文、质量通病防治措施、标准工艺应用清单等执行情况。

（2）在工程施工建设的各阶段，对设计、监理、施工等单位投入本工程的技术力量、人力和设备等资源情况进行检查。

（3）督促监理项目部做好对工程质量的检查、控制工作，配合省公司及建设单位做好工程项目质量巡检，督促责任单位对质量缺陷进行闭环整改，并确认整改结果。

（4）组织参建单位参加质量管理竞赛活动，对于有条件的大型项目，组织不同标段、不同参建单位之间的质量竞赛活动。

（5）组织参建单位开展标准工艺宣贯和培训，组织对标准工艺实体样板进行检查、验收，在工程检查、中间验收等环节，检查标准工艺实施情况，适时组织召开标准工艺实施分析会，完善措施、交流工作经验。

（6）及时采集、整理数码照片、影像资料，利用数码照片等手段加强对施工质量过程的控制。

（7）发生质量事件后，按照现场实际情况及时采取相应措施，避免事件情况的进一步扩大，同时保护好现场，按照质量事件调查处理流程及时上报，配合做好质量事故调查工作。其中：

①发生一至四级质量事件，应立即按国家电网公司安全事故调查规程的要求逐级上报至国家电网公司及国家有关管理部门。

②发生五级质量事件，应立即按资产关系或管理关系逐级上报至国家电网公司、省公司、国家电网公司直属公司。上报国家电网公司的同时，还应报告相关区域分部。

③发生六、七级质量事件，应立即按资产关系或管理关系逐级上报至省公司或国家电网公司直属公司。

④发生八级质量事件，应立即按资产关系或管理关系上报至上一级单位。

⑤每级上报时间不得超过1h，六级以上质量事件均应在24h以内以书面形式上报事件简况。

（8）按照基建管理信息系统中的质量工作要求做好项目质量信息管理工作，按照档案管理要求及时将工程质量管理的相关文件、资料整理归档。

（9）各阶段工程完工结束后，在完成施工单位三级自检、监理初检后，建设单位（或委托业主项目部）开展中间验收。

（二）工程实体质量要求

架空线路基础工程保证不出现以下质量问题：

(1) 混凝土强度、钢筋和地脚螺栓规格不符合设计或规范要求。

(2) 基础混凝土出现蜂窝、麻面及露筋等明显缺陷。应对基础进行二次抹面。

(3) 保护帽与主材结合不紧密。应对保护帽进行二次抹面。

(4) 基础露出地面高度不符合要求。

(5) 回填土防沉层不整齐、规范，坑口回填土高度不满足质量要求（300mm）。

(6) 立柱及各底座断面尺寸偏差超差（-1%）。

(7) 混凝土搅拌、振捣等不规范，或带水浇筑混凝土、砂石中混有杂物，混凝土跌落高度大于2m。

(三) 现场施工质量控制要点

钻孔灌注桩基础施工技术要求如下：

(1) 孔底沉渣端承桩不大于50mm，摩擦桩不大于100mm。

(2) 混凝土密实，表面平整，一次成型。

(3) 基础几何尺寸偏差：

①孔径：-50mm。

②孔深大于设计深度。

③孔垂直度偏差小于桩长的1%。

④立柱及承台断面尺寸：-0.8%。

⑤桩钢筋保护层厚度：水下，-16mm；非水下，-8mm。

⑥钢筋笼直径：±10mm。

⑦主筋间距：±10mm。

⑧箍筋间距：±20mm。

⑨钢筋笼长度：±50mm。基础根开及对角线：一般塔 ±1.6%；高塔 ±0.6%。基础顶面高差：5mm。同组地脚螺栓对立柱中心偏移：8mm。整基基础中心位移：顺线路方向24mm；横线路方向24mm。整基基础扭转：一般塔8′；高塔4′。地脚螺栓露出混凝土面高度：-5~10mm。

(四) 施工注意事项

1. 冻方的挖掘和回填

(1) 泥浆池的冻方，采用人工和挖掘机配合的方法。先用人工将土方一部分挖至暖土层，然后用挖掘机的气锤或单钩将冻土层凿成块，再用挖斗挖出土石方。

(2) 土方回填时用暖土将混凝土围填，其厚度控制在300mm以上，其他用破碎的冻土回填，但冻土块的粒径不得大于150mm。冻土含量（按体积计）不得超过30%，铺填时冻土块应分散开并应逐层夯实。

（3）冻土方回填高度应比自然地面高出 500mm 的预留沉降量，待化冻后重新平整。

2. 冬期混凝土施工方法选用

冬期混凝土施工通常选用暖棚法、外加剂掺入法、外部加热法三种方法，可根据不同温度和部位综合或单项使用。具体施工时执行混凝土冬期施工规范。

3. 钢筋负温焊接

（1）当环境温度低于 −20℃和风速超过 3 级时应搭设暖棚，施焊操作人员及施焊部位同在暖棚内进行，避免焊样碰到冰雪急速冷脆。

（2）在施焊过程中可根据钢筋级别、直径和焊接部位，选择适当电流，防止产生过热、烧伤、咬肉和裂纹，采用分层控温施焊。

五、基础施工阶段技术管理

（1）协调解决该部分工程施工过程中出现的技术争议问题。

（2）组织落实通用设计、通用设备在工程中的实施应用。

（3）在项目建设过程中搜集基建技术标准执行中存在的问题、各标准间的差异，提出修订建议。

如发生设计变更，审核确认工程变更中的技术内容，执行设计变更（签证）制度，履行设计变更审批手续。

六、基础施工阶段造价管理

(一) 付款管理

（1）负责组织监理单位收集汇总并审核各项目工程预付款、工程进度款、设计费、监理费及工程其他费用支付申请，并向建设单位提出支付意见。

（2）在基建管理信息系统中向建设单位提交经领导审批的工程预付款、工程进度款及其他费用的支付申请。

(二) 设计变更管理

重大设计变更是指改变了初步设计批复的设计方案、主要设备选型、工程规模、建设标准等原则意见，或单项设计变更投资增减额超过 20 万元的设计变更；一般设计变更是指除重大设计变更以外的设计变更。

重大签证是指单项签证投资增减额超过 10 万元的签证；一般签证是指除重大签

证以外的签证。

（1）根据一般设计变更（签证）的变动工程量，核实审批设计变更（签证）费用计算书等材料。设计变更费用应根据变更内容对应概算或预算的计价原则编制，现场签证费用应按合同确定的原则编制。设计变更与现场签证费用应由相关单位技经人员签署意见并加盖造价专业资格执业章。

（2）重大设计变更，经项目法人单位上报请示文件，由国网基建部审批。

（3）完成工程设计变更相关审批后，在基建管理信息系统中录入变更结果及其他相关内容。

（4）负责监督、检查监理单位及时审核有关造价部分的工程变更资料。

（三）安全文明施工费管理

业主项目部组织审查招标文件、施工合同和安全协议中安全文明施工标准化内容，按规定在合同中计列工程项目安全文明施工费，提供工程项目安全文明施工的基本条件。监督施工企业按合同约定落实安全生产费用，保证安全文明施工费足额投入。

1. 安全文明施工费计列与提取

（1）国家电网公司投资的输变电工程项目在编制估算、概算书时，应严格执行国家、行业关于安全文明施工费的计列要求，按照规定的科目和费率计列项目安全文明施工费；对环境复杂、"急、难、险、重"的工程项目，设计单位应在此基础上，充分考虑特殊安全生产措施费用，用于安全文明施工标准化管理工作所需支出。

（2）建设单位在招标、合同签订时，应依据相关规定单独计列安全文明施工费，不纳入竞争报价。

（3）建设、监理等其他单位和部门不得采取收取、代管等形式对工程项目安全文明施工费进行集中管理和使用。

（4）建设单位在拨付工程进度款的同时，应按照工程现场投入计划和实际情况，单独拨付安全文明施工费。工程建设初期，可适当超前支付先期布置所需安全文明施工费。

2. 安全文明施工费的支付与使用

（1）安全文明施工费计提、使用应立足于满足工程现场安全防护和环境改善需要，优先用于保证安全隐患整改治理和达到安全文明施工标准化要求所需的支出。

（2）施工企业应及时向施工项目部拨付施工安全文明施工费用，施工总承包单位应将工程项目安全文明施工费用按比例直接支付给专业分包单位并监督使用，专业分包单位不再重复提取；劳务分包安全文明施工费用，由总包单位统筹管理使用，确保相关费用全部用于分包人员和分包现场的安全生产。

（3）未包含在安全文明施工费使用范围内的安全文明施工标准化所需费用，在总体施工费用中予以落实。对达不到安全文明施工标准化要求、安全文明施工费不足的工程项目，施工企业应补充资金，满足安全文明施工标准化要求，超出部分从成本费用渠道列支。

七、基础施工阶段质量监督管理

架空输电线路工程开工后应申请进行首次监督检查。

地基处理结束后申请进行地基处理（包括换填垫层地基、预压地基、压实地基、夯实地基、复合地基、注浆地基、微型桩加固、灌注桩、预制桩、基坑、边坡、湿陷性黄土地基、液化地基、冻土地基、膨胀土地基）监督检查。

中间验收合格后，建设单位提出杆塔组立前阶段的监督检查。各阶段检查要求有以下几方面：

（1）架空输电线路的首次监督检查可与地基处理的监督检查合并进行。

（2）一般杆塔的地基处理和基础施工应按照架空输电线路杆塔组立前监督检查部分的要求进行。

（3）对于大跨越高塔，地基处理和基础施工必须分别进行监督检查。

（4）架空输电线路杆塔组立前监督检查应当单独进行。

（5）质量监督检查活动后专家组组长及全体质量监督人员共同签发电力工程质量监督检查专家意见书，整改验收合格后下发工程质量监督检查转序通知书，方可开展下一阶段施工。

第三节　杆塔组装

一、施工工作内容

（一）铁塔组立准备工作

组立前期的准备工作包括技术准备、原材料检验、人员配置及培训、工器具准备以及现场勘查、修整场地和运输道路等。

（1）铁塔基础混凝土强度达到设计强度的70%，并经中间验收合格；基面、防沉层及周围应平整，并对基础露出地面部分采取有效的保护措施。

（2）立塔所用的工器具使用前必须进行严格的外观检查，对不合格的工器具严禁使用，所有使用的工器具严禁以小带大或超负荷使用。

(3) 参加组塔的施工人员应明确分工，并应在施工前各自检查、准备所有工器具。

(4) 组立铁塔前应复查基础根开、对角线及基础顶面高差，尤其是转角塔必须复核内外角基础顶面预留高差。

(5) 复查所有塔材，规格必须符合设计图纸要求，然后将其按段别型号分别归类放置，以方便组装。

(二) 组立、起吊与安装

(1) 内拉线抱杆的构成。抱杆由朝天滑车、朝地滑车及抱杆本身构成。在抱杆两端设有连接拉线系统和承托系统用的抱杆帽及抱杆底座。

(2) 常用的内拉线抱杆。铝合金抱杆，$\phi 400mm \times 15mm \times 18m$，分段内法兰，用于吊装 200～500kV 线路铁塔，限吊重量 1000kg 以下；铝合金抱杆，$\phi 500mm \times 9mm \times 24m$，分段内法兰，用于吊装 500kV 线路铁塔，限吊重量 1500kg 以下。

(3) 抱杆拉线的布置。抱杆拉线由四根钢丝绳及相应索具组成。拉线的上端通过卸扣固定于抱杆帽，下端用索卡或卸扣分别固定于已组塔段四根主材的上端。

(4) 承托系统布置。抱杆的承托系统由承托钢丝绳、平衡滑车和双钩等组成。

(5) 起吊绳的布置。单片组塔时，起吊绳是由被吊构件经朝天滑车、腰滑车、地滑车引到机动绞磨间的钢丝绳。双片组塔时，起吊绳经过 2 个地滑车之后还应通过平衡滑车。

(6) 牵引设备的布置。内拉线抱杆组塔时，牵引设备选用 30kN 级机动绞磨或手拖机动绞磨。绞磨应尽可能顺线路或横线路方向放置。在起吊构件过程中，绞磨机手应能观测到起吊构件。距塔位的距离应不小于 1.2 倍塔高。

(7) 攀根绳和控制绳的布置。绑扎在被吊塔片下端的绳为攀根绳，其作用是控制被吊塔片不与已组塔段相碰。绑扎在被吊塔片上端的绳习惯上称为控制绳，通常选用 $\phi 6 \sim 20mm$ 的棕绳。

(8) 地滑车 (也称底滑车) 和腰滑车的布置。腰滑车是为了减少抱杆轴向压力及避免牵引绳与塔段或抱杆相碰所设置的一种转向滑车。

(9) 腰环的布置。内拉线抱杆提升过程中，采用上下两副腰环以稳定抱杆，使抱杆始终保持竖直状态。上下两副腰环间的垂直距离，一般应保持在 3m 以上，抱杆越长，垂直距离也应增大。

(三) 收尾阶段

(1) 抱杆拆除时先在抱杆根部设置一根控制绳。

(2) 拆除外拉线，启动牵引设备将抱杆提升少许，拆除承托绳及腰环。

(3) 回松牵引绳，并调整控制绳，使抱杆不碰塔材并缓慢落地。

(4) 在抱杆下端落至地面时，停止牵引绳回松，使牵引绳略带张力 (完全放松)，用 $\phi 13mm \times 0.5m$ 钢绳套将最下端两节抱杆连在一起，卸去连接螺栓后继续回松磨绳，并将待拆除抱杆段拉至塔外，依次重复至拆完。

二、杆塔组装阶段安全管理

(一) 安全日常管理

(1) 建设单位或业主项目部组织有关专家、工程参建各方，在相关评价时段 (施工周期超过 5 个月且线路长度大于 10km 的线路工程，在杆塔组立初期和架线施工初期，应分别组织开展安全文明施工标准化管理评价工作；施工周期少于 5 个月或长度大于 5km、小于 10km 的线路工程，在杆塔组立初期或架线施工初期组织开展一次安全文明施工标准化管理评价工作；长度小于 5km 的线路工程，可根据工程特点确定是否开展安全文明施工标准化管理评价工作) 组织进行安全文明施工标准化管理评价工作，并填报输变电工程安全文明施工标准化管理评价报告。

(2) 评价工作结束后，监督存在问题的责任单位进行问题整改闭环，并报建设单位备案。

(3) 按照要求在基建管理信息系统中填报项目安全文明施工标准化管理评价有关内容。

(4) 配合省公司做好安全文明施工标准化管理评价的抽查工作。

(二) 安全措施

(1) 高塔组立，临近带电体施工，特殊地形铁塔组立需要旁站监理。

(2) 杆塔组立等场地实行封闭管理。采用插入式安全围栏 (安全警戒绳、彩旗，配以红白相间色标的金属立杆) 进行围护、隔离、封闭。

(3) 杆塔组立施工，机料 (机具、工具、材料) 应定置堆放，高处作业时螺栓、垫片等应放在专用袋内。施工过程中基础棱边及表面应采取成品保护措施，并对塔材、钢丝绳等进行有效保护。

(4) 焊接作业时，作业人员应穿戴专用劳动防护用品。

(5) 电焊机外壳必须可靠接地。

(6) 乙炔气瓶严禁卧放使用。

(7) 焊接时氧气瓶与乙炔瓶距离不得小于 5m。

(8) 吊装方案和现场布置应符合施工技术措施要求。

(9) 组杆塔应设安全监护人。

(10) 地面人员应正确佩戴安全帽，吊件垂直下方不得有人逗留。

(11) 组装时严禁将手指插入螺孔找正或强行组装。

(12) 一根锚桩上的临时拉线不得超过两根。禁止利用树木或外露岩石作牵引或制动等主要受力锚桩。

(13) 在受力钢丝绳的内角侧严禁有人，禁止将钢丝绳直接缠在角钢主材上。

(14) 铁塔组立过程中应可靠接地。

(15) 起吊构件下方不得有人。

(16) 传递小型工具或材料时不得抛掷。

(17) 抱杆不应存在变形、焊缝开裂、严重锈蚀、部件弯曲等缺陷。

(18) 钢丝绳 (套) 发现有下列情况之一者应报废或截除：

①钢丝绳在一个节距内的断丝数超过规定。

②钢丝绳锈蚀或磨损超过规定。

③绳芯损坏或绳股挤出、断裂。

④笼状畸形、严重扭结或弯折。

⑤压扁严重，断面缩小。

⑥受过火烧或电灼。

(19) 钢丝绳端部用绳卡固定连接时，绳卡压板应在钢丝绳主要受力的一边，且绳卡不得正反交叉设置；绳卡间距不应小于钢丝绳直径的 6 倍；绳卡数量应符合规程规定。

(20) 插接的环绳或绳套，其插接长度应不小于钢丝绳直径的 15 倍，且不得小于 300mm。

(21) 吊钩式滑车，必须对吊钩采取封口保险措施。

(22) 卸扣应按标记规定的负荷使用；严禁用 U 形环代替卸扣，卸扣、U 形环变形或销子螺纹损坏不得使用。

(23) 高处作业应设安全监护人。

三、杆塔组装阶段质量管理

(一) 现场施工质量控制要点

1. 角钢铁塔分解组立

(1) 塔材无弯曲、脱锌、变形、错孔、磨损。

(2) 螺栓的螺纹不应进入剪切面。

(3) 螺栓应逐个紧固,扭力矩符合规范要求,且紧固力矩的上限不宜超过规定值的20%。

(4) 自立式转角塔、终端塔应组立在斜平面的基础上,向受力反方向预倾斜,预倾斜符合规定。

(5) 铁塔组立后,各相邻节点间主材弯曲度不得超过1/800。

(6) 每腿均设置接地孔,接地孔位置应保证接地引下线联板顺利安装。

(7) 螺栓穿向应一致美观。螺母拧紧后,螺杆露出螺母的长度:单螺母不应小于两个螺距;双螺母可与螺母相平。螺栓露扣长度不应超过20mm或10个螺距。

(8) 杆塔脚钉安装应齐全,脚蹬侧不得露丝,弯钩朝向应一致向上。

(9) 防盗螺栓安装到位,扣紧螺母安装齐全,防盗螺栓安装高度应符合设计要求。

(10) 直线塔结构倾斜率,对一般塔不大于0.24%,对高塔不大于0.12%。耐张塔架线后不向受力侧倾斜。

2. 钢管杆(塔)分解组立

(1) 塔材无弯曲、脱锌、变形、错孔、磨损。

(2) 螺栓的螺纹不应进入剪切面。

(3) 螺栓应逐个紧固,扭力矩符合规范要求,且紧固力矩的上限不宜超过规定值的20%。

(4) 自立式转角塔、终端塔应组立在倾斜平面的基础上,向受力反方向预倾斜,预倾斜符合规定。

(5) 铁塔组立后,各相邻节点间主材弯曲度不得超过1/800。

(6) 高强度螺栓安装应满足规程规范要求。

(7) 法兰盘应平整、贴合密实,法兰盘接触面贴合率不小于75%,最大间隙不大于1.6mm。

(8) 每腿均设置接地孔,接地孔位置应保证接地引下线联板顺利安装。

(9) 螺栓穿向应一致美观。螺母拧紧后,螺杆露出螺母的长度:单螺母不应小于两个螺距;双螺母可与螺母相平。螺栓露扣长度不应超过20mm或10个螺距。

(10) 杆塔脚钉安装应齐全，脚蹬侧不得露丝，弯钩朝向应一致向上。

(11) 防盗螺栓安装到位，扣紧螺母安装齐全，防盗螺栓安装高度符合设计要求。

(12) 直线塔结构倾斜率，对一般塔不大于 0.24%，对高塔不大于 0.12%。耐张塔架线后不向受力侧倾斜。

(二) 架线工程保证不出现的质量问题

(1) 塔材型号不符合设计要求，主材弯曲。

(2) 塔材有明显加工缺陷；施工过程塔材受到破坏 (磨损等)，组装后塔材结合不紧密 (紧固后)。

(3) 铁塔螺栓、防卸装置安装出现不紧固、出扣不一致、脚钉安装丝扣外露等不规范现象，垫片安装不符合规定要求。

(4) 架线后，转角、终端塔塔顶偏向受力侧。直线杆塔结构倾斜允许偏差不符合标准。

(三) 施工注意事项

(1) 施工前应熟悉设计文件和图纸，严格按设计图纸要求进行组装。

(2) 角钢面朝向的安装应符合设计要求，螺栓穿向符合规范要求。

(3) 组装前对塔材进行外观检查，对严重脱锌、材质差、错孔、多孔的材料不得组装。

(4) 分片吊装时，塔片在将要离开地面时应采取可靠措施防止塔片变形，并进行必要的调整。

(5) 分段吊装时，对于塔段较重的吊装应验算强度，符合要求后才可进行分段吊装。

(6) 分段吊装时，应在地面对塔段就位尺寸进行复核测量，符合要求后才可进行起吊，避免强行就位现象发生。

(7) 所有钢绳等硬质工器具严禁直接与塔材接触受力，受力点应衬垫麻袋片等软物，防止塔材镀锌层磨损，塔材变形。

(8) 承托绳与塔材连接宜设置专用挂板，避免钢丝绳磨损塔材镀锌层。

(9) 螺栓有滑牙或螺母棱角磨损过大必须更换，防盗螺栓的防盗销子要安装到位，扣紧螺母安装齐全。

(10) 每段铁塔吊装完毕应及时将螺栓紧固，下一段螺栓未紧固时严禁吊装上一段塔材；螺栓安装紧固时，先四周对称紧固。

(11) 单帽螺栓出扣不少于 2 扣，双帽螺栓至少要平扣，螺栓螺纹不得进入剪切面。

（12）螺杆应与构件面垂直，螺栓头平面与构件间不应有间隙，交叉处有空隙的，应装设相应厚度的垫片，同部位螺栓长度不得有长短不一的现象；塔身脚钉弯钩与主材准线平行且统一向上。

（13）每吊装 20～30m 高度检测一次铁塔倾斜情况，如发现超标应及时查出原因，消除缺陷后才可继续施工；铁塔组立完成后，还需复核结构尺寸，确保误差在允许范围内。

四、杆塔组装阶段质量监督管理

中间验收合格后，建设单位提出导地线架设前阶段的监督检查。

质量监督检查活动后专家组组长及全体质量监督人员共同签发电力工程质量监督检查专家意见书，整改验收合格后下发工程质量监督检查转序通知书，方可开展下一阶段施工。

第四节　架线施工

一、施工工作内容

（一）施工准备

1. 张牵设备及配套工器具选择

根据线路工程的地形条件和设计导线规格型号，通过施工设计来选择张牵设备及配套工具。旋转连接器、抗弯连接器、网套、卡线器、牵引板等应通过计算牵引力、放线张力和紧挂线受力等，进行规格型号的选择，并对上述工具进行应用前试验，其试验方法及结果必须符合《架空输电线路施工机具基本技术要求》（DL/T 875-2016）。

2. 跨越施工

张力架线全过程中导（地）线是架空状态的，一旦发生张力失控时，导（地）线将落至架顶。因此，要求跨越架的位置、几何尺寸及架体强度和刚度均能保证导（地）线安全落架。

3. 放线滑车的悬挂

直线塔和直线转角塔放线滑车悬挂时，导线放线滑车一般挂在悬垂绝缘子串下。因此，安装悬垂绝缘子串的同时将放线滑车一起连接上，同时安装并悬挂。

(二) 张力放线

张力场和牵引场准备完成后，进行牵引前检查，检查合格后进行张力展放导线，导（地）线展放完成后更换牵引绳盘及导线盘，之后重复以上操作，进行通信线展放，完成后设置导线线段临锚。

(三) 紧地线

(1) 现场布置到位后，开始紧地线作业。每根地线布置一套牵引系统，应同时布置两套牵引系统，实现两根地线同紧。检查系统各元件连接牢固后，即可启动绞磨。

(2) 收紧地线，当操作端的线端临锚拉线不受力时应停止牵引，将线端临锚由地线上拆除。继续收紧地线，且当两根同时收紧时，同步看弧垂。当各档弧垂调整达到设计规定值时，停止牵引。

(3) 恢复操作端线端临锚，并收紧手扳葫芦，拆除牵引系统。当弧垂调整符合设计规定及验收规范要求时，登塔画印。

(四) 紧导线

(1) 按做好的牵引系统布置，每相导线应布置四套牵引动力装置，以达到所有导线同步收紧的目的。检查牵引系统各元件连接牢固后，即可启动绞磨，同时通知弧垂观测人员及紧线段内各监护人员。

(2) 缓慢收紧导线，当操作端的线端临锚拉线不受力时停止牵引，将线段临锚由导线上拆除。继续收紧导线，应注意将导线对称收紧，使放线滑车保持受力平衡。各导线同时收紧，同步看弧垂，待各档弧垂调整符合设计要求后，停止牵引。

(3) 恢复操作端的线端临锚，收紧手扳葫芦，松出绞磨绳，拆除牵引系统的工具。用线端临锚的手扳葫芦微调导线弧垂，使之符合设计及规范要求后，每基杆塔上进行画印。完成画印作业后，方可进行过轮临锚作业。

(五) 直线塔附件安装

采用两套链条或手扳葫芦及两套二线提拉器，分别悬挂于横担前后侧的安装孔上，在各导线提线器挂钩处套上胶管，将提线器的挂钩分别挂在相应子导线上，收紧提线装置使导线脱离放线滑车，卸下放线滑车，在画印位置规定范围内缠绕铝包带。如果缠绕预绞丝护线条，则中心位置应对准线条安装的画印点，逐根顺螺旋方向分别向导线前后侧绞制预绞丝，绞制后自然与导线贴紧在一起，然后安装悬垂线夹，并挂于四联板的相应位置，松下收紧装置使绝缘子及金具完全受力再拆除提线工具。

(六) 跳线安装

（1）第一种方式。当耐张串使用螺栓式耐张线夹时，跳线采用并沟线夹连接，并沟线夹不得少于两副。

（2）第二种方式。当耐张串使用压接式耐张线夹时，跳线两端用压接管与耐张线夹连接。这种情况有两种形式，即带跳线绝缘子串及不带跳线绝缘子串。

（3）第三种方式。四分裂导线的跳线连接方式与第二种情况相同，但跳线形状分为直跳式及绕跳式两种。四分裂跳线上每相装有四支间隔棒，且均匀布置。

二、架线施工阶段安全管理

（1）带电搭设或拆除跨越架（架体平齐带电线路至封顶阶段），特殊施工方式（飞艇、动力伞等）展放导引绳，导引绳通过铁路、高速公路等需要旁站监理。

（2）检查施工项目部特殊工种、特殊作业人员持证上岗到位情况。

（3）检查各类检查中留存数码照片等影像资料，包括安全管理亮点照片、安全隐患照片、违章照片、整改后照片等。

（4）张力场、牵引场、导地线锚固等场地实行封闭管理。采用插入式安全围栏（安全警戒绳、彩旗，配以红白相间色标的金属立杆）进行围护、隔离、封闭。

（5）张力放线时必须有可靠的通信系统，牵引场、张力场必须设专人指挥，各塔位设一名监护人员。

（6）吊挂绝缘子串和放线滑车时，吊件的垂直下方不得有人。

（7）架线前，施工段内的杆塔必须接地。

（8）牵引设备及张力设备的锚固必须可靠，接地应良好。

（9）牵张机操作人员应站在绝缘垫上。

（10）接地线应采用编织软铜线，接地线不得用缠绕法连接，应使用专用夹具，连接应可靠，接地棒宜镀锌，插入地下的深度应大于 0.6m。

（11）选用的卡线器规格应与导、地线规格相匹配。卡线器有裂纹、弯曲、转轴不灵活或钳口斜纹磨平等缺陷时严禁使用。

（12）紧线过程中人员不得靠近导、地线或跨越将离地面的导、地线。

（13）施工人员不得站在悬空导、地线的垂直下方。

（14）紧线所用卡线器的规格必须与线材规格匹配，不得代用。

（15）附件安装作业区间两端必须装设保安接地线。施工的线路上有高压感应电时，应在作业点两侧加装接地线。

（16）在跨越电力线、铁路、公路或通航河流等的线段杆塔上安装附件时，必须采取防止导线或避雷线（光缆）坠落的措施。

（17）导线按定置化要求集中放置。

三、架线施工阶段质量管理

（一）现场施工质量控制要点

（1）张力场。由上方进入小张力机轮子，绕张力机6圈后，从上方引出。用与导线配套的连接器固定导、地线引出端。在距网套连接器开口端20~50mm处用10号铁线绑扎牢固，不少于10匝。旋转连接器为30kN。

（2）牵引场。用小牵张机"一牵一"，开始时慢速牵引。待系统运转正常后，方可全速牵引，牵引速度为40~70m/min。

（3）牵张场地的选择。应满足牵引机、张力机能直接运达到位，且道路修补量不大；桥梁载重能满足承载力不小于250kN的要求。地形应平坦，能满足布置牵张设备、布置导线及施工操作等要求。场地面积应不小于：张力场55m×25m；牵引场30m×25m。

（二）施工注意事项

（1）牵引机的地锚抗拔力应是正常牵引力的2~3倍。

（2）防感应电伤害。张力放线时，为防止静电伤害，牵张设备和导线必须接地良好。

第五节　沟槽施工

一、沟槽施工工作内容

（1）测量定位、沟槽土方开挖。

（2）地基验槽。

（3）垫层混凝土浇筑及养护。

（4）钢筋绑扎及底板模板安装。

（5）底板混凝土浇筑及养护。

（6）边墙模板及预埋件安装。

（7）边墙混凝土浇筑及养护。

（8）边墙模板拆除。

（9）混凝土压顶制作及安装（含过水槽及过梁施工）。

（10）沟底排水找坡。

（11）接地扁铁安装。

（12）电缆支架制作及安装。

（13）电缆沟盖板制作及安装。

二、沟槽施工阶段安全管理

施工安全措施

（1）开工前编制专项施工用电方案。现场由专业电工负责用电管理。

（2）现场配电箱必须上锁，并采取防雨措施。配电箱必须接地可靠，且引线规范。加强使用前及使用过程中的检查，保护零线与工作零线不得混接，开关箱漏电保护器灵敏可靠，漏电保护装置参数应匹配，严格执行"一机、一闸、一保护"的要求。

（3）施工及生活用电设备的金属外壳必须可靠接地，并装设漏电开关或触电保护器。

（4）严格执行机械管理制度，定期检修、维护和保养。维修时悬挂"有人工作，严禁合闸"警示标志牌，并设专人负责监护。

（5）在电缆沟施工过程中，每隔一定距离应设置临时通道，以便于现场人员安全通过电缆沟。临时通道应有护栏。

（6）危险设备、场所必须设置安全围栏和安全警示标志。警示标志应符合有关标准和要求。

（7）焊工必须考试合格并取得合格证书后才能持证上岗。持证焊工必须在其考试合格项目及其认可范围内施焊。

三、沟槽施工阶段质量管理

(一) 工程实体质量要求

（1）电缆沟沟壁混凝土表面平整光洁，达到清水混凝土质量标准，无须进行二次粉刷，无空鼓、裂纹，色泽基本一致。

（2）电缆沟有预制压顶时，压顶应顺直，表面平整光洁，色泽一致，勾缝顺直饱满，转弯或交会处采用45°切角嵌入。

（3）对拉螺杆兼作预埋件时，其伸出电缆沟边墙墙面的长度一致，螺杆间的间距须保持一致，螺杆与沟顶面的距离须保持一致，且应满足电缆支架的安装要求。

(4) 焊缝表面不得有裂纹、焊瘤等缺陷。一级、二级焊缝不得有表面气孔、夹渣、弧坑裂纹、电弧擦伤等缺陷，且一级焊缝不得有咬边、未焊满、根部收缩等缺陷。

(5) 沟盖板安装后无晃动、响声，色泽均匀，表面平整。

(6) 电缆沟质量检查项目及要求如下：

①沟道中心线位移允许偏差为 ±20mm。

②沟道顶面标高允许偏差为 -10 ~ 0mm。

③沟道截面尺寸允许偏差为 ±20mm。

④沟内侧平整度允许偏差不大于 8mm。

⑤预留孔洞及预埋件中心位移允许偏差不大于 15mm。

⑥沟道底面标高偏差为 5mm。

⑦沟道底面坡度偏差为 ±10mm 设计坡度。

⑧盖板安装表面平整度不大于 5mm。

⑨焊缝高度满足设计要求。

(二) 现场施工质量控制要点及施工注意事项

(1) 电缆沟的中心线及走向符合设计要求，基坑底部施工面尺寸为电缆沟横断面设计长度 (宽度) 两边各加 500mm。

(2) 基坑开挖采用机械开挖人工修槽的方法，机械挖土应严格控制标高，防止超挖或扰动地基，槽底设计标高以上 200 ~ 300mm 应用人工修整；超深开挖部分应采取换填级配良好的沙砾石或铺石灌浆等适当的处理措施，保证地基承载力及稳定性。

(3) 沟槽边沿 1.5m 范围内严禁堆放土、设备或材料等，1.5m 以外的堆放高度不应大于 1m；开挖过程中应做好沟槽内的排水工作，局部较深处可以考虑采取井点降水。

(三) 高压电缆沟槽施工杜绝的质量问题

(1) 混凝土强度、钢筋规格不符合设计或规范要求。

(2) 基础混凝土出现蜂窝、麻面及露筋等明显缺陷。

(3) 回填土防沉层不整齐、规范，坑口回填土高度不满足质量要求 (300mm)。

(4) 混凝土搅拌、振捣等不规范，或带水浇混凝土、砂石中混有杂物，混凝土跌落高度大于 2m。

四、沟槽施工阶段质量监督管理

电缆线路指以电力电缆为电能输送载体，直埋于地下或布置在地下沟道、管道、隧道内的用以连接变电站、开关站和用户的输电线路。架空布置的电缆线路工程按照架空输电线路工程的有关规定执行，变电站内的电缆敷设按照变电站的有关规定执行。

电缆线路工程开工后应申请进行首次监督检查。地基处理结束后申请进行地基处理（包括换填垫层地基、预压地基、压实地基、夯实地基、复合地基、注浆地基、微型桩加固、灌注桩、预制桩、基坑、边坡、湿陷性黄土地基、液化地基、冻土地基、膨胀土地基）监督检查。首次监督检查可与地基处理监督检查合并进行。

质量监督检查活动后专家组组长及全体质量监督人员共同签发电力工程质量监督检查专家意见书，整改验收合格后下发工程质量监督检查转序通知书，方可开展下一阶段施工。

第六节　电缆展放

一、施工工作内容

采用电缆输送机和人工组合的敷设方法，在隧道内布置电缆输送车和滑车，布置并调试控制系统和通信系统。施工人员拆除电缆盘护板，将电缆牵引段引下，在电缆牵引头和牵引绳（防捻钢丝绳）之间安装防捻器，通过人工将电缆牵引至电缆隧道内，电缆到达电缆输送机后，启动电缆输送机。电缆输送机由三相电动机提供动力，齿轮组、复合履带将输送力作用于电缆。电缆在多台电缆输送机共同作用下，实现在隧道内输送。整盘电缆输送完成后，将电缆放至指定位置，调整蛇形波幅，按要求进行绑扎和固定。

二、电缆展放阶段质量管理

（一）工程实体质量要求

1. 高压电缆直埋敷设

（1）电缆埋设深度在 0.7～1.0m。

（2）直埋覆土应选择较好的土层或黄沙填实。

（3）电缆盖板应前后衔接，不能有间隙。

（4）电缆弯曲半径应满足最小弯曲半径要求。

（5）敷设过程中电缆牵引力及侧压力应符合设计规程要求。

（6）电缆外护套在施工过程中不能受到损伤。

2. 高压电缆排管敷设

(1) 工井内电缆支架及接地系统安装和电缆固定应符合设计要求。

(2) 电缆敷设后排管孔必须进行可靠密封。

(3) 电缆外护套在施工过程中不能受到损伤。

(4) 电缆敷设前，对电缆敷设所用到的每一孔排管管道都应用疏通工具进行双向疏通。

(5) 电缆敷设前根据敷设需要在线盘处、工井口及工井内转角处搭建放线架。

3. 高压电缆隧道敷设

(1) 电缆敷设前根据敷设需要宜在电缆盘处、隧道竖井内及隧道内转角处搭建放线架。

(2) 电缆支架、接地系统安装和电缆固定应符合设计要求。

(3) 电缆弯曲半径应符合最小弯曲半径要求。

(4) 敷设过程中电缆牵引力及侧压力应符合设计规程要求。

(5) 电缆外护套在施工过程中不能受到损伤。

(二) 现场施工质量控制要点

(1) 电缆应排列整齐，走向合理，不宜交叉。

(2) 110kV 及以上电缆施工前应逐段编制电缆敷设方案，并对牵引力、侧压力进行核算。电缆敷设时，电缆所受的牵引力、侧压力和弯曲半径应符合《电气装置安装工程电缆线路施工及验收标准》(GB 50168–2018) 的规定。

(3) 在电缆牵引头、电缆盘、牵引机、过路管口、转弯处以及可能造成电缆损伤的地方应采取可靠的保护措施。

(4) 电缆敷设后，应根据设计要求将电缆固定在电缆支架上，如采用蛇形敷设，则应按照设计规定的蛇形节距和幅度进行固定。

(三) 施工注意事项

(1) 电缆敷设前，在线盘处、转角处使用专用转弯机具，将电缆盘、牵引机和滚轮等布置在适当的位置，电缆盘应有刹车装置。

(2) 电缆应有牵引头，机械敷设时，应在牵引头或钢丝网套与牵引钢丝绳之间安装防捻器。牵引强度符合验收规范要求，在电缆牵引头、电缆盘、牵引机、过路管口、转弯处及可能造成电缆损伤处应采取保护措施，有专人监护并保持通信畅通。

(3) 电缆敷设过程中埋深、回填土量等参数应严格按照设计要求，电缆敷设后覆土前通知测绘人员对已敷设电缆进行测绘。

（4）电缆蛇形波幅误差一般控制在 10mm 以内。

（5）电缆敷设完成后，及时填写敷设记录和相关资料并整理归档。

三、电缆展放阶段质量监督管理

中间验收合格后，建设单位提出安装前阶段的监督检查。

质量监督检查活动后专家组组长及全体质量监督人员共同签发电力工程质量监督检查专家意见书，整改验收合格后下发工程质量监督检查转序通知书，方可开展下一阶段施工。

第七节　电缆头制作

一、施工工作内容及施工重点

(一) 施工工作内容

施工准备；电缆护层剥切；电缆加热调直；电缆剥切；打磨；套装环形部件；套入接头主体；导体连接；接头主体就位；外屏蔽恢复；安装铜壳；安装接地线；安装防水外壳；清理现场；质量验收。

(二) 施工重点

（1）按照制造商工艺文件施工。

（2）电缆接头如布置在支架上，则接头支架的结构形式应与接头相匹配，与所安装的地点和环境相适应。电缆线芯连接金具，应采用符合标准的连接管，其内径应与电缆线芯紧密配合，间隙不应过大。

（3）铜屏蔽连接需符合工艺、规范要求。

二、电缆头制作阶段安全管理

（1）检查施工项目部特殊工种、特殊作业人员持证上岗到位情况。

（2）检查各类检查中留存的数码照片等影像资料，包括安全管理亮点照片、安全隐患照片、违章照片、整改后照片等。

（3）施工人员进入施工现场，必须正确佩戴个人安全防护用具。

（4）切断电缆前核对电缆标记、相位。

（5）附近如有平行敷设的运行电缆，操作时电缆护套和线芯做临时接地，防止感应电伤人。

（6）接头井内如有带电的运行电缆，要保持足够的安全距离，必要时加隔板保护。

（7）接头临时工棚内配置灭火器。

（8）用刀或其他切割工具时，正确控制切割方向和力度。

（9）隧道内施工，进入隧道前检测气体，必要时强制通风排气。

（10）夜间有专人值班，现场做好防火、防盗、防水浸的措施。

三、电缆头制作阶段质量管理

（一）工程实体质量要求

1. 预制式中间接头现场检查

（1）交联电缆预制式中间接头（35kV 及以下）：

①施工现场是否搭制简易接头棚。

②电缆绝缘外径是否在预制件允许范围内。

③电缆绝缘表面清洁处理是否规范。

④预制件是否定位在要求位置上。预制件半导电部分不得涂硅脂。

⑤在铜屏蔽带或钢带上涂焊底锡，再将接地线与铜屏蔽带或钢带进行连接，连接时要有足够的焊接面积。接地线与接地系统连接时接地线应用线鼻压接。

⑥接头密封一般可采用防水带加热缩管方式，热缩管的搭口处应分别绕包防水带和 PVC 胶带。

⑦直埋敷设方式必须考虑加装接头保护盒。

（2）交联电缆预制式中间接头（110kV 及以上）：

①现场根据厂商工艺要求对接头区域温度、相对湿度、清洁度进行控制。配备必要的除尘、通风、照明、除湿、消防设备，并提供充足的施工用电。

②施工前应确定工具与材料堆放场地。

③对电缆表面进行加热不得损伤电缆绝缘，当电缆热透后保持一定时间，去掉加热装置采用校直装置进行校直，直至电缆冷却。如果发现电缆仍有非常明显的绝缘回缩，必须重新加热处理。

④预制件套入扩张时间不得过长，不宜超过 4h。

⑤导体连接管压接部分不得存在尖锐和毛刺，压接完毕后电缆之间仍保持足够的笔直度。

⑥屏蔽罩外径不得超过电缆绝缘外径。

⑦预制件定位准确。定位完毕应擦去多余的硅油。定位后宜停顿 20min 再进行

接地连接与密封处理。

⑧接地线连接应牢靠，接地线截面应满足设计要求。接地密封应可靠无渗漏。

2. 电缆终端现场检查

(1) 交联电缆预制式终端 (35kV 及以下)：

①电缆绝缘表面清洁处理是否规范。

②安装终端预制件时不得损伤预制件，预制件位置应符合工艺要求。

③按附件施工工艺要求，选择六角形围压方法进行压接。压接到一定压力时或合模后，保持压力 10～15s 再松开模具。压接后端子不能有明显弯曲。

④压接产生的尖角、毛边、棱角等应用锉刀锉去，并用砂纸打光。

⑤压接顺序应从上至下。

⑥先在铜屏蔽带或钢带上涂焊底锡，再将接地线与铜屏蔽带或钢带进行连接，连接时要有足够的焊接面积。接地线与接地系统连接时接地线应用线鼻压接。

⑦如有零序电流互感器，应用绝缘导线；如接地连接点高于零序电流互感器，则接地线应穿过零序电流互感器。

(2) 交联电缆终端 (110kV 及以上)：

①搭建终端脚手架或棚架，户外工作应及时掌握天气情况，搭制防雨棚。

②终端施工前应对电缆外护层进行绝缘测试。

③施工现场应配备必要的除尘、通风、照明、除湿、消防设备，提供充足的施工用电。

④施工前应确定工具与材料堆放场地。

⑤绝缘表面应无杂质、凹凸起皱及伤痕。绝缘处理后应根据厂商工艺要求对外半导电屏蔽层进行硫化。

⑥导体压接部分不得存在尖锐和毛刺，电缆导体无歪曲现象。

⑦电缆尾管与金属护套处应进行密封处理，接地线连接应可靠。

3. 电缆试验现场检查

(1) 高压电缆交流耐压试验：

①试验时电缆线路全线换位箱中的同轴电缆内外芯均处于短路接地状态。

②试验线路另一端应派专人监护。试验时应确保被试电缆两端与其他设备隔离。

③电缆耐压试验时，宜使用裸铜线作为试验引线。试验应分相进行，一相电缆试验时，另两相应接地。

④电缆耐压试验完毕后，应先进行放电，最后直接接地。

(2) 高压电缆直流耐压试验：

①试验时电缆线路全线换位箱中的同轴电缆内外芯均处于短路接地状态。

②试验线路另一端应派专人监护。试验时应确保被试电缆两端与其他设备隔离。

③电缆耐压试验时，宜使用绝缘屏蔽线作为试验引线，对地保持足够距离。试验应分相进行，一相电缆试验时，另两相应接地。对被试相采用绝缘套筒进行隔离。

④电缆耐压试验完毕后，长距离线路应等待 1 ~ 2min 自然放电后，再经小电阻放电，反复几次放电直至无火花后才允许直接放电接地。

4. 电缆防火封堵现场检查

(1) 安装防火隔板：

①在每档支架托臂上设置两副专用挂钩螺栓，使隔板与电缆支 (托) 架固定牢固。螺栓头外露不宜过长，采用专用垫片。

②隔板间连接处应有 50mm 左右搭接，用螺栓固定，并采用专用垫片。安装的工艺缺口及缝隙较大部位用有机防火堵料封堵严实。

③用隔板封堵孔洞时应固定牢固，固定方法应符合设计要求。

(2) 填充阻火包：

①不得使用有破损的阻火包。

②在电缆周围包裹一层有机防火堵料，将阻火包平整地嵌入电缆空隙中，阻火包应交叉堆砌。

③阻火墙底部用砖砌筑支墩，并设有排水孔，还应采取固定措施以防止阻火墙坍塌。

(3) 浇筑无机防火堵料：

①孔洞面积大于 $0.2m^2$、可能行人的地方应采取加固措施。

②根据阻火墙设计厚度，自上而下地砌作或浇筑。预制式阻火墙的表面用无机防火堵料进行粉刷。

③阻火墙应设置在电缆支 (托) 架处，构筑牢固，并应设电缆预留孔，底部设排水孔洞。

(4) 包裹有机防火堵料：

①将有机防火堵料密实嵌于需封堵的孔隙中。

②按设计要求需在电缆周围包裹一层有机防火堵料时，应包裹均匀密实。

③用隔板与有机防火堵料配合封堵时，有机防火堵料应略高于隔板，高出部分宜形状规则。

④在阻火墙两侧电缆处，有机防火堵料与无机防火堵料封堵应平整。

⑤电缆预留孔和电缆保护管两端口用有机堵料封堵严实。填料嵌入管口的深度不小于 0.05m。预留孔封堵应平整。

(二) 现场施工质量控制要点

1. 交联电缆预制式中间接头安装（110kV 及以上）

（1）电缆接头前，检查电缆相位、偏心度、是否进潮、附件规格与电缆规格匹配性。

（2）现场环境满足要求，剥切电缆护套、加热校直、半导电层处理、绝缘处理、接管压接、接地连接、密封处理等关键步骤严格按照制造商工艺文件施工并记录在报表上。

（3）中间接头支架与接头相匹配、与所安装的地点和环境相适应，直埋电缆接头应安装保护盒，交叉互联用同轴电缆内外芯应一致，交叉互联跨接排方向应统一。

2. 交联电缆预制式终端安装（110kV 及以上）

（1）电缆接头前，检查电缆相位、偏心度、是否进潮、附件规格与电缆规格匹配性，终端结构形式与电气设备相适应，设备连接接口与金具相互配合。

（2）现场环境满足要求，剥切电缆护套、加热校直、半导电层处理、绝缘处理、接管压接、接地连接、密封处理等关键步骤严格按照制造商工艺文件施工并记录在报表上。

（3）终端金属尾管采用专用接地端子与接地线（网）连接，接地线（网）连接满足要求，采取措施避免 GIS 终端尾管的接地端子被封住。

(三) 施工注意事项

（1）电缆接头前，对电缆进行校潮。

（2）检查附件规格与电缆规格是否一致。

（3）剥切电缆护层时不得损伤下一层结构，护套断口要均匀整齐，不得有尖角。

（4）绝缘处理后直径应注意工艺过盈配合要求，绝缘表面处理应光洁、对称。

（5）选择与电缆截面相配的模具进行压接，压接后压接管表面应保持光洁、无毛刺。

（6）预制件定位前应在接头两侧做标记，并均匀涂抹硅脂。如使用氮气辅助定位，则定位完毕后应施放余气，检查预制件表面是否有损伤。

（7）接地线宜采用锡焊，接地要牢固、平整、无毛刺。

（8）直埋电缆接头应有防止机械损伤的保护结构或外设保护盒。

第九章　输电线路电流与电压保护

第一节　单侧电源输电线路相间短路的电流与电压保护

一、电流继电器

电网发生相间短路时，一个明显的特征就是故障相电流突然增大，因此，通过检测电流的变化可以判定故障的发生，这就是作为故障测量元件之一的电流继电器的功能。

电流继电器是实现电流保护的基本元件，也是反映一个电气量而动作的简单继电器的典型。

电流继电器有很多类型，如电磁型、晶体管型和集成电路型等，无论何种类型的电流继电器，它们总有一个动作电流和一个返回电流。

动作电流：能使继电器动作的最小电流值。当继电器的输入电流小于动作电流时，继电器根本不动作；而当输入电流大于动作电流时，继电器能够突然迅速地动作。

返回电流：能使继电器返回原位的最大电流值。在继电器动作以后，当输入电流减小到返回电流时，继电器能立即返回原位。无论启动和返回，继电器的动作都是明确的，它不可能停留在某一个中间位置。这种特性称为"继电特性"。

返回系数：即继电器的返回电流与动作电流的比值。

很显然，反映电气量增长而动作的继电器（如电流继电器）的返回系数小于1，而反映电气量降低而动作的继电器（如低电压继电器），其返回系数必大于1。在实际应用中，常常要求电流继电器有较高的返回系数，如0.8~0.9，微机电流保护有的可达到0.95。

老式的继电保护装置都是由许多继电器组合而成的，如电流、电压，时间、中间、信号、差动、功率方向、阻抗继电器等。与微机保护相比，装置较复杂，但对初学者来说，对装置的各部分均可看得较清楚，对了解和掌握保护的原理会容易一些。

二、无时限电流速断保护

无时限电流速断保护又称为Ⅰ段电流保护或瞬时电流速断保护。

　　根据对继电保护速动性的要求，保护装置动作切除故障的时间，必须满足系统稳定和保证重要用户的供电可靠性。在简单、可靠和保证选择性的前提下，原则上总是越快越好。因此，应力求装设快速动作的继电保护，无时限电流速断保护就是这样的保护。它是反映电流增大而瞬时动作的电流保护，故又简称为电流速断保护。

　　无时限电流速断保护的单相原理：它是由电流继电器（测量元件）、中间继电器和信号继电器组成。正常运行时，负荷电流流过线路，反映电流继电器中的电流小于电流继电器的启动电流，电流继电器不动作，其常开触点是断开的，中间继电器常开触点也是断开的，信号继电器线圈和断路器跳闸线圈中无电流，断路器主触头闭合处于送电状态。当线路短路时，短路电流超过保护装置的启动电流，电流继电器常开触点闭合启动中间继电器，中间继电器常开触点闭合将正电源接入信号继电器的线圈，并通过断路器的常开辅助触点，接到跳闸线圈构成通路，断路器执行跳闸动作，跳闸后切除故障线路。

　　中间继电器的作用，一方面是利用中间继电器的常开触点（大容量）代替电流继电器的小容量触点，接通线圈；另一方面是利用带有 0.06～0.08s 延时的中间继电器，以增大保护的固有动作时间，躲过管型避雷器放电时间（一般放电时间可达 0.04～0.06s），以防止避雷器放电引起保护误动作。

　　信号继电器的作用是用于指示该保护动作，以便运行人员处理和分析故障。

　　无时限电流速断保护的主要优点是简单可靠、动作迅速，因而获得了广泛的应用。它的缺点是不可能保护线路的全长，并且保护范围直接受系统运行方式变化的影响。当系统运行方式变化很大，或者被保护线路的长度很短时，无时限电流速断保护就可能没有保护范围，因而不能采用。

　　当系统运行方式变化很大时，保护电流速断按最大运行方式下保护选择性的条件整定以后，在最小运行方式下就没有保护范围。

　　当线路较长时，其始端和末端短路电流的差别较大，因而短路电流变化曲线比较陡，保护范围比较大；而当线路较短时，由于短路电流曲线变化平缓，速断保护的整定值在考虑了可靠系数以后，其保护范围将很小，甚至等于零。

　　在个别情况下，有选择的电流速断也可以保护线路的全长。例如，当电网的终端线路上采用线路—变压器组的接线方式时，由于线路和变压器可以看成一个元件，而速断保护就可以按照躲开变压器低压侧出口处的短路来整定，由于变压器的阻抗一般较大，因此，短路电流就大为减小，这样整定之后，电流速断就可以保护线路的全长，并能保护变压器的一部分。

　　当系统运行方式变化很大时，无时限电流速断保护的保护范围可能很小，甚至没有保护区。为了在不延长保护动作时间的条件下，增加保护范围，提高灵敏度，可采用电流电压联锁速断保护。它是兼用短路故障时电流增大和电压下降两种特征，以取得本线路故障的较高灵敏度和防止下一级线路故障时的误动作。

电流电压联锁速断保护的单相原理：由电压互感器供给低电压继电器以母线残压，由电流互感器供给电流继电器以相电流，只有当低电压继电器和电流继电器同时动作时，才能启动中间继电器，从而启动信号继电器，至断路器的跳闸线圈，执行跳闸动作。继电器的动作电流和动作电压有多种整定方法。

三、限时电流速断保护

由于有选择性的电流速断保护不能保护本线路的全长，因此，可考虑增加一段新的保护，用来切除本线路上速断保护范围以外的故障，同时能作为速断的后备，这就是限时电流速断保护，又称为Ⅱ段电流保护。对这个新设保护的要求，首先是在任何情况下都能保护本线路的全长，并具有足够的灵敏性，其次是在满足上述要求的前提下，力求具有最小的动作时限。正是由于能以较小的时限快速切除全线路范围以内的故障，故称为限时电流速断保护。

由于要求限时电流速断保护必须保护本线路的全长，因此它的保护范围必然要延伸到下一条线路中去，这样当下一条线路出口处发生短路时，它就要启动。为了保证动作的选择性，就必须使保护的动作带有一定的时限，此时限的大小与其延伸的范围有关。为尽量缩短此时限，首先规定其整定计算原则为限时电流速断的保护范围不超出下一条线路电流速断的保护范围；同时，动作时限比下一条线路的电流速断保护高出一个时间阶段。

四、定时限过电流保护

前面所介绍的无时限电流速断保护和限时电流速断保护的动作电流，都是按某点的短路电流整定的。虽然无时限电流速断保护可无时限地切除故障线路，但它不能保护线路的全长。限时电流速断保护虽然可以较小的时限切除线路全长上任一点的故障，但它不能作相邻线路故障的后备。因此，引入定时限过电流保护，又称为第Ⅲ段电流保护，它是指启动电流按照躲开最大负荷电流来整定的一种保护装置。它在正常运行时不应该启动，而在电网发生故障时，则能反映电流的增大而动作。在一般情况下，它不仅能保护本线路的全长，也能保护相邻线路的全长，以起到后备保护的作用。

(一) 工作原理和整定计算的基本原则

为保证在正常运行情况下过电流保护不动作，保护装置的启动电流必须整定得大于该线路上可能出现的最大负荷电流。然而，在实际确定保护装置的启动电流时，还必须考虑在外部故障切除后，保护装置应能立即返回。

实际上，当外部故障切除后，流经保护的电流是仍然在继续运行中的负荷电流。另外，由于短路时电压降低，变电所母线上所接负荷的电动机被制动，因此，在故障切除后电压恢复时，电动机有一个自启动的过程。

(二) 按选择性的要求整定定时限过电流保护的动作时限

假定在每条线路上均装有定时限电流保护，各保护装置的启动电流均按照躲开被保护线路上的最大负荷电流来整定。当某一点短路时，保护其他点在短路电流的作用下都可能启动，但按照选择性的要求，应该只保护该点动作，切除故障，而保护其他点在故障切除后应立即返回。这个要求只有依靠使各保护装置带有不同的时限来满足。

当故障越靠近电源端时，短路电流越大，而由以上分析可见，此时过电流保护动作切除故障的时限反而越长，这是一个很大的缺点。因此，在电网中广泛采用电流速断和限时电流速断来作为线路的主保护，以快速切除故障，利用过电流保护来作为本线路和相邻元件的后备保护。由于它作为相邻元件后备保护的作用是在远处实现的，因此它属于远后备保护。

由以上分析也可以看出，处于电网终端附近的保护装置，其过电流保护的动作时限并不长，在这种情况下，它就可以作为主保护兼后备保护，而无须再装设电流速断或限时电流速断保护。

五、三段式电流保护的应用

电流速断、限时电流速断和过电流保护都是反映电流升高而动作的保护装置。它们之间的区别主要在于按照不同的原则来选择启动电流。速断是按照躲开某一点的最大短路电流来整定，限时电流速断是按照躲开下一级相邻元件电流速断保护的动作电流整定，而过电流保护则是按照躲开最大负荷电流来整定。

由于电流速断不能保护线路全长，限时电流速断又不能作为相邻元件的后备保护，因此，为保证迅速而有选择地切除故障，常将电流速断、限时电流速断和过电流保护组合在一起，构成三段式电流保护。具体应用时，可以只采用速断加过电流保护，或限时电流速断加过电流保护，也可以三者同时采用。

六、电流保护的接线方式

电流保护的接线方式是指保护中测量元件电流继电器与电流互感器二次线圈之

间的连接方式。对于相间短路的电流保护，基本接线方式有 3 种：三相三继电器的完全星形接线方式、两相两继电器的不完全星形接线方式、两相一继电器的两相电流差接线方式。

完全星形接线，是将 3 个电流互感器与 3 个电流继电器分别按相连接在一起，互感器和继电器均接成星形，正常时此电流约为零，在发生接地短路时则为 3 倍零序电流。3 个继电器的触点是并联连接的，相当于"或"回路，当其中任一触点闭合后均可动作于跳闸或启动时间继电器等。由于在每相上均装有电流继电器，因此，它可以反映各种相间短路和中性点直接接地电网中的单相接地短路。

不完全星形接线，用装设在 A、C 相（A、C 相继电器）上的两个电流互感器与两个电流继电器分别按相连接在一起，它和完全星形接线的主要区别在于 B 相上不装设电流互感器和相应的继电器，因此，它不能反映 B 相（B 相继电器）中所流过的电流。由于这种接线方式是两继电器节点并联后去启动时间继电器，所以它能反映各种类型的相间短路，但在没有装电流互感器的一相（如 B 相）发生单相接地短路时，保护装置不会动作，因此，多用于中性点非直接接地系统，构成相间短路保护。

现对上述两种接线方式在各种故障时的性能进行分析比较。

(1) 对中性点直接接地电网中的单相接地短路

在中性点直接接地的电网中发生单相接地短路故障时，要求保护切除故障线路。在此情况下，如果采用三相完全星形接线，则可以反映任一相的接地短路而动作于跳闸。对于后两种方式，由于在 B 相上没有装设电流互感器和继电器，因此就不能反映 B 相的接地。实际上，对于接地故障可以采用专用接地保护。

(2) 对中性点非直接接地电网中的两点接地短路

在中性点非直接接地电网中某相上一点接地以后，由于电网上可能出现弧光接地过电压，因此，在绝缘薄弱的地方就可能发生一相上的第二点接地，这样就出现了两相经过大地形成回路的两点接地短路。而由于在中性点非直接接地电网中，允许单相接地时继续短时运行，因此，希望只切除一个故障点。

七、两种接线方式的应用

三相星形接线需要 3 个电流互感器、3 个电流继电器和 4 根二次电缆，相对来讲是复杂和不经济的，一般广泛应用于发电机、变压器等大型重要的电气设备保护中，因为它能提高保护动作的可靠性和灵敏性。此外，它也可以用在中性点直接接地电网中，作为相间短路和单相接地短路的保护。

由于两相星形接线较为简单经济，因此，在中性点非直接接地电网中，广泛地采用它作为相间短路的保护，但它不能完全反映单相接地短路，当下一设备为 Y/Δ 接线的降压变压器时，为了提高低压侧两相短路时保护的灵敏度，可在中线上加接一个电流继电器。

八、阶段式电流、电压联锁速断保护

当系统运行方式变化比较大时，线路电流保护Ⅰ段可能没有保护区，Ⅱ段的灵敏系数难以满足要求，为了在不延长保护动作时限的前提下提高保护的灵敏性，可以采用电流、电压联锁速断保护。

当线路上发生短路故障时，母线电压的变化一般比短路电流的变化大，因此，按躲开线路末端短路时保护安装处母线的残余电压来整定电压速断保护，在保护范围和灵敏性方面比电流速断保护性能要好。但如果只采用电压元件构成保护，当同一母线引出的其他线路上发生故障及电压互感器二次回路断线时，保护也会动作，因此，可以采用电流、电压联锁速断保护。其测量元件由电流继电器和电压继电器组成，它们的触点构成与门回路输出，即只有当电流继电器和电压继电器的触点同时闭合时，保护才能启动断路器跳闸。保护装置动作的选择性是由电压元件和电流元件相互配合整定得到的。与三段式电流保护相似，电流、电压联锁速断保护可分为以下几方面：

(1) 无时限电流、电压联锁速断保护；

(2) 限时电流、电压联锁速断保护；

(3) 低电压（复合电压）闭锁的过电流保护。

与电流保护相比，电流、电压联锁速断保护较为复杂，所用元件较多，所以只有当电流保护灵敏性不能满足要求时，才采用电流、电压联锁速断保护。

第二节　双侧电源输电线路相间短路的方向电流保护

一、方向电流保护问题的提出

在双侧电源电网、单电源环网或多个电源供电的网络中，线路发生短路故障时，必须从两侧切除故障线路，以减小故障影响范围，提高供电的可靠性。在这样的电网中，每条线路两侧都需装设断路器，并装设相应的保护装置，此时仍采用电流保护已不能满足要求，为此需要采用方向电流保护。

现代电力系统大部分是由多个电源组成的复杂电网，在双侧电源网络中，采用简单的阶段式电流保护已不能满足保护动作选择性的要求。由于线路两侧均有电源，所以在每条线路两侧均需要装设断路器及保护装置。对于定时限过电流保护，若不采取措施，同样会发生无选择性误动作。为防止保护误动作，电流保护的动作值不仅要躲

过本线路末端短路时流过保护的最大短路电流，而且还要躲过背后故障（反方向短路）时过流保护的最大短路电流；定时限过电流保护的动作时间无法配合。

无论是哪一点短路，使保护动作具有选择性保护短路功率的方向总是由母线指向线路，不具有选择性保护短路功率的方向总是由线路指向母线。因此，可利用不同的短路功率方向构成具有选择性动作的保护方式。具体地说，就是在简单的电流保护装置中增加一个判别短路功率方向的元件，其触点与电流继电器触点组成与门回路，启动时间继电器或中间继电器，该功率方向判别元件称为功率方向继电器。增加了功率方向继电器后，继电保护的动作便具有一定的方向性，这种保护称为方向电流保护。

二、基本原理

（一）方向性电流保护的基本原理

三段式电流保护是以单侧电源网络为基础分析的，各保护都安装在被保护线路靠近电源的一侧，发生故障时短路功率（一般指短路时某点电压与电流相乘所得的感性功率，在无串联电容也不考虑分布电容的线路上短路时，认为短路功率从电源流向短路点）在从母线流向被保护线路的情况下，按照选择性的条件来协调配合工作。随着电力工业的发展和用户对连续供电的要求，由原来的单侧电源供电的辐射型电网发展为多电源组成的复杂网络或单电源环网。因此，上述简单的保护方式已不能满足系统运行的要求。

分析双侧电源供电情况下所出现的这一新矛盾可以发现，凡发生误动作的保护都是在自己所保护的线路反方向发生故障时，由对侧电源供给的短路电流所引起的。对误动作的保护而言，实际短路功率的方向都是由线路流向母线，这与其所保护的线路故障时的短路功率方向相反。因此，为了消除这种无选择的动作，就需要在可能误动作的保护上增设一个功率方向闭锁元件，该元件只当短路功率方向由母线流向线路时动作，而当短路功率方向由线路流向母线时不动作，从而使继电保护的动作具有一定的方向性。

（二）功率方向继电器的工作原理

功率方向继电器的作用是判别短路功率的方向，正方向故障时，短路功率从母线流向线路，继电器动作；反方向故障时，短路功率从线路流向母线，继电器不动作。

三、功率方向继电器的接线

所谓功率方向继电器的接线方式，是指在三相系统中继电器电压与电流的接入方式，即接入点继电器的电压和电流的组合方式。对接线方式的要求是：

（1）应能正确反映故障的方向，即正方向短路时，继电器动作，反方向短路时，继电器不动作。

（2）正方向故障时，加入继电器的电压、电流尽量大，并尽可能使电压和电流之间的夹角尽量地接近最大灵敏角。

四、非故障相电流的影响与按相启动

功率方向继电器采用90°接线并适当选择内角 α 后，在线路上发生任何正方向短路故障时，均能正确动作。但当保护背后发生两相短路时，非故障相功率方向继电器就不能完全保证动作的选择性了。

五、方向电流保护的整定计算

由于方向电流保护加装了方向元件，因此它不必考虑反方向故障，只需考虑同方向的保护互相配合即可。同方向的阶段式方向电流保护的Ⅰ、Ⅱ、Ⅲ段的整定计算，可分别按单侧电源输电线路相间短路电流保护中所介绍的整定计算方法进行计算，但应注意以下一些特殊问题。

（一）方向过电流保护动作电流的整定

方向过电流保护动作电流可按以下两个条件整定。

（1）躲过被保护线路中的最大负荷电流，值得注意的是在单电源环形电网中，不仅要考虑闭环时线路的最大负荷电流，还要考虑开环时负荷电流的突然增加。

（2）同方向的保护，它们的灵敏度应相互配合，即同方向保护的动作电流应从离电源远的保护开始，向着电源方向逐级增大。

（二）保护的相继动作

在单电源环形电网中，当靠近变电所母线近处短路时，由于短路电流在环形电网中的分配是与线路的阻抗成反比，所以由电源流向短路点的短路电流很大，而由电源经过环形电网流过保护的短路电流几乎为零。因此，在短路刚开始时，其中一个保护不能动作，只有另一个保护动作跳开后，环形电网开环运行，通过这个保护的短路电流增大，这个保护才动作跳开。保护装置的这种动作情况，称为相继动作，相继动作

的线路长度，称为相继动作区域。

（三）方向过电流保护灵敏系数的校验

方向过电流保护的灵敏系数主要取决于电流元件。其校验方法与不带方向元件的过电流保护相同，但在环形电网中允许用相继动作的短路电流来校验灵敏度。

（四）助增电流的影响

双侧电源网络中的限时电流速断保护仍应与下一级的无时限电流速断保护相配合，但需考虑保护安装处与短路点之间有助增电流的影响。

第三节　输电线路的接地故障保护

电力系统中性点工作方式是综合考虑了供电可靠性、系统过电压水平、系统绝缘水平、继电保护的要求、对通信线路的干扰以及系统稳定的要求等因素而确定的。在我国采用的中性点工作方式主要有：中性点直接接地方式、中性点经消弧线圈接地方式和中性点不接地方式。

我国 3～35kV 的电网采用中性点非直接接地系统（又称小接地电流系统），中性点非直接接地系统发生单相接地短路时，由于故障点电流很小，而且三相之间的线电压仍然保持对称，对负荷的供电没有影响，因此保护不必立即动作于断路器跳闸，可以继续运行一段时间。

一、中性点不接地电网发生单相接地故障时的特点

正常运行情况下，中性点不接地电网三相对地电压是对称的，中性点对地电压为零。由于三相对地的等效电容相同，故在相电压的作用下，各相对地电容电流相等。

中性点不接地电网的单相金属性接地故障具有以下特点：

（1）发生单相金属性接地故障时，电网各处故障相对地电压为零，非故障处相对地电压升高至电网的线电压，零序电压大小等于电网正常运行时的相电压。

（2）非故障线路上零序电流的大小等于其本身的对地电容电流，方向由母线指向线路。

（3）故障线路上零序电流的大小等于全系统非故障元件对地电容电流的总和，方向由线路指向母线。

二、中性点经消弧线圈接地电网发生单相接地故障时的特点

在中性点不接地电网中发生单相接地故障时，接地点要流过全系统的对地电容电流，如果此电流很大，可能引起弧光过电压，从而使非故障相对地电压进一步升高，使绝缘损坏，发展为两点或多点接地短路，造成停电事故。为解决此问题，通常在中性点接入一个电感线圈。这样，当发生单相接地故障时，在接地点就有一个电感分量的电流通过，此电流与原系统中的电容电流起到相互抵消作用，使流经故障点的电流减小，因此称此电感线圈为消弧线圈。

中性点接入消弧线圈后，电网发生单相接地故障时，电容电流的分布与不接入消弧线圈时是一样的，不同之处是在接地点又增加了一个电感分量的电流。

由于全系统的对地电容电流和消弧线圈的电流相位差约为180°，因此电感分量的电流将因消弧线圈的补偿而减小。根据对电容电流补偿程度的不同，消弧线圈的补偿方式可分为三种，即完全补偿、过补偿和欠补偿。

完全补偿就是使全系统的对地电容电流和消弧线圈的电流相等，接地点的电流近似为零。从消除故障点的电弧、避免出现弧光过电压的角度看，这种补偿方式是最好的。但是，因为完全补偿时要产生串联谐振，当电网正常运行情况下线路三相对地电容不完全相等时，电源中性点对地之间将产生一个电压偏移，此外，当断路器三相触点不同时合闸时，也会出现一个数值很大的零序电压分量，此电压作用于串联谐振回路，回路中将产生很大的电流，该电流在消弧线圈上产生很大的电压降，造成电源中性点对地电压严重升高，设备的绝缘遭到破坏，因此完全补偿方式不可取。

欠补偿就是使消弧线圈的电流小于全系统的对地电容电流，采用这种补偿方式后，接地点的电流仍具有电容性质。当系统运行方式变化时，如某些线路因检修被切除或因短路跳闸，系统电容电流就会减小，有可能出现完全补偿的情况，引起电源中性点对地电压升高，所以欠补偿方式也不可取。

过补偿就是使消弧线圈的电流大于全系统的对地电容电流，采用这种补偿后，接地点的残余电流是电感性的，这时即使系统运行方式变化，也不会出现串联谐振的现象，因此，这种补偿方式得到了广泛应用。

三、中性点非直接接地系统的接地保护

在中性点非直接接地系统中，其单相接地的保护方式主要有以下几种。

(一) 无选择性绝缘监视装置

在中性点非直接接地电网中，任一点发生接地短路时，都会出现零序电压，根据

这一特点构成的无选择性接地保护，称为绝缘监视装置。

电网中任一线路发生单相接地故障时，全系统将出现零序电压，当零序电压值大于过电压继电器的启动电压时，继电器动作，发出接地故障信号。但由于该信号不能指明故障线路，所以，必须由运行人员依次短时断开每条线路，再由自动重合闸将断开线路合上。当断开某条线路时，若零序电压的信号消失，三只电压表指示相同，则表明故障在该线路上。

（二）零序电流保护

在中性点不接地电网中发生单相接地短路时，故障线路的零序电流大于非故障线路的零序电流，利用这一特点可构成零序电流保护。尤其在出线较多的电网中，故障线路的零序电流将比非故障线路的零序电流大得多，保护动作更灵敏。

由于电网发生单相接地故障时，非故障线路上的零序电流为其本身的电容电流，为了保证动作的选择性，零序电流保护的动作电流应大于本线路的电容电流。

保护装置灵敏度的校验，按在被保护线路上发生单相接地短路时过流保护的最小零序电流来进行。

显然，当出线回路数越多，保护的灵敏度就越高。利用零序电流互感器构成的接地保护，保护工作时，接地故障电流或其他杂散电流可能在地中流动，也可能沿故障或非故障线路导电的电缆外皮流动，这些电流经电流互感器传变加到电流继电器中，就可能造成接地保护误动作、拒绝动作或灵敏度降低。为了解决这一问题，应将电缆盒及零序电流互感器到电缆盒的一段电缆对地绝缘，并将电缆盒的接地线穿回零序电流互感器的铁芯窗口再接地。这样，可使经电缆外皮流过的电流再经接地线流回大地，使其在铁芯中产生的磁通互相抵消，从而消除对保护的影响。在出线较少的情况下，非故障线路的零序电容电流与故障线路的零序电容电流相差不大，所以采用零序电流保护时，灵敏度很难满足要求。

（三）零序功率方向保护

在出线回路数较少的中性点非直接接地电网中，发生单相接地故障时，故障线路的零序电流与非故障线路的零序电流相差不大，因而采用零序电流保护往往不能满足灵敏度的要求，这时可以考虑采用零序功率方向保护。

根据前面的分析可知，中性点不接地电网发生单相接地故障时，故障线路的零序电流和非故障线路的零序电流方向相反，即故障线路的零序电流滞后零序电压 $90°$ ，而非故障线路的零序电流超前零序电压 $90°$ ，因此，采用零序功率方向保护可明显地区分故障线路和非故障线路，从而有选择性的动作。

（四）反映高次谐波分量的保护

在电力系统的谐波电流中，数值最大的是5次谐波分量，它因电源电动势中存在高次谐波分量和负荷的非线性而产生，并随系统的运行方式而变化。在中性点经消弧线圈接地的电网中，消弧线圈只对基波电容电流有补偿作用，而对5次谐波分量来说，消弧线圈所呈现的感抗增加为原来的5倍，线路对地电容的容抗减小为原来的$\frac{1}{5}$，所以消弧线圈的5次谐波电感电流相对于5次谐波电容电流来说是很小的，它起不了补偿5次谐波电容电流的作用，故在5次谐波分量中可以不考虑消弧线圈的影响。这样，5次谐波电容电流在消弧线圈接地系统中的分配规律，就与基波在中性点不接地系统中的分配规律相同了。那么，根据5次谐波零序电流的大小和方向就可以判别故障线路与非故障线路。

第四节　中性点直接接地系统中的接地保护

一、中性点的接地方式

我国电力系统采用的中性点接地方式通常有中性点直接接地、中性点不接地和中性点经消弧线圈接地三种。一般110kV及以上电压等级的电网均采用中性点直接接地的方式，这类电网称为中性点直接接地电网；110kV以下电压等级的电网采用中性点不接地或经消弧线圈接地的方式，这类电网称为非直接接地电网。这两类电网发生单相接地故障时，对继电器保护的要求不同。

在中性点直接接地电网中，当发生单相接地短路时，将出现大的短路电流，故中性点直接接地电网又称为大接地电流电网。虽然采用三相星形接线的电流保护也能反映中性点直接接地电网的单相接地短路，但由于它们的动作电流较大，而单相接地短路的短路电流往往比相间短路电流小，因此灵敏系数常常不能满足要求。另外，反映相间短路的保护兼作接地保护时，其时限也比专用接地保护长，故为了反映中性点直接接地电网的单相接地短路故障，通常装设专用的反映零序分量的保护。

电压为3~35kV的电网，采用中性点不接地或经消弧线圈接地方式，统称为中性点非直接接地电网。在这种电网中发生单相接地时，不构成短路回路，故没有短路零序电流，只有零序电容电流，其值比负荷电流小得多，所以这种电网又称为小接地电流电网。由于允许带着接地点继续运行一段时间。因此中性点非直接接地电网通常装设作用于信号的零序分量保护，以便采取措施消除接地故障，防止故障扩大。

二、中性点直接接地系统接地故障时零序分量的特点

在中性点直接接地电网中发生单相接地短路时，故障相流过很大的短路电流，所以这种系统又称为大接地电流系统。在这种系统中发生单相接地短路时，要求保护尽快动作切除故障，所以中性点直接接地系统广泛应用于反映零序分量的接地保护。

在电力系统中发生单相接地短路时，可以利用对称分量的方法将电流和电压分解为正序、负序和零序分量，并可利用复合序网来表示它们之间的关系。

零序电流可以看成是在故障点出现一个零序电压而产生的，它必须经过变压器接地的中性点构成回路。对零序电流的正方向，仍然采用流向故障点为正，而对零序电压的正方向，线路高于大地为正。由上述等效网络可见，零序分量具有以下特点：

（1）系统中任意一点发生接地短路时，都将出现零序电流和零序电压，在非全相运行或断路器三相触点不一致合闸时，系统中也会出现零序分量；而系统在正常运行、过负荷，振荡和不伴随接地短路的相间短路时，不会出现零序分量。

（2）故障点的零序电压最高，离故障点越远，零序电压越低，而变压器的中性点零序电压为零。

（3）由于零序电流是由零序电压产生的，当忽略回路的电阻时，按照规定的正方向画出零序电流和零序电压的相量图。

（4）零序电流的大小和分布情况主要取决于系统中的输电线路零序阻抗、中性点接地的变压器的零序阻抗以及中性点接地变压器的数量和分布，而与电源数量和分布无直接关系。但当系统运行方式改变时，若线路和中性点接地的变压器数量和分布不变，零序阻抗和零序网络就保持不变。由于系统的正序阻抗和负序阻抗随系统运行方式的改变而改变，这将引起故障点各序电压之间分布的改变，从而间接影响到零序电流的大小。

（5）保护安装处的零序电压和零序电流之间的关系取决于保护背后的零序阻抗，与被保护线路的零序阻抗及故障点的位置无关。

（6）在故障线路上，零序功率的方向是由线路指向母线的，与正序功率的方向（从母线指向线路）相反。

三、中性点直接接地电网的零序电流保护

(一) 零序电压过滤器

为了取得零序电压，通常采用三个单相式电压互感器或三相式电压互感器，其一次绕组接成星形并将中性点接地，其二次绕组接成开口三角形。

对正序或负序分量的电压，因三相相加后等于零，没有输出。因此，这种接线实际上就是零序电压过滤器。

此外，当发电机的中性点经电压互感器或消弧线圈接地时，从它的二次绕组中也能够取得零序电压。

在集成电路保护中，由电压形成回路取得三个相电压后，利用加法器将三个相电压相加，也可以从内部合成零序电压。

实际上在正常运行和电网相间短路时，由于电压互感器的误差以及三相系统对地不完全平衡，在开口三角形侧也可能有数值不大的电压输出，此电压称为不平衡电压，以 Um 表示。此外，当系统中存在有三次谐波分量时，一般三相中的三次谐波电压是同相位的，因此，在零序电压过滤器的输出端也有三次谐波的电压输出。对反映于零序电压而动作的保护装置，应该考虑躲开它们的影响。

(二) 零序电流过滤器

为了取得零序电流，通常采用三相电流互感器接线。电流互感器采用三相星形接线方式，在中性线上所流过的电流就是零序电流，因此，在实际的使用中，零序电流过滤器并不需要专门的一组电流互感器，而是接入相间保护用的电流互感器的中性线就可以了。

零序电流过滤器也会产生不平衡电流。零序电流过滤器的不平衡电流是由三个互感器励磁电流不相等而产生的，而励磁电流的不等，则是由于铁芯的磁化曲线不完全相同以及制造过程中的某些差别而引起的。当发生相间短路时，电流互感器一次侧流过的电流值最大并且包含有非周期分量，因此不平衡电流也达到最大值。

运行经验表明，在 220 ~ 500kV 的输电线路上发生单相接地故障时，往往会有较大的过渡电阻存在，当导线对位于其下面的树木等放电时，接地过渡电阻可能达到 100 ~ 300Ω。此时通过保护装置的零序电流很小，上述零序电流保护均难以动作。为了在这种情况下能够切除故障，可考虑采用零序反时限过电流保护，继电器的启动电流可按躲开正常运行情况下出现的不平衡电流进行整定。

四、方向性零序电流保护

(一) 方向性零序电流保护原理

在双侧或多侧电源的网络中，电源处变压器的中性点一般至少有一台要接地，由于零序电流的实际流向是由故障点流向各个中性点接地的变压器，因此在变压器接地数目比较多的复杂网络中，就需要考虑零序电流保护动作的方向性问题。

1. 工作原理

与相间短路保护的功率方向继电器相似，零序功率方向继电器是通过比较，接入继电器的零序电压和零序电流之间的相位差来判断零序功率方向的。

2. 接线方式

根据零序分量的特点，零序功率方向继电器的最大灵敏角应为 -110° ～ -95° 若按规定极性加入零序电压和零序电流时，继电器恰好工作在最灵敏的条件下。

目前电力系统中广泛使用的整流型或晶体管型功率方向继电器，其最大灵敏角均为 70° ～ 85° ，将电流线圈与电流互感器之间同极性相连，而将电压线圈与电压互感器之间不同极性相连。

零序功率方向继电器的上述两种接线方式实质上完全一样，只是先在继电器内部的电压回路中倒换一次极性，然后在外部接线又倒换一次极性。由于在正常运行时没有零序电压和电流，零序功率方向继电器的极性接错时不易发现，故在实际工作中，接线时必须检查继电器的内部极性连接，画出相量图，并进行实验，以免发生由于接线的错误导致保护误动或拒动。

由于中性点直接接地电网中发生接地故障时故障点离母线越近，母线的零序电压越高，因此，零序方向元件没有电压死区。相反，当故障点离保护安装点较远时，由于保护安装处的零序电压较低，零序电流较小，继电器可能不启动。因此，必须校验方向元件在这种情况下的灵敏度。例如，当作为相邻元件的后备保护时，应采用相邻元件末端短路时，在本保护安装处的最小零序电流、电压或功率（经电流、电压互感器转换到二次侧的数值）与功率方向继电器的最小启动电流、电压或启动功率之比来计算灵敏系数。

(二) 对零序电流保护的评价

1. 零序电流保护的优点

在中性点直接接地的高压电网中，由于零序电流保护简单、经济、可靠，作为辅助保护和后备保护获得了广泛应用。它与相电流保护相比具有以下独特的优点。

（1）相间短路的过电流保护按照大于负荷电流整定，继电器的启动电流一般为 5～7A，而零序过电流保护则按照躲开不平衡电流的原则整定，其值一般为 2～3A，由于发生单相接地短路时，故障相的电流与零序电流相等，因此零序过电流保护的灵敏度较高。此外，零序过电流保护的动作时限也较相间保护短。

（2）相间短路的电流速断保护和限时电流速断保护直接受系统运行方式变化的影响很大，而零序电流保护受系统运行方式变化的影响要小得多。此外，由于线路零序阻抗远比正序阻抗大，故线路始端与末端短路时，零序电流变化显著，曲线较陡。

（3）当系统中发生某些不正常运行状态，如系统振荡、短时过负荷等时，三相是对称的，相间短路的电流保护均将受它们的影响而可能误动作，因而需要采取必要的措施予以防止，而零序电流保护则不受它们的影响。

（4）方向性零序保护没有电压死区，较距离保护实现简单、可靠，在110kV及以上的高压和超高压电网中，单相接地故障约占全部故障的70%~90%，而且其他的故障也往往是由单相接地故障发展起来的，零序保护具有显著的优越性。从我国电力系统的实际运行经验中，也充分证明了这一点。

2.零序电流保护的缺点

零序电流保护也有以下不足之处。

（1）对于运行方式变化很大或接地点变化很大的电网，零序电流保护往往不能满足系统运行所提出的要求。

（2）随着单相重合闸的广泛应用，在重合闸动作的过程中将出现非全相运行状态，再考虑系统两侧的发电机发生摇摆，可能出现较大的零序电流，因而影响零序电流保护的正确工作，此时应从整定计算上予以考虑，或在单相重合闸动作过程中使之短时退出运行。

（3）当采用自耦变压器联系两个不同电压等级的电网（如110kV和220kV电网），则任一电网中的接地短路都将在另一网络中产生零序电流，将使零序保护的整定配合复杂化，并将增大零序Ⅲ段保护的动作时间。

电网相间短路的电流保护是根据短路时电流增大的特点构成的，在单侧电源辐射形网络中采用阶段式电流保护，它由无时限电流速断保护、限时电流速断保护、定时限过电流保护组成，可根据实际情况采用两段式或三段式。无时限电流速断保护、限时电流速断保护共同构成电网的主保护，定时限过电流保护是本线路的近后备保护和相邻线路的远后备保护。

在电流保护的基础上加装方向元件就构成了方向电流保护，它用于双侧电源辐射形网络和单电源环形网络，可以满足动作选择性的要求。功率方向继电器是根据保护安装处电流、电压间相位角的不同来判断正方向故障和反方向故障的，为了减小动作死区，功率方向继电器采用90°接线方式，方向电流保护也是阶段式的，整定计算原则基本上与阶段式电流保护相同。

中性点直接接地系统与中性点非直接接地系统发生接地故障时的特点不一样，对继电保护的要求也不一样，继电保护动作的结果也不一样。中性点直接接地系统的接地保护采用阶段式零序电流保护、阶段式方向性零序电流保护；中性点非直接接地系统的接地保护可采用无绝缘监视装置等多种形式。

第十章 输电线路纵联保护

第一节 纵联保护通信通道

一、导引线

随着电力系统容量的扩大、电压等级的提高，为保证系统的稳定性，要求继电保护能瞬时切除被保护线路任何一点的故障（配置全线速动保护）。而电流电压保护、方向电流保护和距离保护都不能满足这一要求。因为这些保护的测量元件只能反映被保护线路一端的电气量，而无法区分本线路末端和下一线路始端的故障。这不仅是因为在这两处短路时，测量元件至短路点的电气距离趋于相等；而且由于测量元件的整定误差，短路电流计算的原始数据不十分准确，互感器误差，短路类型不同，以及系统运行方式的变化等因素。因此，为了保证保护的选择性就不得不采用延时或缩短保护区的办法。因而这些保护都不能满足无延时切除被保护线路任何点故障的要求，为了解决这一问题就必须采用新原理的保护——纵联保护。

输电线的纵联保护是用通信通道将输电线各端的保护装置纵向连接起来而构成的（双侧测量）。利用通信通道将输电线各端的电气量相互传送到对端进行比较，以判断是本输电线路的内部故障还是外部故障，从而决定是否动作切除本线路。由于这种保护无须与相邻的线路保护在动作参数上进行配合，因而可实现全线速动保护。

导引线通道就是用二次电缆将线路两侧保护的电流回路联系起来，主要问题是导引线通道长度与输电线路相当，敷设困难；通道发生断线、短路时会导致保护误动，运行中检测、维护通道困难；导引线较长时电流互感器二次阻抗过大导致误差增大。导引线通道构成的纵联保护仅用于少数特殊的短线路上。

二、载波通道

载波通道是利用电力线路、结合加工设备、收发信机构成的一种有线通信通道，以载波通道构成的线路纵联保护又称为高频保护，高频保护广泛应用于高压与超高压输电线路。载波信号（又称高频信号）频率为 50～400kHz。通常利用输电线路本身作为高频通道，即输电线路同时传送 50Hz 的工频和高频电流。传送高频信号可以用电力线路其中一相与大地作为回路，称为"相地制"，也可用两相电力线路作为回路，称为"相相制"。前者需要的高频加工设备少、简单经济，但高频衰耗和受到的干扰都较大；后者则相反。

(一) 阻波器

阻波器串联在线路两端，其作用是阻止本线路的高频信号传递到外线路。它是由一电感线圈与可变电容器并联组成的，对高频信号工作在并联谐振状态时，其呈现的阻抗最大。使谐振频率为所用的高频信号频率，这样它就对高频电流呈现很大的阻抗，从而将高频信号限制在输电线路两个阻波器之间的范围以内。而对于工频电流，阻波器呈现的阻抗很小（约为 0.04Ω），不影响工频电流的传输。

(二) 耦合电容器

耦合电容器为高压小容量电容，与结合滤波器串联谐振于载波频率，它允许高频电流流过，而对工频电流呈现高阻抗，阻止其流过。由于电容容量小，呈现容抗大，工频电压大部分降在耦合电容上，耦合电容后的设备承受的工频电压较低。

(三) 结合滤波器

结合滤波器的作用是电气隔离与阻抗匹配，由可调节的空心变压器及连接到高频电缆一侧的电容组成。结合滤波器将高压部分与低压的二次设备隔离，同时与两侧的通道阻抗匹配以减小反射衰耗。耦合电容器与结合滤波器共同组成一个"带通滤波器"。从线路一侧看带通滤波器的输入阻抗应与输电线路的波阻抗（约 400Ω）相匹配，而从电缆一侧看则应与高频电缆的波阻抗（约为 100Ω）相匹配，从而避免高频信号的电磁波在传送过程中发生反射而引起高频能量的附加衰耗，以使收信机得到的高频信号的能量最大。

(四) 电缆

高频电缆用来连接室内继电保护屏高频收发信机到室外变电站的结合滤波器。因为传送高频电流的频率很高，采用普通电缆会引起很大衰耗，所以一般采用同轴电缆，电缆芯外有屏蔽层。为减小干扰，屏蔽层应可靠接地。

(五) 保护间隙

当高压侵入时，保护间隙击穿并限制了结合滤波器上的电压，起到过压保护的作用。

（六）接地刀闸

检修时合上接地刀闸，可以保证人身安全；检修完毕通道投入运行前必须打开接地刀闸。

（七）收／发信机

（1）发信机由信号源、前置放大、功率放大、线路滤波、衰耗器等组成。信号源产生标准频率的载波信号，多采用石英晶体振荡电路产生基准信号分频后经锁相环（PLL）频率合成输出的方式，锁相环的分频倍率可以根据需要调整。信号源输出的方波信号经滤波送入前置放大电路进行电压放大；前置放大输出送入功率放大；线路滤波用于抑制发信谐波电平；衰耗器可以根据线路长度等实际情况进行调整，长线路上应保证有足够的发信功率，短线路时适当投入衰耗防止发信功率过大干扰其他高频保护、远动等载波通信设备。

（2）收信机由混频电路、中频滤波、放大检波、触发电路等组成，采用超外差方式。

三、微波通道

由于电力系统载波通信和运行的发展，现有电力输电线路载波频率已经不够分配。为解决这个问题，在电力系统中还可采用微波通道。微波的频段在300～30000MHz，我国继电保护的微波通道所用微波频率一般为2000MHz。微波信号由一端的发信机发出，经连接电缆送到天线发射，再经过空间的传播，被对端的天线接收后，由电缆送到收信机中。微波信号传送距离一般不超过40～60km，若超过这个距离，就要增设微波中继站来传送。

微波通道与电力输电线路没有直接的联系，这样线路上任何故障都不会破坏通道的工作，所以不论是内部还是外部短路故障时，微波通道都可以传送信号，而且不存在工频高压对人身和二次设备的安全问题，输电线路的检修和运行方式的改变也不影响通道的工作。利用微波通道构成的继电保护称为微波保护。但是微波通道的设备昂贵、维护困难，因此仅用在个别载波通道应用确实困难的线路上。

四、光纤通道

光纤通道已在继电保护中应用。光纤通道传送的信号频率在10^{14}Hz左右。由光纤通道构成的继电保护称为光纤保护。光发送器的作用是将电信号转换为光信号输出；光接收器将接收的光信号转换为电信号输出；光纤用来传递光信号，它是一种很细的空心石英丝或玻璃丝，直径仅为 $100 \sim 200 \mu m$。

光纤通道的通信容量大，可以节约大量有色金属材料，且敷设方便、抗腐蚀、不易受潮、不受外界电磁干扰。但用于长距离线路时，需采用中继器及附加设备。

第二节　输电线路导引线纵联差动保护的基本原理

一、输电线路纵联差动保护的基本原理

利用电流、电压、阻抗原理构成的保护，是将被保护线路一端的电气量引入保护装置，这种单端测量的保护不可能快速区分本线路末端和对端母线（或相邻线路始端）的故障，为了保证保护的选择性，Ⅰ段保护不能保护线路全程，如距离保护的Ⅰ段，最多也只能瞬时切除被保护线路全长的80%~85%以内的故障，对于线路其余部分发生的短路，则要靠带时限的保护来切除，即保护不能实现全线速动。这在220kV及以上电压等级的电力系统中难以满足系统稳定性对快速切除故障的要求。

输电线路的纵联保护就是用某种通信通道将输电线路两端的保护装置纵向连接起来，将各端的电气量（电流、功率的方向等）传送到对端，并将两端的电气量进行比较，以判断故障在本线路范围内还是在本线路范围之外，从而决定是否切断被保护线路。该保护是一种快速保护，其保护范围是本线路的全长。

将被保护线路一端的电气量或其用于被比较的特征传送到对端，根据不同的信息传送通道条件，采用不同的传输技术。比较被保护线路两端不同电气量的差别构成不同原理的纵联保护。继电保护装置通过电压互感器 TV、电流互感器 TA 获取本端的电压、电流，根据不同的保护原理，形成或提取两端被比较的电气量特征，一方面通过通信设备将本端的电气量特征传送到对端，另一方面通过通信设备接收对端发送过来的电气量特征，并将两端的电气量特征进行比较，若符合动作条件则跳开本端断路器并告知对端，若不符合动作条件则不动作。可见，一套完整的纵联保护包括两端的继电保护装置、通信设备和通信通道。

二、输电线路纵联保护的分类

(一) 按照所利用通道的类型分类

纵联保护中采用的传输通道不同，其传输原理也不同。纵联保护应用的主要通道有以下几方面：

(1) 导引线通道，这种通道需要敷设导引线电缆来传送电气量信息，其投资随线

路长短而定，当线路较长（超过 10km）时就不经济了，而且导引线越长，其自身的运行安全性越低。

（2）电力线载波通道，这种通道无须专门架设，而是利用输电线路构成通道。电力线载波通道由输电线路及其信息加工和连接设备（阻波器、结合电容器及高频收、发信机）等组成。

（3）微波通道，微波通道需专门的设备（发射及接收设备等）。微波通道是一种多路通信通道，具有很宽的频带，可以传送交流电的波形。如果保护专用的微波通道及设备是不经济的，电力信息系统等在设计时应兼顾继电保护的需要。

（4）光纤通道，采用光纤或复合光纤作为传输通道。光纤通道与微波通道具有相同的优点，广泛采用脉冲编码调制（PCM）方式。保护使用的光纤通道一般与电力信息系统综合考虑。纵联保护按照其所利用的传输通道相应命名，它们是导引线纵联保护（简称导引线保护）、电力线载波纵联保护（简称载波保护）、微波纵联保护（简称微波保护）、光纤纵联保护（简称光纤保护）。

（二）按照保护动作原理分类

（1）方向比较式纵联保护：两侧保护装置将本侧的功率方向、测量阻抗是否在规定的方向、区段内的判别结果传送到对侧，每侧保护装置根据两侧的判别结果区分是区内故障还是区外故障。这类保护在通道中传送的是逻辑信号，而不是电气量本身，传送的信息量较少，但对信息的可靠性要求很高。按照保护判别方向所用的原理可将方向比较式纵联保护分为方向纵联保护和距离纵联保护。

（2）纵联电流差动保护：这类保护利用通道将本侧电流的波形或代表电流相位的信号传送到对侧，每侧保护根据对两侧电流的幅值和相位比较的结果区分是区内故障还是区外故障。可见这类保护在每侧都直接比较两侧的电气量，称为纵联电流差动保护。这类保护的信息传输量大，并且要求两侧信息同步采集，技术要求较高。

第三节　相位比较式纵联保护

一、相位比较式纵联保护的基本原理

在只有载波通道可用作长距离输电线通信通道的年代里，传送电流瞬时值或幅值比较困难，电流纵联差动保护难以实现，因此广泛应用了只传送和比较输电线路两端电流相位的电流相位比较式纵联保护。

电流相位比较式纵联保护（或称相差纵联保护）是借助于通信通道比较输电线路

两端电流的相位，从而判断故障的位置。其中用高频（载波）通道实现的，称为相差高频保护。由于其结构简单（不需要电压量），不受系统振荡影响等优点曾得到广泛应用。但用微机实现时，为了达到较高的精度需要很高的采样率，因此目前应用较少，但由于有了光纤通道，这仍然是一种重要的保护原理，并且有广阔的应用前景。

为了满足以上要求，当采用高频通道经常无电流，而在故障时发出高频电流的方式来构成保护时，实际可以做成使短路电流的正半周控制高频电流，而在负半周则不发，如此不断地交替进行。因此，两个高频电流发出的时间相差180°，这样两端收信机所收到的就是一个连续不断的高频电流。两端发出的这种填充对端所发高频电流间隙的高频电流实际上就是一种闭锁信号，有此闭锁信号存在，高频电流就没有间隙，收信机就没有输出保护，就不能跳闸。由于高频电流在传输途中有能量衰耗，收到对端的高频电流幅值要小一些。

当保护范围内部故障时，由于两端电流基本上同相位，它们将同时发出半周期的高频电流脉冲。因此，两端收信机所收到的高频电流都是间断的，没有填满其间隙的闭锁信号。经过收信机检波输出电流，使保护出口动作跳闸。

由上述内容可以看出，对于相差高频保护，在外部故障时，由对端送来的高频脉冲电流正好填满本端高频脉冲的空隙，使本端的保护闭锁。填满本端高频脉冲空隙的对端高频脉冲就是一种闭锁信号。而在内部故障时没有这种填满空隙的脉冲，就构成了保护动作跳闸的必要条件。因此相差高频保护是一种传送闭锁信号的保护。

传送闭锁信号的保护装置都有一个共同的缺点，就是为了保证在外部故障时，只要判断为正方向故障一端（即远离故障点的那一端）保护中控制跳闸回路的启动元件能够启动，则判断为反方向故障的一端（即接近故障点那一端）就要可靠地发出闭锁信号。因此，必须有两个灵敏度不同的启动元件，两套启动元件定值之比不应小于1.25～2（视线路长度而定，对于150km以下的线路可选1.25）。因此，传送闭锁信号的保护装置总的灵敏度低于传送跳闸信号或传送允许跳闸信号保护装置的灵敏度。

闭锁式保护还有一个共同的缺点，就是在外部故障同时伴随通道故障或失效时，远离故障点一端收不到闭锁信号，必然误动作。但闭锁式保护的这个缺点和其最大的优点相互依存，即在内部故障伴随着通道破坏时不会拒动，对于传送跳闸信号和允许跳闸信号的保护正好相反，在外部故障伴随通道故障或失效时，保护不会收到干扰造成的错误的允许或跳闸信号而误动，但在内部故障伴随通道破坏时，收不到允许信号，保护将拒动。如果使载波通道用移频的方法，在外部故障时发出闭锁频率（填满高频信号间隙），在内部故障时发出允许跳闸频率（和对端电流正半周重叠），对端在电流正半周内收到本端允许信号频率才能跳闸，亦即将闭锁式和允许式结合起来。这可免除在外部故障伴随通道破坏时误动，但是又使得在内部故障伴随通道破坏时移动，得不偿失。显然对于独立于输电线路之外的微波通道保护和光纤通道保护，可不考虑故障时通道破坏的影响，可以应用这种方法。

传送闭锁信号的保护有一个共同的优点，那就是在内部故障同时伴随通信通道失效（通道故障、设备损坏或信号衰耗增大等）时，不影响保护的正确动作。这是因为在内部故障时不需要传送闭锁信号。这一优点对于使用高频载波通道的保护特别重要，因为载波通道是用高压输电线路本身作为信号传输介质，在输电线路上作为通道的一相对地或对其他相短路时信号衰耗增大，可能使信号中断，但不影响内部故障时保护的正确动作。

用来鉴别高频电流是连续的还是有间断的，以及间断角度大小的回路，称为相位比较回路。相位比较回路可以用各种原理做成，如晶体管、集成电路或微机软件等。但是用晶体管电路最容易说明其原理。在发生故障时，灵敏度不同的两套启动元件都应动作。灵敏度低的高定值启动元件动作，有输出。如果是外部故障，收信机收到对端的高频闭锁电流时，使比相回路无输出，"与门"不开放。出口回路闭锁。无输出，保护不会动作。在内部故障时无闭锁信号，收信机收到间断的高频电流，在高频电流间断期间收信机输出为负，"与"元件有输出。当间断时间大于一定的角度（为防止外部故障时，由于各种误差使保护误动而设置的闭锁角）时，延时时间的元件有输出，此输出脉冲被展宽元件展宽时间后作用于出口跳闸。

二、影响相差高频保护正确工作的因素及预防措施

（一）长距离输电线路的分布电容对相差高频保护的影响

在超高压和特高压长距离输电线路上，由于采用分裂导线，使相间和相对地的电容增大，同时由于线路长、电压高，因而线路的充电电流也很大。尤其是故障引起暂态充放电电流比稳态电容电流大很多，当线路处于不同运行状态时，其两端电流的大小和相位均将受到电容电流的影响而变化，尤其当线路在重负荷状态下负荷电流很大时，由于负荷电流和电容电流间相位差角很大，使得两端电流间产生很大相位差，这种影响就更为严重，甚至可能造成相差高频保护的误动作。

双回线或环网中一回线内部不对称短路时，短路点的负序电压产生流向两侧的负序电流。此负序电流在线路两侧母线上产生负序电压，负序电压同时向另一回非故障线路的分布电容充电，两侧的充电电流相位基本相同，和线路内部故障的情况相似，可能使非故障线路的相差高频保护误动作。

(二) 线路空载合闸

如果线路一端断开，从另一端进行三相合闸充电时则由于断路器三相触头不同时闭合，将出现一相或两相先合的情况，这时线路电容电流中将出现很大的负序和零序分量，可能引起高频保护的误动作，使空投失败。

(三) 短路暂态过程的影响

在短路暂态过程中，除了工频电流增大，还将出现非周期分量和高次谐波分量电流。非周期分量电流将使工频电流以非周期分量为对称轴向时间轴的一侧偏移，因而使工频分量电流的正负半周不相等。如果是外部短路而两侧的非周期分量不等，则两侧发信机发出的高频信号可能不能相互填满，造成保护误动作。高次谐波分量电流很强时，可能使工频分量的波形出现间隙，将控制发信机的方波"切碎"，使高频信号出现间隙，使保护误动作。

(四) 防止保护误动作的措施

在上述各种情况下，如果电容电流有可能引起启动元件误动作时，可适当考虑提高整定值以躲过。为防止过渡过程中误动作，也可以考虑增加适当的延时。但这些方法都会影响保护的速动性和灵敏性，而且不能解决相位比较回路误动作的问题。因此，根本的解决办法是在保护装置中加进消除分布电容影响的补偿措施，以抵消电容电流的影响。对于相差高频保护，一般在线路长度超过 $250 \sim 300 \mathrm{km}$ 时，应考虑采用补偿措施。在从一端空载合闸瞬间，考虑到电容电流由一端供给以及过渡过程的影响，应短时补偿大于线路全长的电容，例如 $1.2 \sim 1.4$ 倍的线路总电容电流。在传统的保护中一般用硬件的方法进行补偿，在微机保护中也可用软件的方法进行补偿。

三、相差高频保护的缺点及其改进

相差高频保护原理上只反映故障时线路两端电流的相位，与电流的幅值无关，无须引入电压量，不受电力系统振荡的影响，能允许较大的过渡电阻，不用零序电流作操作量时不受平行线零序互感的影响，在线路非全相运行状态下也能正确工作，结构简单、工作可靠，曾经是高压输电线路的主要保护方式，在纵联保护发展过程中起了重要作用。但上面介绍的传统的相差高频保护结构也存在一些严重的缺点。

（1）动作速度较慢。传统相差高频保护只在电流正半周时发出高频电流，一周期内只进行一次比相。这样，如果内部故障发生在两端电流进入负半周后，则要等到下一个负半周出现有足够宽度的高频电流间隙，再经过半个周期，即最快也要约一个半周期（30ms），才能判断出故障的性质；如果采用两次比相，所需时间更长。对于机电式保护，输出回路中要出现几次脉冲和间隙，出口继电器才能动作。因此保护动作时间最短也要大于 5 ~ 6 个周波。

（2）在短路后几个周波内，短路电流中可能含有很大的非周期分量和种种高频分量，由于线路两侧电流互感器的特性、饱和程度等可能不同，加上复合过滤器的过渡过程，可能使操作电压的波形发生严重畸变。两侧畸变程度也不相同，在外部短路情况下有可能出现线路一侧操作电压的正半周变窄，而另一侧操作电压的正半周正常或者也变窄，两侧的高频电流脉冲不能相互填满而出现间隙，使保护误动作。在内部短路情况下，也可能使两侧操作电压的正半周变宽而使高频脉冲间隙变窄，使保护不能快速动作。

（3）相差高频保护从原理上在线路非全相状态下可以正确工作，不受非全相状态下系统振荡时产生的负序、零序分量的影响，但在非高频加工相发生断线并在断口一侧接地时，由于不接地侧无故障电流，操作电压很小而发出连续的高频电流使保护拒动。

针对以上问题，我国继电保护工作者曾做了大量研究，在静态相差高频保护中做了一些改进。利用发信机远方启动原理解决必须两套启动元件的问题。所谓高频发信机的远方启动是用一端发信机发出的高频信号去启动另一端的发信机发信，并保持一预定时间。这种方法一直用于闭锁式方向高频保护中，以解决长距离输电线路外部短路时由于短路电流小，应该发出闭锁信号一端的发信机不能启动而失去闭锁信号问题。在传统的相差高频保护中不用此方法。研究表明，如将此方法应用于相差高频保护中可减少一套启动元件，以提高保护启动的灵敏度。采用发信机远方启动时，发信机的启动和出口回路的启动采用同一个启动元件。在外部故障时只要有一侧的启动元件启动即可由所发出的高频信号去启动对侧的发信机，对侧发信机一经启动即可保持一预定的时间。在此时间内两侧发信机互相连锁，保持在启动状态。因此不会出现由于一侧启动元件灵敏度不足，没有启动，不发出填满另一侧高频信号间隙的闭锁信号而使保护误动。对于内部短路，只要两侧的启动元件都能启动，操作电流的相位差在保护的动作角度范围内，即可保证保护可靠动作。

应用三相负序启动，加快启动元件动作。应用三相负序过滤器产生三相负序电流，整流后波纹很小，用很小的电容滤波即可。从而减小了启动元件的时间常数，提高了启动元件的动作速度，减小了返回延时。

第四节　方向比较式纵联保护

一、纵联方向保护工作原理

纵联方向保护的原理是通过通信通道判断两侧保护均启动且判为正向故障时，判定故障为线路内部故障，立即动作于跳闸。纵联方向保护通信通道传输的信号反映两侧保护方向元件的动作情况，为逻辑量，信号的"有""无"对应于"正向故障""反向故障"。纵联方向保护有独立的方向元件，它既可以使用载波通道也可以使用光纤通道；既能构成"闭锁式"保护也能构成"允许式"保护。

(一)"闭锁式"工作原理

"闭锁式"纵联方向保护启动后，若判明故障为反向故障，则发出闭锁信号；反之则停止发出信号(称为保护停信)。外部故障时，近故障侧保护判明故障为反向故障，发出闭锁信号，由于采用"单频制"(单频制是指两侧发信机和收信机均使用同一个频率，收信机收到的信号为两侧发信机信号的叠加)，两侧均收到闭锁信号，保护不动作。内部故障时两侧均不发出闭锁信号，保护就动作于跳闸。

(二)"允许式"工作原理

"允许式"纵联方向保护启动后，若判明故障为正向故障，则发出允许信号；反之则停止发信。内部故障时两侧均发出允许信号，由于采用"双频制"(双频制指一侧的发信机与收信机使用不同的频率，收信机只能收到对侧发信机的信号而收不到本侧发信机的信号)，保护动作条件为本侧判为正向故障且收到对侧允许信号，两侧保护动作条件均满足时，动作于跳闸。外部故障时，近故障侧保护判明故障为反向故障，不发出允许信号，两侧保护动作条件均不满足，保护不动作。

二、纵联方向保护基本原则

纵联方向保护的基本原则对于纵联保护基本上是通用的，下面以闭锁式纵联方向保护(短时发信，单频制)为例进行讨论。

(一)启动元件设置

纵联保护设置两套启动元件，分别启动发信回路以及开放跳闸回路：低定值元件启动发信回路；高定值元件开放跳闸回路。这是为了防止外部故障时仅一侧纵联保护启动导致误动。纵联保护采用双侧测量原理，不能单侧工作。采用两套定值启动发信、跳闸回路，当高定值条件满足准备跳闸时，由于高、低定值需要考虑足够的配合系数（高定值一般为低定值的 1.5～2 倍），如果低定值元件未损坏，可以认为两侧低定值元件均已启动发信。这样可以保证纵联保护准备跳闸时是在两侧保护均已启动的状态下。低定值元件启动发信，当外部故障切除后，低定值元件返回，此时发信元件不能立即停止发信，应该延时返回，继续发信一段时间。

(二) 远方启动

远方启动是指收到对侧信号而本侧发信元件未启动时，由收信元件启动本侧发信回路。由于发信是因为收到了对侧信号而启动的，故称为远方启动。远方启动有下列作用：

(1) 更加可靠地防止纵联保护单侧工作。当一侧纵联保护低定值元件损坏时仍能依靠远方启动回路启动发信。

(2) 方便手动检查通道。由于发信机短时发信，平时不启动发信，必须定期手动启动发信以检查通道及两侧收发信机。若没有远方启动回路，则检查通道时线路两侧变电所运行人员必须同时在保护柜前，相互配合工作；采用远方启动后，可以由线路任一侧变电所运行人员单独进行通道检查。

(三) 延时保护停信

保护正方向元件动作时，停止发出闭锁信号，这称为保护停信。纵联方向保护要求收到信号 8ms 后才开放保护停信回路，即保护启动后无论方向元件判别为正向故障还是反向故障首先连续发信，收信 8ms 后是否继续发信取决于方向元件行为（正方向元件动作停信，反方向元件动作继续发出闭锁信号）。保护启动后 8ms 的信号不用来传输方向元件的动作情况，而用于可靠的远方启动，当然这样保护将延时 8ms 出口。

(四) 其他保护停信

纵联保护无后备保护作用，线路上除纵联保护外还配有零序电流方向保护、距离保护，同时母线保护动作时也出口于线路断路器。当其他保护动作，发出跳闸命令时，纵联保护应停止发信，保证对侧纵联保护跳闸。

(五) 断路器位置停信

本侧断路器跳开时，应该由断路器位置停止发信，称为断路器位置停信。

(六) 弱馈线路

线路内部故障时，流过弱电源或无电源侧保护的电流很小，正方向元件可能不动作于停信，闭锁信号将闭锁两侧保护。为了解决这个问题，在弱馈侧采取以下措施：在弱电侧，投入纵联反方向距离元件，当故障电压低于30V且反向元件不动作时，则判为正方向停止发信。

三、闭锁式纵联方向保护原理框图

(一) 程序流程图

上电后主程序经初始化再按固定的取样周期接受取样中断进入取样程序，在取样程序中进行模拟量采集与滤波、开关量的采集，装置硬件自检，交流电流断线和启动判据的计算，根据是否满足启动条件而进入正常运行程序或故障计算程序。装置硬件自检内容包括 RAM、E²PROM、跳闸出口晶体管的自检等。

正常运行程序中进行取样值自动零漂调整及运行状态检查。运行状态检查包括交流电压断线、检查开关位置状态、变化量制动电压形成、重合闸充电、准备手合判别等。不正常时程序将发出告警信号，信号分两种：一种是运行异常告警，这时不闭锁装置，提醒运行人员进行响应处理；另一种为闭锁告警信号，告警同时将装置闭锁，保护退出。故障计算程序中进行各种保护的算法计算、跳闸逻辑判断以及时间报告、故障报告及波形整理。

(二) 保护未启动情况

纵联保护由整定控制字选择是采用允许式还是闭锁式，两者的逻辑有所不同，但都分为启动元件动作保护进入故障测量程序和启动元件不动作保护在正常运行程序两种情况。

输出至收发信机或光电转换设备启动发信，有以下三种启动发信情况：

（1）系统扰动时由保护低定值启动发信。

（2）检查通道时手动启动发信。

（3）收到对侧信号，由收信远方启动发信，当本侧断路器打开或处于弱电源侧时延时 100ms 远方启动，这样对侧保护才有足够的时间跳闸。

第五节　分相电流差动纵联保护

一、线路的导引线保护

(一) 线路导引线保护的基本原理

利用敷设在输电线路两侧变电所之间的二次电缆传递被保护线路各侧信息的通信方式称之为导引线通信，以导引线为通道的纵联保护称为导引线纵联保护。导引线纵联保护常采用电流差动原理，可分为环流式和均压式两种。下面介绍环流式电流差动保护的原理。

在线路的两侧装设的电流互感器型号、电流比完全相同，性能完全一致。辅助导引线将两侧电流互感器的二次侧按环流法连接成回路，差动继电器接入差动回路。两侧电流互感器一次回路的正极性均接于靠近母线的一侧，二次回路的同极性端子相连接(标"·"者为正极性)，差动继电器则并联在电流互感器的二次端子上。按照电流互感器极性和正方向的规定，一次电流从"·"端流入，二次电流从"·"端流出。当线路正常运行或外部故障时，流入差动继电器的电流是两侧电流互感器的二次电流之差，近似为零，也就是相当于差动继电器中没有电流流过；当被保护线路内部故障时，流入差动继电器的电流是两侧电流互感器的二次电流之和。

(二) 导引线保护的不平衡电流

(1) 稳态不平衡电流在导引线保护中，若电流互感器具有理想的特性，则在系统正常运行和外部短路时，差动继电器中不会有电流流过。但实际上，线路两侧电流互感器的励磁特性不可能完全相同。当电流互感器的一次电流较小时，铁芯未饱和，两侧电流互感器的特性曲线接近理想状态，相差很小。当电流互感器的一次电流较大时，铁芯开始饱和，由于线路两侧电流互感器铁芯的饱和点不同，励磁电流差别增大，导致线路两侧电流互感器的二次电流有一个很大的差值，此电流差值称为不平衡电流，该电流将流过差动继电器。

(2) 暂态不平衡电流，由于差动保护是瞬时动作的，故应考虑在保护范围外部短路时的暂态过程中，流入差动继电器的不平衡电流。此时，流过电流互感器一次侧的短路电流中，包含有周期分量和非周期分量，由于非周期分量对时间的变化率远远小于周期分量的变化率，因而很难传变到二次侧，大部分非周期分量作为励磁电流进入励磁回路而使电流互感器的铁芯严重饱和，导致励磁阻抗急剧下降，励磁电流急剧增加，从而导致二次电流的误差增大。因此，暂态不平衡电流要比稳态不平衡电流大得多，并且含有很大的非周期分量，除了外部短路时，一次电流和差动继电器中暂态不平衡电流的实测波形。暂态不平衡电流的最大值是在短路开始稍后一些时间出现，这是因为一次电流出现非周期分量电流时，由于电流互感器本身有着很大的电感，铁芯中的非周期分量磁通不能突变，故铁芯最严重的饱和时刻不是出现在短路的最初瞬间，而是出现在短路开始的稍后一段时间，从而有这样的波形。

正常运行或外部故障时，纵联差动保护中总会有不平衡电流流过，而且在外部短路暂态过程中不平衡电流可能很大。为了防止外部短路时纵联差动保护误动作，应设法减小不平衡电流对保护的影响，从而提高纵联差动保护的灵敏度。采用带速饱和变流器或带制动特性的纵联差动保护，是一种减小不平衡电流影响、提高保护灵敏度的有效方法。

(三) 对导引线保护的评价

导引线保护是测量两侧电气量的保护，能快速切除被保护线路全线范围内的故障，不受过负荷及系统振荡的影响，灵敏度较高。它的主要缺点是需要装设与被保护线路一样长的辅助导线，成本较高。同时为了增强保护装置的可靠性，要装设专门的监视辅助导线是否完好的装置，以防当辅助导线发生断线或短路时，使纵差保护误动作或拒动。输电线路上只有当其他保护不能满足要求，且在线路长度小于10km时才考虑采用普通导线作导引线的纵联差动保护。一般导引线中直接传输交流二次电气量波形，故导引线保护广泛采用差动保护原理，但导引线的参数 (电阻和分布电容) 直接影响保护的性能，从而在技术上也限制了导引线保护用于较长的线路。

二、自适应纵联差动保护

对纵联差动保护的总要求是在所有可能出现的运行和故障情况下，保护不误动作，也不拒动。而通常采用的方向比较式和电流相位比较式纵差保护原理各有优缺点，为了达到取长补短，就要求纵联差动保护根据系统运行情况的变化，自动地改变保护原理或整定值，退出一种保护并投入另一种保护，这就是微机保护系统中采用的自适应纵差保护。

方向比较式纵差保护，通过比较或取线路一侧的电压、电流就能在线路一侧独立判定故障方向，具有简单可靠、动作迅速、占用通道频带较窄、抗干扰性能较强等优点。它的主要缺点是在电压回路断线时必须将保护退出运行。此外，按不同原理构成的方向元件还存在着系统振荡或非全相运行时可能误动作或拒动的问题。

电流相位比较式纵差保护可只用电流量构成，因此与电压回路无关，保护原理简单。由于是比较线路两侧电流的相位，因此不受电力系统振荡的影响，在非全相运行条件下故障也能正确动作。它的主要缺点是动作速度慢，占用通道频带较宽，抗干扰性能差。此外，为了保证电流相位比较结果正确，保护调试比较复杂。

把两种原理结合起来构成一种由自动控制部分控制自动切换的纵差保护，称为自适应纵差保护。自适应性表现在可以根据系统运行情况的变化，自动地改变保护的动作原理，自适应纵联差动保护主要由方向比较、相位比较和自适应控制三部分组成。

（1）方向比较部分包括方向比较式纵差保护的各个主要环节，其核心元件是判别故障方向的方向元件。方向元件的类型有负序功率方向元件、方向阻抗元件、相电压补偿式方向元件、反映工频变化量的方向元件和反映正序故障分量的方向元件等。从速动性、选择性、灵敏性和可靠性各种指标综合比较，同时考虑发挥微机的智能作用，自适应纵差保护中采用反映正序故障分量的方向元件。反映正序故障分量的方向元件简单可靠，灵敏度高，能反映各种对称和不对称短路故障，但它在系统振荡时可能误动作，在电压回路断线时也必须退出。因此，方向比较式纵差保护只在正常运行情况下发生短路故障时起作用。

（2）相位比较部分，相位比较部分包括相位比较式纵差保护的各个主要环节，其核心元件是相位比较元件。在相位比较元件中，为了能反映各种短路故障，同时只使用一个通道，广泛采用的是比较两侧的复合电流的相位。由于采用复合电流的主要缺点是三相对称短路故障和两相运行短路故障时的灵敏度不高，且计算分析比较复杂，因此，自适应纵差保护中采用正序故障分量的电流进行比较。在保护区内故障时，线路两侧电流故障分量的相位关系只由故障点两侧的综合阻抗角决定且不受负荷电流的影响，这就为加大比相元件的闭锁角创造了有利条件。在闭锁角增大到90°或以上时，相位比较部分的选择性将得到显著提高。

相位比较部分只用电流量，启动元件设高、低两个定值并均以复合电流为启动量，从而使启动、操作和比相各环节的灵敏度配合得到充分保证。但应指出，由于相位比较式纵差保护动作速度较慢，所以只在方向比较部分退出的条件下才投入使用。

（3）自适应控制部分是自适应纵差保护的关键，为了达到自适应目的，先要判断系统的运行状态，从而要解决方向比较和相位比较两种原理的配合问题。由于纵差保护需要线路两侧的参数，因此要求任何条件下，两侧的保护原理必须一致，否则将导致严重的不良后果。保护的自适应控制部分包括电压回路断线的自适应控制、系统振荡时的自适应控制、两相运行时的自适应控制及手动或自动合闸的自适应控制。

①系统振荡时的自适应控制从继电保护技术观点出发，必须考虑两种系统振荡情况：一是先振荡后故障（由系统静态稳定被破坏引起），二是先故障后振荡（由故障引起）。当确认系统在振荡状态下，应立即退出方向比较部分并投入相位比较部分。

为实现在振荡时的自适应控制，首先要检测出振荡的状态，而且要线路两侧同时检测出，才能保证两侧保护工作在同一原理之下。静态稳定被破坏时，通常可用相电流增大的方法或测量阻抗的方法检测出。在系统振荡时，为了防止可能出现只有一侧检测出振荡的状态，可设置灵敏度不同的两套启动元件。灵敏的一套控制切换保护原理，不灵敏的一套控制保护的跳闸回路。

②两相运行时的自适应控制，它是根据一相无电流，其他两相有电流来判定。当确认为两相运行状态后，立即退出方向比较部分，投入相位比较部分。也可以在线路保护发出单相跳闸命令时，立即将方向比较部分切换为相位比较部分。

③手动或自动合闸的自适应控制，它是在单相自动重合闸的过程中，两侧故障相断开后立即切换到相位比较部分。若线路为永久性故障，单相自动重合闸到故障线路时，相位比较部分能快速切除故障。在手动合闸到故障线路时，相位比较部分能动作于跳闸。如线路上无故障，启动元件不启动，保护不动作。

三、利用故障分量的电流差动保护

电流纵差保护，在继电保护技术中，可以说是最完善的保护了。目前在电力系统中的发电机、变压器、母线、线路和电动机上，凡是有条件实现的，均毫无例外地使用了电流纵差保护。从故障信息观点看，电流纵差保护最为理想，这是因为差动回路的输出电流反映着被保护对象内部的信息。假设被保护对象内部故障，并规定电流正方向为由母线指向被保护对象。

在差动回路的输出中完全消除了非故障状态下的电流。无论非故障状态变化多么复杂，电流纵差保护原理都具有精确提取内部故障分量的能力。也就是说，在电流纵差保护中用故障分量的电流和直接用故障后的实际电流来提取故障分量是完全相同的。但是，为防止在外部故障时可能出现的不平衡电流引起保护误动作，通常采用制动特性。利用不同的制动量可以得出不同的制动特性，当制动量用外部故障条件下的实际电流时，由于其中包含有非故障分量，非故障分量将在内部故障时对保护产生不利影响，从而使保护灵敏度下降。因此，利用故障分量构成制动量有利于提高保护灵敏度。电流相位差动原理是比较被保护对象两侧电流的相位，而两侧电流的相位都受到非故障分量的影响。

第六节　距离纵联保护

一、距离保护概述

在结构简单的电网中，应用电流、电压保护或方向电流保护，一般都能满足可靠性、选择性、灵敏性和快速性的要求。但在高电压或结构复杂的电网中是难以满足要求的。电流、电压保护，其保护范围随系统运行方式的变化而变化，在某些运行方式下，电流速断保护或限时电流速断保护的保护范围将变得很小，电流速断保护有时甚至没有保护区，不能满足电力系统稳定性的要求。此外，对长距离、重负载线路，由于线路的最大负载电流可能与线路末端短路时的短路电流相差甚微，在这种情况下，即使采用过电流保护，其灵敏性也常常不能满足要求。因此，在结构复杂的高压电网中，应采用性能更加完善的保护装置，距离保护就是其中的一种。

(一) 距离保护的基本原理

距离保护就是反映故障点至保护安装处之间的距离，并根据该距离的大小确定动作时限的一种继电保护装置。故障点距保护安装处越近，保护装置感受到的距离越小，保护的动作时限就越短；反之，故障点距保护安装处越远，保护装置感受到的距离越大，保护的动作时限就越长。这样，故障点总是由离故障点近的保护首先动作将其切除，从而保证了在任何电网中，故障线路都能有选择性地被切除。

因线路阻抗的大小，反映了线路的长度。因此，测量故障点至保护安装处的阻抗，实际上是测量故障点至保护安装处的线路距离。作为距离保护测量的核心元件阻抗继电器，应能测量故障点至保护安装处的距离。方向阻抗继电器不仅能测量阻抗的大小，而还应能测量出故障点的方向。

(二) 距离保护的构成

三段式距离保护装置一般由启动元件、方向元件、测量元件及时间元件等组成。

(1) 启动元件，启动元件的主要作用是在发生故障瞬间启动保护装置。启动元件可采用反映负序电流的元件构成或反映负序与零序电流的复合元件构成，也可以采用反映突变量的元件作为启动元件。

(2) 方向元件，方向元件的作用是保证动作的方向性，防止反方向发生短路故障时，保护误动作。方向元件采用方向继电器，也可以采用由方向元件和阻抗元件相结合而构成的方向阻抗继电器。

(3) 测量元件，测量元件由阻抗继电器实现，主要作用是测量短路点到保护安装处的距离（或阻抗）。

（4）时间元件，时间元件的主要作用是根据故障点到保护安装处的远近，并根据预定的时限特性来确定动作的时限，以保证保护动作的选择性。

二、工频故障分量距离保护

传统的继电保护原理是建立在工频电气量的基础上的。随着微机技术在继电保护中的应用，反映故障分量的保护在微机保护装置中广泛应用。

故障分量在非故障状态下不存在，只在被保护对象发生故障时才出现，所以可根据叠加原理来分析故障分量的特征。将电力系统发生的故障视为非故障状态和故障附加状态的叠加，利用计算机技术，可以方便地提取故障状态下的故障分量。

（一）故障信息和故障分量

从继电保护技术的特点出发，故障信息可分为内部故障信息和外部故障信息两类。故障信息是继电保护原理的根本依据，既可单独使用一类信息，也可联合使用两类信息。内部故障信息用于切除故障设备，外部故障信息用于防止切除非故障设备。利用内部故障信息或外部故障信息的特征来区分故障和非故障设备一直是对继电保护原理与装置提出的根本要求。

根据故障信息在非故障状态下不存在，只在设备发生故障时才出现的特点，可用叠加原理来研究故障信息的特征。在线性电路的假设前提下，可以把网络内发生的故障视为非故障状态与故障附加状态的叠加。若故障时附加电源的电压等于故障前状态下故障点处的电压，则各点处的电压、电流均与故障前的情况一致。故障附加状态系统中各点的电压、电流称为电压、电流的故障分量或故障变化量（突变量）。因此故障附加状态可作为分析、研究故障信息的依据。因为，故障附加状态是在短路点加上与该点非故障状态下大小相等、方向相反的电压，并令网络内所有电动势为零的条件下得到的。由此可以得出有关故障分量的主要特征：

（1）非故障状态下不存在故障分量电压、电流，故障分量只有在故障状态下才出现。

（2）故障分量独立于非故障状态，但仍受系统运行方式的影响。

（3）故障点的电压故障分量最大，系统中性点的电压为零。

（4）保护安装处的电压故障分量和电流故障分量间的相位关系由保护安装处到系统中性点间的阻抗决定，且不受系统电动势和短路点过渡电阻的影响。

故障分量中包含有稳态成分和暂态成分，两种成分都是可以利用的。

(二) 故障信息的识别和处理

继电保护技术的关键在于正确区分故障信息与非故障信息，以及正确获得内部故障信息和外部故障信息。获得故障分量的理论依据是叠加原理。在发生短路故障时，由保护安装处的实测电压、电流减去非故障状态下的电压、电流就可得到电压、电流的故障分量。应指出的是，非故障状态下的电压、电流的准确获得是一个复杂的问题，因为严格地说，在故障附加状态下，加在故障点的电压并不是该点在故障前的电压，而是故障发生后假设故障点不存在时的电压。

对于快速动作的保护，可以认为电压、电流中的非故障分量等于故障前的分量，这一假设与实际情况相符。因此，可以将故障前的电压、电流记忆起来，然后从故障时测量到的相应量中减去记忆量，就得到故障分量，这既可以用模拟量实现也可用数字量实现。

在正常工作状态下所存在的电压、电流基本上是正序分量的电压、电流，在不对称接地短路时出现零序分量的电压、电流，在三相系统中发生不对称短路时出现负序分量的电压、电流。因此，负序分量和零序分量包含有故障信息，可以利用负序分量或零序分量检测出故障。负序分量和零序分量在保护技术中得到了广泛应用，但其缺点是不能检测出三相对称短路。由于正常运行时也有正序分量存在，基于这点，传统保护利用正序分量检测故障在继电保护中应用得远不如负序分量或零序分量那么广泛。但经消除非故障分量的方法提取出的正序故障分量却包含着比负序或零序分量更丰富的故障信息，由对称分量法的基本原理可知，只有正序故障分量在各种类型故障中都存在。正序分量的这一独特的性能为简化和完善继电保护开辟了新途径，受到了广泛的关注。

三、纵联距离、零序方向保护

纵联保护、零序方向保护以距离保护中的带有方向性的阻抗元件 (零序电流方向保护元件控制停信，相当于纵联方向保护中正方向元件由方向阻抗元件、零序电流方向元件替代。若采用闭锁式，保护启动后方向阻抗元件或零序电流元件动作则停信，反之继续发出闭锁信号。

纵联保护由整定控制字选择是采用允许式还是闭锁式，两者的逻辑有所不同，但都分为启动元件动作保护进入故障测量程序和启动元件不动作保护在正常运行程序两种情况，其中，断路器位置停信、其他保护动作停信、通道检查逻辑等原则、回路都与闭锁式纵联方向保护装置类似，只是保护停信部分有所不同。需要说明的是，纵联距离保护同样需要考虑振荡问题，需要引入振荡闭锁。另外，如果采用母线电压互感器，在单相重合闸过程中非全相运行时，零序电流方向元件会误动，非全相运行时应退出纵联零序电流保护。

第十一章　电力系统中的可再生能源发电

第一节　分布式发电

一、简介

英格兰和威尔士的最大电力需求达到 50GW，大多数的电力供应来自天然气、煤和核燃料，蒸汽式发电机组的额定功率高达 500MW。因此，大约 100 个这样的机组就可以满足整个峰值负荷时的需求。如果只有几十个电厂供应着几百万用户的电力需求，往往这种电厂里都有 2 个、3 个或 4 个这样的机组。这种发电系统通常被称为集中式发电系统，是典型的大电力系统。集中式发电系统通常与输电系统相连。

分布式发电和嵌入式发电通常是指一些连接在配电网上的小机组发电。分布式发电包括：

(1) 可再生能源发电 (除三峡水电站和最大风电场以外)；

(2) 综合的热电系统 (CHP)；

(3) 备用的发电机组入网 (尤其是在集中式发电机组不能满足需求或是发电成本昂贵的时候)。

由于高压变压器和开关设备的成本比较高，或是可再生能源电厂的地理位置与输电网相距较远，比较小的发电机组不能连接到输电网上，就被嵌入配电网系统中。

分配式发电改变了配电网中的电能流动，同时破坏了电力系统中电流从高压流向低压的方式。在某种环境下，分布式发电机组可以很轻松地连接到配电网中，但是时常会引起许多问题。

二、公共耦合点 (PCC)

把任何发电机组连接到电力系统的最基本要求是不能影响供电质量，这一基本要求也有利于辨别公共耦合点 (PCC)。

PCC 的官方定义比较多。换句话说，PCC 就是网络中离发电机组最近，其他用户也能连接上的节点。这样，PCC 的准确位置依赖于发电机和其他网络部分所连接的特定线路。PCC 的重要性在于它是发电机组引起公共网络最大干扰的节点。

三、连接电压

在英国的配电网系统中的电压等级包括 400V、11kV、33kV 和 132kV，其他国家的电压等级与此类似。网络连接处的故障电压是一个重要参数，不仅可以推测故障条件下的电流，也能推测正常条件下或是电压升高条件下的系统性能。

若需要连接一个发电机，PCC 处的故障水平是非常重要的，因为它能在很大程度上决定发电机对网络的影响。一个较低的故障水平表明网络有着较高的网络电源阻抗，在 PCC 处可能会因有功功率或无功功率的输入输出而引起大的电压波动。可再生能源发电机对网络的影响取决于接点处的故障水平和发电机组的容量。

连接在一个分布式发电机组的合适的电压很大程度上取决于机组的额定容量，这也有一些其他的影响因素，由此可见，有一系列的指示性数据可作为指导准则。当然，一个网络是强是弱主要与机组的额定容量有关。通常把可再生能源容量与故障水平的比例称为短路比，这为容量和选择提出了一个粗略的准则。比较典型的风电场的短路比为 2% ~ 24%。

第二节 电压影响

一、稳态电压升高

通常分布式发电机组连接到电网上会引起 PPC 的电压升高，这可能导致用户附近过电压。这需要限制电压的升高以免超过线路的热容量，这也常常限制了连接到某个地区的发电机组的容量。

可容许的电压增加值取决于网络是如何工作的，当前的工作电压有多接近可容许的最大电压值。电压增加值是风电场常常考虑的主要问题，风电场往往在农村地区，连接线路通常较远且线路阻抗相对较高。电压升高常常限制连接某个地区的发电机的数量，在这种情况发生之前，可能发生电流反转，达到线路的热极限。在一些条件下，计算显示在一年内只允许电压超过允许值几个小时。在这几个小时内是以效率换取发电的持续性。这种损失相比于安装高压线的损失可能要小一些。通过在 PCC 抽取无功功率会使得电压的升高得到缓和。对于异步发电机，需要移除一些或是所有的电容补偿装置；对于同步发电机，励磁能够自动调节。但是，一个注入式发电机将会吸收低压网络之外的无功功率，无功功率将不能被正常测量。这样的话，正常的初始设计就能在接近机组的功率因数下工作。

二、自动电压控制 – 变压器分接头

目前为止，在实践中现有的配电网自动电压控制方法非常复杂。一般地，除终端配电变压器以外的系统中，大多数变压器装有合适的分接头方式。

特殊地，戴维南阻抗包括电压调节器阻抗必须调节，因为它是基于故障等级计算的。由于自动电压控制的特性，在变压器二次侧中戴维南电压是固定的。为了修正，应该知道故障等级和变压器二次侧固定节点的匝数比，以便于进行阻抗的计算和适当的扣除。自动电压控制器不仅仅可以保持电压稳定。比如，一些提供线路压降的补偿器就是一种估计出线压降的方法；另一些控制器用了一种叫复阻抗负荷的技术使得不同变电站的不同变压器并联运行。但是，这些技术受到由分散发电引起的变电站功率因数改变的影响。为了阻止这样的功率因数的改变，一些嵌入式电机作为典型负荷来控制一样的功率因数。如果同一型号的发电机能够产生并控制无功功率，那么这个问题自然就可以被避免。在实践中这种方法并没有用于低压配电网，但是在不久的将来随着更复杂更便宜的电力装置的出现，这种方法会变得很重要。

三、可再生能源发电的有功和无功功率

常规电力系统的大型发电机都有它们各自的电压调节控制装置来保持发电机母线上的电压恒定。可再生能源的发电机反馈连接到配网中要比连接到线路中的实质上小些。所以，常规发电机控制方法不适合考虑小型可再生能源发电机。比如，无论从风能转换成电能时的额定风速为多少，感应发电机发的电注入电力系统时都有固定的涡轮转速，除此以外，它的额定输出功率有限。同时期望无论从网络中吸取感应发电机需求的无功功率为多少，都需要减去任何由校正电容的功率因数产生的负荷。这种状况与小型混合系统通过感应发电机接入大电网相似。

通过一个电力脉宽调制转换器可以把光能、微波和兆瓦级风力发电机组的能量不变地注入大电网，这提供了在连接节点无功功率的设备提取或注入。

综上所述，对于相对较小的嵌入式可再生能源发电机连接到大电网的输入功率只单独依赖于可再生能源资源（风、太阳、水的落差）当时的等级，输入的负荷也依赖于发电机的本身特性或者电力控制器的特性。在以后的案例中转换器可以在单位功率因数中调节输入有功功率，从而避免了在电网中任何负荷改变或者产生无功电荷。在可再生能源发电供给者和电站之间可能需要一个相互有利的合作方式，以便于在转换器的调节下产生或消耗的负荷能适应于当地电网。

小型独立的发电机对于电网频率的影响可以忽略不计；但是，当数量众多的这种发电机同时被连接到大电网时则对电网的影响是显著的。事实上，电站需要可再生能

源发电机在突然变化中提供稳定的电网频率和电压，比如丹麦的平均电压等级就要高出 20%，在某一些时间会更高。同理可得，在未来的光伏发电站中，光伏转换器需要控制大电网的频率。

第三节　热稳定极限

分布式电源注入的功率将会改变当地网络的潮流分布。各个元件中的潮流可能增加、减少甚至反向。功率的流动（包括有功和无功）依靠电流的流动，这就引起了架空线、电缆和变压器的温升，每个设备都有其热稳定极限，它决定了流经元件的最大电流，也限制了可再生能源的容量上限。潮流计算可得到所有元件上经过的电流。

一、架空输电线和电缆

大部分架空线和电缆都在接近其热稳定极限的情况下运行，尤其是在低压配电网中（不超过 20kV）。这有两个原因：首先，为了保证用电者的电压质量，导体中的压降要限制，这就需要采用比由热稳定极限确定的导体型号更大的导体；其次，型号较大的导体中的能量损失会很小，而且设备生命周期成本分析也确定了大型号的好处。因此，在 11kV 极其相似的网络中安装嵌入式电源时，架空线和电缆的热稳定极限很少作为限制因素来考虑。由于接入电源而引起的电压和故障等级升高问题，通常会首先考虑。

在更高电压级别的电网中，如 33kV 和 132kV，电压控制很少考虑，反而首先考虑架空线和电缆的热稳定极限问题。这个问题容易理解，很少存在争论，但还是有值得注意的两个方面：首先，分布式电源对潮流计算的影响会同时带来一些新的要求，这要引起注意。理想情况下，这应该代表了最糟糕的情况，可再生能源输出最大功率并不一定与最苛刻的要求同时发生。其次，架空线由风自然冷却，这在大风天气时增加了线路输送能力，因此负责输送风电产生功率的线路可以采用相对较小的尺寸。

二、变压器

确定变压器的热稳定极限更加复杂。变压器的额定值通常以 kVA 或者 MVA 给出，但有 3 种不同的参数，对应于自然冷却、风扇冷却和循环油冷却，而且变压器具有较大的热时间常数，在不引起过热和严重伤害的情况下只能短时间过负荷运行。瞬间的高温造成的寿命损伤也难以计算。

变压器的选择要满足预期中最苛刻的要求，运行也接近于热稳定极限状态，一部分原因是空载损耗较大，轻载运行的效率较低。因此在嵌入式电源较多的地区，变压器的热稳定极限会限制未来电源的嵌入。这仅在接入的电源额定值低于某一变压器、小于区域最小负荷或大于最大负荷的时候发生。

大多数变压器可以承受逆功率，但是含有有载调压分接头的变压器的逆功率承受能力有限。而且，某些与变压器有载调压分接头有关的自动电压调节装置会受到逆功率的影响。

因此，在分布式电源的安装问题中，已有变压器的热稳定极限并不是限制因素，除非所安装的电源容量超过所在区域的最大电能需求。至少在英国，较密集的嵌入式电源是不普遍的，但在威尔士两个风力发电场通过一个变电站连接，此变电站中的潮流经常反向，当逆功率达到变压器的热稳定极限时要减少电源输出功率。

第四节　嵌入式电源的一些问题

一、电压闪变、电压阶跃和电压跌落

(一) 电压闪变

电压突变造成的闪变会使白炽灯泡给人带来麻烦，眼睛对 8Hz 左右的闪变最为敏感，灵敏的电力电子设备也会受到影响。网络内有功和有功潮流的快速变化造成了这种电压突变，不可接受闪变的主要来源是锯木厂和熔炉。分布式电源也能造成闪变，闪变测量装置能测量电压的变化并且给出闪变周期长短及相关参数。

风力发电机也对闪变也有贡献，因为塔影和湍流强度会造成无功和有功功率的输出快速变化。在高风速的情况下，齿距调节的恒速汽轮机比具有失速调节的汽轮机运行状况差。这是因为齿距调节装置的限制和风叶有很大的惯性，齿距调节很慢才能发挥作用，而失速调节装置动作会比较快。现代几百兆瓦的大型风力发电机组允许在低于额定风速的一定风速范围内运行，同时允许在额定风速和切机风速之间的一定范围内运行。这使输出功率可以平滑调节，尤其是在额定值附近，减少了电压闪变的情况。

由某一电源引起的电压闪变主要取决于电网特性，尤其是故障等级和公共耦合点（PCC）处 X/R 的值，因此在电网某处非常适合的电源在其他地方可能不被接受。总的来说，这种依赖和稳态过电压对其的依赖是相同的，因此引起严重过电压的风电场通常也会造成严重的电压闪变。电压闪变问题对于低压配电网络中的单机和小容量机组是值得考虑的，由于各风电机组功率波动是不相关的，所以对大型风电场来说不存在电压闪变问题。

（二）电压阶跃和电压跌落

无论是接入还是退出一台机组，相关无功和有功功率的突变都将会造成公共连接点电压的阶跃。如果与此操作有关的功率变化可以较为平滑，则电压阶跃会减小，至少对于计划内的操作是这样。

异步发电机在线启动时，由于产生极大的启动电流（即励磁涌流），会导致电压出现跌落现象。对于大容量异步发电机，通常会用软启动装置来限制启动电流，在风电场中通常是每次接入一台汽轮机。电压如果重复性或循环性地阶跃和跌落，可能导致闪变。由于在可再生能源的接入过程中越来越多地使用电力电子接口装置，操作过程中的电压阶跃和电压跌落现象也逐渐消失了。

二、谐波和畸变

负荷和电源都可能造成电网中电压的畸变，通常用谐波来描述。一个普遍的谐波源就是计算机电视和其他电气设备中廉价电源的广泛应用。在分布式电源出现前，现代写字楼和住宅区的配电网络中的电压波形就因为这种负荷的存在产生严重的畸变。

电压畸变源于流经网络等效阻抗上的非正弦电流，等效阻抗与前面所述的戴维南定理有关。实验分析可以得到系统戴维南等效阻抗和频率的关系曲线，此曲线与已知变换器产生的谐波情况结合来预测嵌入式可再生能源公共耦合点电压可能的畸变。公共耦合点故障等级越低，电压畸变越严重。

理论上，直接并于电网中的设计不完善的同步或异步发电机会产生严重谐波，但是现在由知名公司生产的发电机已经克服了这种缺陷。分布式电源产生的谐波主要源于其中的电力电子元件。风电汽轮机中的软启动装置通常基于晶闸管，可能产生严重的谐波，但仅在启动的过程中存在几秒，这不是问题。系统中一直存在的电力电子元件应该予以关注。以前的风电汽轮机和光伏系统应用的变换器容易产生严重的谐波。

应用在并网光伏系统中以及变速风电汽轮机中的（利用 MOSFET 和 IGBT）现代脉宽调制变换器在这方面性能比较好，不过仍需在安装过程中注意适应性的设计和检测。特别是变换频率的增加会减少谐波，但同时会造成操作过程中的能力损失，从而降低变换器的效率。西班牙一个具有密集风力发电机组的区域由于大量脉宽调制变换器的使用且操作频率较低，造成严重的谐波。密集光伏发电设备的接入会带来同样的问题，这也是电能消费者越来越多地使用电力电子元件带来问题的一部分。国家和国际标准（例如 EN61000-3-2：A）严格规定了小容量负荷和电源允许谐波极限，在这里电能质量不是关注的重点。

三、相电压不平衡

理想情况下，负荷在三相中平均分配，在实际中，任何变化都会导致网络中三相电压的不平衡。

直接并网的三相电源通常用于减少存在的三相电压不平衡。但是在此过程中，电源本身会因为绕组中环流的存在产生温升，为避免过热，风电机组通常配有不平衡保护。在一些农村电网中，不平衡保护会经常动作，造成电能大量损失。

一些小容量分布式电力设备，例如英国国内的风电机组和光伏发电机组，单相电源会增大相电压的不平衡。但是如果大量采用这些设备，统计学家认为它们将会类似于负荷在三相中的平均分布，不平衡问题将不会出现。

四、电能质量

电压闪变、阶跃、跌落、谐波和相不平衡都会降低所谓的电能质量，负荷和电源都会影响电能质量。总的来说，调度人员和电能消费者都有责任来保证本地区的用户不受电能质量问题的影响，但是，各个负荷以及电源不仅受其特性的影响，还与其所连接的电网强度有关。

电网运行人员越来越关注电能质量。这不仅与分布式发电有关，更主要的是，电网中过剩的电力电子元件带来了谐波的问题，电能消费者也越来越有分辨力，电网工作人员有保护消费者免受谐波影响的调整责任。

五、电网结构优化

在某些情况下，上述的电压影响可以通过强化电网结构来减小，但同时会增加公共耦合点的故障等级。例如，有的时候升级一条已有架空线路的导电能力是可能的，但是如果允许的话，新建一条线路的经济性会更高。

在面对嵌入式电源的并网申请时，当地电力公司经常会声明最近的并网连接点过于薄弱，并要求新建线路以连接到电网较强的部分。虽然各国电网强度的规定不同，但新建线路的花费相对于分布式电源自身是非常大的，而且通常要由电源拥有者承担。

六、网络损耗

可再生能源的倡导者经常宣称靠近负荷会减少网络损耗，但不幸的是这并不总是事实。高压输电网通常很有效率，其中潮流的减少并不能明显降低网络损耗。在配电网中，网络损耗会成比例地大幅增加，分布式电源需要与负荷近距离匹配才可以显著降低网络损耗。而且，可利用率也要和当地负荷合理地匹配。

七、故障等级升高

如前所述，故障等级可以作为电网强度的测量手段，可以与所涉及的电源容量比较来预测线路电压所受的影响。嵌入电源的并网会使故障等级自发地升高，尤其是有同步发电机的地方。这与上面对电压影响的讨论并不矛盾，而是给出了分布式电源并网时另一个需要关注的因素。

开关设备要根据网络故障等级选择。已有的开关设备给出了给定区域中嵌入电源的容量极限。嵌入电源附近的开关设备需要慎重选择，同时由于同步发电机会升高当地网络的故障等级，所以当地所有开关设备的额定值都要考虑。

在某些情况下，某一台发电机对故障等级升高的影响相对较小，但是此影响可能已经足够大而使现有的故障等级超过指定开关设备所允许的上限。此设备可能会同时服务于许多其他的电能消费者，其容量相对电源本身很大。此设备的升级费用会大大超过电源本身。城区的配电线路短，阻抗较低，因此故障等级的升高就成为城区嵌入式电源安装中的限制因素。

所幸，绝大多数分布式可再生电源并不是通过同步发电机直接嵌入电网的，而是通过脉冲调制式变流器完成的。这类变流器由快速开关单元组成，故障时提供的故障电流可以忽略。但大多数情况下，并不需要升级断路器。

但需要关注的是，电力电子变流器不产生故障电流这个特性不能与保护系统的设计原则矛盾，例如依靠大电流来熔断保险丝。

第五节　孤岛效应

一、简介

如果发电机在被从主电网切断后持续向当地负荷供电，那么这就形成了孤岛效应。在一个较大范围上，一个孤岛可以包括许多发电机和负荷。

如果允许孤岛的存在，那么系统的设计要满足并网运行和孤岛运行两种状态。通常来说，孤岛运行更加难于操作，因为要使发电容量与负荷匹配以确保频率和电压在允许范围之内。设计满足两种运行状态的发电机通常称为备用发电机，其安装用以确保重要负荷的供电安全，例如医院和计算机中心。备用发电机通常以柴油或天然气为原料，而包含可再生能源的系统设计很少会考虑两种运行状态，除非电网经常解列，设计孤岛运行模式所产生的费用一般是不太经济的。如果发电机不能孤岛运行，那么一定要在与大电网解列的时候具有快速停机的能力，否则系统会很危险，理由如下。

（1）孤岛可能会不正确接地，造成电击人员事故。

（2）看上去已经解列的系统实际可能并非如此，同样会造成电击事故。

（3）电压和频率偏离正常范围，可能会对孤岛内的设备造成损坏。

（4）孤岛频率与主干网频率的差值会迅速拉大，如果此时并网，会对设备造成很大的损伤，尤其是同步发电机。

（5）孤岛故障等级降低，如果故障继续发展，电流将不足以启动保护元件，例如断路器和熔断器。

二、旋转发电机的解列保护

对于旋转发电机而言，满意的解列检测是十分困难的。这种检测一定要可靠、快速、稳定且不误动。其中，"快速"这一要求源于配电系统中断路器自动重合闸的广泛应用，且并不适用于同步的检测。自动重合闸的设计是为了在瞬时性故障时能够快速恢复供电。配电网络中大多数故障（80%以上）都是瞬时性故障，自动重合闸在减少电能消费者损失方面起到了重要的作用。重合时间通常为1秒，对负荷是很有好处的，因此要求设计的解列保护要在1秒之内完成正确动作。

对于小容量的感应发电机，低电压／过电压保护和低频／过频保护足以应对解列的情况（英国）。对于同步发电机和大容量感应发电机，较好的解列检测技术是以下两种方法：频率变化率和向量位移。这两种方法的基础都是解列后岛内的潮流会有明显的变化，这自然会导致：

（1）发电机的加速或者减速（由频率变化率来检测）；

（2）发电机功率因数的改变（由向量位移来检测）。

但是上述变化并不一定存在，所以任何一种方法在实际应用中都不完善。

三、逆变器的解列保护

并于电网的逆变器一般不设计考虑满足孤岛运行的状态。它用于转换某一时刻所有的可用电能，而不用于向变化的负荷提供恒定的交流电压。孤岛只在负荷与电源容量匹配的时候可能存在，这是很少见的。不过，这种逆变器的设计中通常包含明确的解列保护。

第六节　故障跨越

2001年前，所有风力发电机组都要求在电网出现任何扰动的时候能够快速停机，这主要是为了降低孤岛效应带来的风险，在有少量风电机组的系统中是十分明智的要求。风电机组都含有解列保护继电器，由低电压/过电压、低频/过频、频率突变率和向量位移这些现象来触发。

如果要求保护能够在解列发生的时候可靠动作，那么在主干网出现的瞬时性扰动可能使保护误动。这增加了区域性跳闸的发生率，即一个波及全网的瞬时性扰动会使很多解列保护同时动作。在电力系统电压和频率控制方面，区域性跳闸是不希望出现的。电网发生诸如大容量发电机跳开的扰动之后，重要的风力发电机组也会跳开，这样就会增大电量缺口，给频率控制带来十分严重的影响。因此新的规约正在起草制定之中，尤其是对要接入输电网的超大容量风力发电场而言。该规约要求风力发电机组在有必要的时候才跳闸，可以承受瞬时性扰动的影响，并在故障切除后恢复正常供电。其中第一个要求是，在造成PCC电压下降的本地故障发生时，风力发电机组不跳闸，和实际运行情况一致。满足此要求的风电机组控制器已经过实验，证明了可以跨越故障，并在故障切除后重新恢复正常供电。随着风力和其他可再生能源的接入，将需要更加精密的控制方式。未来电网中将接入很多小容量的可再生电源，如何协调它们的稳态和暂态响应将会十分重要，但目前并没有这些安排。

德国输电系统运营商E.ON Netz提出了包括跨越故障在内的新要求。自此，欧洲大多数输电系统运营商都以各自的网络术语提出了相似的要求。虽然细节各不相同，但是总体要求如下。

风力发电机组要保持与电网的连接；在故障过程中发出无功功率，在故障切除后立刻恢复有功功率的供应。达到这一标准对风力发电机的制造商而言是一项很大的挑战，尤其是在还要满足某些发电机参数的情况下。带有完全变换器的风力发电机组就是为了满足跨越故障这一要求的，直接与感应发电机相连的汽轮机本身是不符合要求的。端电压的下降会造成磁通量的崩溃，电磁转矩几乎消失，风力发电机迅速加速。制动闸用以防止飞车，但也造成了在故障切除后不能立刻恢复正常供电的情况。为此（还有其他原因），西门子在它们的一些模型中安装了完全变换器。

DFIG制造商同样面临巨大挑战。为了防止IGBT变换器故障时过电流，DFIG通常配有消弧电路，消弧电路由一系列短路了转子的晶闸管组成，使DFIG运行起来如同鼠笼发电机。主流DFIG制造商都宣称自己的产品可以跨越故障，在市场竞争中不会公布细节，但可以知道它们都采用了有功消弧电路，用来提供可控的短路转子，允许 IGBT 转换器继续运行。跨越故障要求的细节各国不相同，但这些细节在某些程度上是一致的。达到这一要求增加了风力发电机组的成本，工业上这一要求要在有必要的时候才应用。

第七节　发电机和变换器特性

一、风力发电机

(一) 原理

风力发电机的工作原理基于风力驱动叶轮 (或称为风轮) 的转动，进而通过一系列机械传动系统将机械能转换成电能。风轮接受风力作用产生旋转动力，这种动力通过轴连接到发电机，使发电机随之转动产生电能。这一过程涉及动能向电能转换的机械和电气部件协同工作。

(二) 特性

1. 依赖风速

风力发电的效率高度依赖于风速。风速的变化直接影响到发电量的多少。一般来说，风力发电机设计有最小启动风速 (通常在 3～4 米 / 秒) 和切出风速 (25～30 米 / 秒)，为了安全和保护设备在超高风速下停止运行。

2. 变功率输出

由于风速的不稳定性，风力发电机的功率输出并不是恒定的，而是随风速变化而变化。这对电网的稳定运营带来挑战，因此需要配合储能系统或其他类型的发电方式来平衡供电。

二、太阳能发电系统

(一) 原理

太阳能发电系统主要使用光伏电池技术将太阳光能直接转换成电能。光伏电池是一种将光能直接转换为电能的半导体装置，工作原理基于"光生伏特效应"。当太阳光照射到光伏电池上时，电池内的半导体材料 (如硅) 会吸收光子并释放出电子，这些自由电子流动形成电流。

（二）特性

1. 依赖光照强度

太阳能发电的效率直接受到光照强度的影响。天气状况（如阴天、多云或雾天）和一天中不同时间的太阳角度都会影响光照强度，从而影响发电效率和输出。

2. 日周期性功率输出变化

太阳能发电量在一天中呈现明显的周期性变化，通常在中午时分达到峰值输出，而在早晚则输出较低。这种变化需要通过电网调度或与其他发电方式（如风电或水电）相结合来进行有效管理。

三、可再生能源变换器的功能与特性

（一）核心功能

可再生能源变换器，特别是针对太阳能发电和风力发电所用的变换器，主要功能是将这些发电机产生的直流电（DC）转换为交流电（AC）。交流电是大多数家庭和工业设施所用的电力形式，因此这种转换对于将可再生能源有效地纳入现有电力系统至关重要。变换器还包括优化电力输出与电网要求之间匹配的控制系统，如最大功率点追踪（MPPT）技术，确保从每个发电单元中抽取最大量的能量。

（二）电压与频率调节

电压和频率调节是可再生能源变换器的一项重要功能。为确保所产生的电能可以被电网接受并供给最终用户使用，变换器必须调整输出电压和频率以符合具体电网的规范。这通常意味着需要将电压调整到 120V 或 240V，并将频率稳定在 50Hz 或 60Hz，具体取决于地域标准。此外，变换器还必须处理负载变化和电网故障时的电压和频率波动，以确保电力供应的连续性和安全性。

（三）效率与电能质量

在转换过程中，变换器的效率和所产生电能的质量是用户和电力公司极为关心的两个方面。变换器的效率直接关系到能源转换的经济性和可再生能源系统的整体性能。高效的变换器可以更多地转换可用电力，减少能量损失。电能质量涉及电力的稳态和动态特性，如电压稳定性、电流波形的干净程度以及谐波含量等。电能质量差可能导致敏感设备的损坏或运行不稳定，因此优良的电能质量对于电网的健康和长期可持续性至关重要。

(四) 场景应用与挑战

可再生能源变换器不仅需要应对电力输出的不稳定性，如风力和太阳能发电的波动性，还需要能够在极端天气或电网事故中迅速做出反应，确保系统安全运行。此外，随着电网向智能电网的转型，变换器也需要具备更好的通信和网络功能，以便更有效地管理电力流动和响应电网需求。

迄今为止，变换器技术已取得显著进步，但仍须解决多个技术和经济挑战，如提高长期运行的可靠性、减少维护需求、提升效率和降低成本。研究人员和工程师正在通过材料科学、电子工程和信息技术等领域的创新，不断推动变换器技术向前发展，以更好地服务于全球持续增长的可再生能源需求。

四、可再生能源发电的集成挑战

(一) 间歇性和不可预测性

可再生能源，如风能和太阳能，最大的特点是间歇性和不可预测性。太阳不总是照射，风不总是吹拂。这种变化造成了发电量的不稳定，给电网运营带来了巨大挑战。电网必须随时平衡供电与需求，而可再生能源的波动性加大了这一任务的复杂度。间歇性来源于自然条件，而这些条件又受到地理位置、天气模式及季节变化的影响，进一步增加了预测和管理难度。与传统的燃料电站相比，这些电站能快速对负荷变化做出反应，而可再生能源电站则不行。

(二) 系统稳定性影响

对电力系统而言，稳定性是一个核心指标，意味着电网能够在负荷变化、设备故障或其他干扰条件下保持稳定运行。电力系统的不稳定性可能导致电压或频率的不正常波动，甚至引发大规模停电。

(1) 需求响应。需求响应是解决这一挑战的有效手段之一。它通过激励消费者在需求高峰时减少用电或在低谷时增加用电，从而帮助平衡电网的供需关系。需求响应可以是自动的，也可以是手动的，依赖于先进的计量设备和用户参与。

(2) 储能技术。储能技术是另一个关键解决方案。它允许在可再生能源产能过剩时存储能源，并在需要时释放出来。储能技术包括但不限于电池储能 (如锂离子电池)、抽水蓄能、压缩空气储能和飞轮储能等。通过储能，电力系统能够更有效地管理可再生能量的间歇性，从而提高系统的稳定性和可靠性。

(三) 集成策略和技术

为了有效地集成可再生能源并保持电力系统的稳定性，采用多种策略和技术是必要的，具体包括以下几方面：

(1) 增强电网的柔性。通过建设更灵活的电力系统，提高对可再生能源变动的适应性。这包括发展快速响应的天然气发电厂、扩展电网输电容量、采用先进的电力电子设备来优化电能流。

(2) 扩展跨区域电力市场。使可再生能源在更宽广的地域范围内分配和利用，可以缓解特定区域内的供需矛盾，实现更好的电力调度和资源优化。

(3) 智能电网技术。智能电网技术，包括先进计量基础设施（AMI）、区域能源管理系统（DERMS）和集成通信网络，能够实现电网的实时监控和管理，增强对可再生能源波动的响应能力。

(4) 预测技术的进步。通过气象和电力系统数据分析提高可再生能源发电的预测准确性，有助于电网运维人员提前做出调度决策，减轻因间歇性带来的压力。

(5) 政策和监管支持。政府和监管机构的政策支持也是实现可再生能源顺利集成的关键。这包括为可再生能源发电和储能项目提供经济激励、制定促进技术创新的法律法规以及确保公平的市场准入等。

第十二章 风力发电应用技术

第一节 风力发电技术概述

一、风能的利用价值

风电是一种高度清洁的能源技术。化石能源在社会进步和物质财富生产方面虽然为人类做出了不可磨灭的贡献，但其资源的有限性和对环境的危害性，却又威胁着人类社会的安全和发展。风能资源不仅是可再生资源，而且在风能电能的转换过程中，基本上不消耗化石能源，因而不会对环境构成严重威胁。根据专家们多年的研究，风力发电全过程能量投入产出比高达300%，其室温气体（CO_2）的排放强度仅为4～20千克/kWH。

二、风力发电机的类型

风力发电机根据不同的分类方法有所不同，主要体现在以下几个方面：

(1) 按输电方式可分为离网型和并网型风力发电机。

(2) 按风轮运行原理可分为水平轴和垂直轴风力发电机。

(3) 按叶片数目可分为单叶片、两叶片、三叶片和多叶片风力发电机。

(4) 按发电机类型可分为异步发电机和同步发电机。异步发电机又称为感应发电机，分为可变磁阻感应发电机、双馈异步发电机；同步发电机分为永磁同步发电机和励磁同步发电机。

(5) 按功率控制方式可分为定桨定速型（失速）、变桨变速型（变桨控制）和变桨定速型（主动失速）风力发电机。

三、风力发电控制技术

(一) 定桨距失速风力发电技术

定桨距风力发电机组在风力发电领域得到应用，解决了以前的风力发电机存在的并网、运行安全与可靠方面的问题，主要利用空气制动技术、软并网技术、自动与偏行解缆技术，通过在安装时固定桨叶节距角，限制发电机的速度，并借助桨叶自身特点来限制发电机的输出功率。当风速超过额定转速时，桨叶能够凭借叶片特有的翼形结构，通过失速调节自动保持额定输出功率。在遇到大风时，流过叶片背风面的气流会出现絮流情况，使叶片气动效率降低，不利于能量的捕获，从而发生失速。因为失速是一个十分复杂的空气动力学过程，当遇到不稳定的风环境时，难以准确计算失速效应，所以该技术不适用于大型风力发电机的控制工作。

(二) 变桨距风力发电技术

基于空气动力学，若风速太快，可以通过调节桨叶节距，合理改变气流对叶片攻角，以此来改变风力发电机组，获得空气动力转矩，确保发电机输出功率的可靠性。利用变桨距调节方法，能够让风机输出功率曲线平滑。在风吹过时，相对于失速调节，地基、叶片及塔筒对风力发电机的影响更小。

(三) 风电发电机的调控技术

风电机组功率调节是风力发电系统的一项重要的控制技术，它能使风力机对风力进行有效的调控，使风力机的输出性能达到最优。在风力的生产中，若超出了标称的价格，则会对各个组件的机械功率、发电机功率、电力电子设备的功率等造成一定的制约和影响。在这种情况中，有必要降低风力。停机，将风速维持在正常范围内时，可减缓风蚀，延长风机使用寿命。目前，可采用多种方法对风机进行调速。第一种方法是连续变桨控制。该方法以固定间距的扇叶为主体，结构简单，工作可靠，但使用时叶尖角无法随风速变化而自动调节，导致风能利用率低下，特别是在风力不大的情况下，更是如此。第二种方法是用来调节声音大小的。该调整方法能够有效地提升风力发电的效率，并使得风机的输出功率更为稳定，但是在具体使用时，必须对螺距角度的调整方式给予更多的关注，否则，其效率将不能得到最大限度的发挥。第三种方法是主动式停车控制，这种调整技术是基于刀片主动停止来实现的，使得调整更容易和更可靠。在风速小于额定值的情况下，可以按照风速的大小将装置分成几个阶段来控制。尽管其操作相对简便，但是其控制的准确度没有调高时那么高。

(四) 变速恒频控制技术

在利用风能进行发电的时候，由于风速是不可控的因素，往往会对发电机的正常运行产生一定的影响，因此，在进行风力发电的时候要通过科学的风力发电技术来提升风机的发电效率，从而实现风能的充分利用。想要确保风力发电的电能质量，应从上网电压频率变化量和变化率这两个方面对风力发电的输出电压进行控制。通常可以利用双馈式发电机，它是根据实际情况并通过变频器先对励磁频率和复值来进行处理控制的，然后再对电流频率进行有效控制，通过对变化量以及变化率的有效处理控制，从而实现有效的恒频控制。

(五) 模糊控制技术

风力发电控制技术中的模糊控制技术是一种智能化的控制技术，这项技术实现了自动化、智能化控制。它的特点是借助智能软件对相关的经验、处理方式以及人类的思维模式进行模拟，使之能自动处理一些问题，可以根据风力以及风向的变化，做出相应的反应。在风力发电机中应用模糊控制技术，能够对发电机的转速、鲁棒性、最大功率以及最大风能采集等进行有效控制。如在笼式异步发电机中应用模糊控制技术，不仅能够对模糊控制参数进行合理的设置，提高跟踪装置的性能，还能对发电机的功率进行有效控制，并精准计算出光负载流量，进而使发电机逆变器的效率得到进一步优化。

(六) 神经网络控制技术

在对风力发电机进行控制时，可以通过人工神经网络控制技术高效的学习能力、丰富的非线性模型控制机制以及自收敛的优势来为发电机自适应过程提供帮助，从而取得良好的控制效果。神经网络控制技术的工作原理是通过监测风速大小对风速的变化进行有效预测，从而及时做出应对反应。将神经网络控制技术应用于变桨距风力发电系统中，通过在线学习并调整修改特性曲线，能够在捕获更多风能的同时降低设备负载力矩，通过风力、风速发电机的动态特征，来建立自适应控制模型。目前来看，数据的机器学习已经成为智能技术发展的重要方向，研究从观测数据出发寻找规律，做好科学预测并对其进行控制，从而确保风能的高效利用。

(七) 滑膜变结构控制技术

滑膜变结构控制技术是一种特殊的非线性系统，它的特点是高效性、可变性和不固定性。一般情况下，风力发电机在运行的过程中容易受到外部风向的影响，导致无法建立精准的数学模型进行控制。滑膜变结构控制技术能够有效解决这一问题，在风力发电机运行时应用滑膜变结构控制技术，能够在特定空间内运动，所以系统不会因为风向的变化而受到影响，而且这一技术操作简单，响应速度较快，能够使风力发电系统运行得更加稳定。

第二节 典型风力发电系统

一、风力发电机的组成

风力发电机组由风轮、传动系统、偏航系统、液压系统、制动系统、发电机、控制与安全系统、机舱、塔架和基础等组成。该机组先通过风力推动叶轮旋转，再通过传动系统增速来达到发电机的转速后来驱动发电机发电，有效地将风能转化成电能。

各主要组成部分功能简述如下：

（1）叶片。叶片是吸收风能的单元，用于将空气的动能转换为叶轮转动的机械能。叶轮的转动是风作用在叶片上产生的升力所致，由叶片、轮毂、变桨系统组成。每个叶片有一套独立的变桨机构，主动对叶片进行调节。叶片配备雷电保护系统。风机维护时，叶轮可通过锁定销进行锁定。

（2）变桨系统。变桨系统通过改变叶片的桨距角，使叶片在不同风速时处于最佳的吸收风能的状态，当风速超过切出风速时，使叶片顺桨刹车。

（3）齿轮箱。齿轮箱是将风轮在风力作用下所产生的动力传递给发电机，并使其得到相应的转速。

（4）发电机。发电机是将叶轮转动的机械动能转换为电能的部件。转子与变频器连接，可向转子回路提供可调频率的电压，输出转速可以在同步转速 ±30% 范围内调节。

（5）偏航系统。偏航系统采用主动对风齿轮驱动形式，与控制系统相配合，使叶轮始终处于迎风状态，充分利用风能，提高发电效率。同时提供必要的锁紧力矩，以保障机组安全运行。

（6）电子控制器。包含一台不断监控风力发电机状态的计算机，并控制偏航装置。为防止任何故障（齿轮箱或发电机过热），该控制器可以自动停止风力发电机的转动，并通过电话调制解调器来呼叫风力发电机操作员。

（7）液压系统。用于重置风力发电机的空气动力闸。

（8）冷却元件。包含一个风扇，用于冷却发电机。此外，它包含一个油冷却元件，用于冷却齿轮箱内的油。一些风力发电机具有水冷发电机。

（9）轮毂系统。轮毂的作用是将叶片固定在一起，并且承受叶片上传递的各种载荷，然后传递到发电机转动轴上。轮毂结构是由 3 个放射形喇叭口拟合在一起的。

（10）底座总成。底座总成主要由底座、下平台总成、内平台总成、机舱梯子等组成。通过偏航轴承与塔架相连，并通过偏航系统带动机舱总成、发电机总成、变桨系统总成。

（11）塔架。风力发电机塔载有机舱及转子。通常高的塔具有优势，因为离地面越高，风速越大。现代600千瓦风汽轮机的塔高为40~60米。它可以是管状的塔，也可以是格子状的塔。管状的塔对于维修人员更为安全，因为他们可以通过内部的梯子到达塔顶。格子状的塔的优点在于它比较便宜。

（12）风速计及风向标。用于测量风速及风向。

二、双馈异步风力发电系统

(一) 双馈异步发电机的工作原理

通常所讲的双馈异步发电机实质上是一种绕线式转子电机，将定、转子三相绕组分别接入两个独立的三相对称电源，定子绕组接入工频电源，转子绕组接入频率、幅值、相位都可以按照要求进行调节的交流电源，即采用交—直—交或交—交变频器给转子绕组供电的结构。其中，转子外加电压的频率在任何情况下必须与转子感应电动势的频率保持一致，当改变转子外加电压的幅值和相位时即可以改变电机的转速及定子的功率因数。由于其定、转子都能向电网馈电，故简称双馈电机。双馈电机虽然属于异步机的范畴，但是由于其具有独立的励磁绕组，可以像同步电机一样施加励磁，调节功率因数，所以又称为交流励磁电机，也称为异步化同步电机。

如果在三相对称绕组中通入三相对称交流电，则将在电机气隙内产生旋转磁场。此旋转磁场的转速与所通入的交流电频率及电机的极对数有关。

(二) 运行状态及功率传递关系

当在转子绕组中串入频率与其感应电势的频率相同、相位与幅值可调电压后，通过改变串入电压与转子电动势相角关系及其幅值大小，即可将异步发电机调整为超同步发电机、亚同步发电机、同步发电机三种状态。其中，适当调整转子外加电压的幅值和相位时可提高电机的功率因数、改善电网特性。

当转子旋转速度变化时，只要相应地改变转子磁势的频率，即可使定子频率为一常数，实现变速恒频功能。

(三) 双馈异步风力发电机组的特点

与基本恒速运行的风力发电机组相比较，双馈异步风力发电机组有以下主要特点：

（1）控制转子电流就可以在大范围内控制电机转差、有功功率和无功功率，参与系统的无功调节，提高系统的稳定性。

（2）不需要无功补偿装置。

（3）通过调节转子电压的频率、幅值、相位等实现系统的变速恒频功能。

（4）并网运行时发电机和风力机的功率特性可获得最佳匹配。

（5）降低输出功率的波动和机组的机械应力。

（6）在转子侧控制功率因数，可提高电能质量，实现安全、便捷并网。

（7）其变频器容量仅占风力机额定容量的 25% 左右，与其他全功率变频器相比大大降低了变频器的损耗及投资。

因此，目前的大型风力发电机组一般是这种变桨距控制的双馈式风力机，但其主要缺点在于控制方式相对复杂，机组价格昂贵。

三、直驱同步风力发电系统

直驱式风力发电机，是一种由风轮直接驱动发电机的风力发电机组，亦称无齿轮风力发电机组，这种风力发电机采用多极发电机与风轮直接连接进行驱动的方式，免去了齿轮箱这一传统部件。由于目前在某些兆瓦级风力发电机组中齿轮箱是容易过载和损坏率较高的部件，而无齿轮箱的直驱方式能有效地减少由于齿轮箱磨损问题而造成的机组故障，可有效提高系统运行的可靠性和寿命，减少维护成本，因而得到了市场青睐。此外，直驱式风电系统主要采用全功率变流技术，该技术可使风轮和发电机的调速范围扩展到 0～150% 的额定转速，扩大了风能利用范围。而且全功率变流技术对低电压穿越技术有很好的解决途径，为直驱式风力发电机进一步发展增加了优势。

（一）同步风力发电机的基本工作原理

发电机通常由定子、转子、端盖及轴承等部件构成。定子由定子铁芯、线包绕组、机座以及固定这些部分的其他结构件组成。转子由转子铁芯（或磁极、磁扼）绕组、护环、中心环、滑环、风扇及转轴等部件组成。由轴承及端盖将发电机的定子、转子连接组装起来，使转子能在定子中旋转，做切割磁力线的运动，从而产生感应电势。

风力机拖着发电机的转子以恒定转速相对于定子沿逆时针方向旋转，安放于定子铁芯槽内的导体与转子上的主磁极之间发生相对运动；根据电磁感应定律可知，相对于磁极运动（切割磁力线）的导体中将感应出电动势。导体感应电动势的方向可用右手定则来判断。

当发电机的极对数与转速一定时，发电机内感应电动势的频率就是固定的数值。如果在同步发电机定子导体中有电流流过，那么根据电磁作用力定律，导体在主磁极的磁场作用下，将受到一个电磁力。电磁力的方向可用左手定则来判断。

(二) 电励磁直驱同步风力发电机系统

电励磁直驱同步风力发电机系统具有以下特点：

(1) 通过调节转子励磁电流，可保持发电机的端电压恒定；

(2) 定子绕组输出电压的频率随转速变化；

(3) 可采用不可控整流和 PWM 逆变，成本较低；

(4) 转子可采用无刷旋转励磁；

(5) 转子结构复杂，励磁消耗电功率；

(6) 体积大、重量重，效率稍低。

(三) 永磁直驱同步风力发电系统

1. 工作原理

系统中能量传递和转换路径为风力机把捕获的流动空气的动能转换为机械能，直驱系统中的永磁同步发电机把风力机传递的机械能转换为频率和电压随风速变化而变化的不控电能，变流器把不控电能转换为频率和电压与电网同步的可控电能并馈入电网，从而最终实现直驱系统的发电并网控制。

2. 系统特点

(1) 永磁发电机具有最高的运行效率；

(2) 永磁发电机的励磁不可调，导致其感应电动势随转速和负载变化，采用可控 PWM 整流或不可控整流后接 DC/DC 变换，可维持直流母线电压基本恒定，同时可控制发电机电磁转矩以调节风轮转速；

(3) 在电网侧采用 PWM 逆变器输出恒定频率和电压的三相交流电，对电网波动的适应性较好；

(4) 永磁发电机和全容量全控变流器成本高；

(5) 永磁发电机存在定位转矩，给机组启动造成困难。

(四) 混合励磁直驱同步风力发电机系统

(1) 利用转子的凸极磁阻效应，增强永磁发电机的调磁能力；

(2) 采用部分功率容量的 SVG 逆变器向发电机机端注入无功电流，以调节发电机的端电压；

(3) 无须全功率容量的脉冲整流或 DC-DC 变换器，可明显节省变流器的容量；

(4) SVG 逆变器可兼有有源滤波的功能，能够改善发电机中的电流波形，降低发电机的谐波损耗和温升。

第三节　构建新型电力系统的共性关键支撑技术

一、新型电工材料

(一) 总体概述

电力负荷需求的持续增长、新型电力系统的逐步构建以及"双碳"背景下新能源技术的快速发展，对电力系统的清洁低碳、安全环保、智能高效提出了更高的要求，以传统电工材料为基础的电力设备，其性能常受到核心部件材料电气物理性能参数的限制而无法满足新形势下电力系统的发展建设需求。

新型电工材料的研发及应用一直是美国、日本、德国、瑞典等国外发达国家关注的热点，新型绝缘材料、节能导体材料、新型磁性材料、超材料等领域的技术水平处于国际领先地位。近十年来，我国也高度重视电力能源存储、转换与传输技术相关的新型电工材料的发展，研究工作稳步推进，有力支撑了我国新型装备及技术的重大突破，"十三五"期间电力产业技术整体取得重大进步，部分领域已走在世界前列。

随着电工学科与技术的发展，高压绝缘材料、纳米电介质材料、石墨烯材料、超材料、纳米晶等新型电工材料不断涌现。发展高性能的电工材料，将使我们有能力突破传统电工材料的物理极限，科学指导高端装备国产化进程中关键材料"卡脖子"问题的解决，助力传统电力设备的升级换代，提高电力系统的安全性、高效性和环境友好性，全力支撑我国新型电力系统的建设和国家"双碳"目标的实现。

新型电工材料作为我国重要的战略性新兴产业之一，对电网的发展起着重要的基础支撑及先导作用，将向着高性能、高可靠、低损耗、高一致性等方向发展。随着中美贸易争端加剧，高端电工材料领域仍然面临产业链断裂、国际技术封锁风险，"卡脖子"技术问题成为制约技术和产业发展的重要短板，亟须加强基础研究和原始创新，提升新型电工材料设计及制备水平，突破高端绝缘材料、新型导电材料、高频软磁材料、环境防护材料等基础核心技术，加快定制化开发及规模化应用进程。

电工绝缘材料向高击穿强度、高导热、高储能密度等方向发展，需提升高等级电工绝缘材料关键性能指标，实现国产化替代；在高压电缆材料、电工环氧材料、电容器薄膜材料等绝缘材料规模化制备技术方面，构建高等级电工绝缘材料试验评价及标准体系，实现国产高等级电工绝缘材料工程推广应用；导电材料向高导电率、高强度、低损耗方向发展，磁性材料向高磁感、低损耗、高可靠性方向发展，高频磁性元件向大容量、高转化效率、高可靠性方向发展，环境防护材料向设备服役状态信息化、综合性评价智能化、防护性能高效化、安全分级标准化方向发展，需进一步提升电网大气、土壤腐蚀与防护信息化水平，提高输变电设备本体噪声控制效能，拓展人工序构材料工程化应用，健全防火分隔材料分级设防体系；储能材料向构建低成本、高安全性、长循环寿命、环境友好的电化学储能体系方向发展，需进一步提升水系电池、固态电池等新型电池体系的电化学性能和安全性能，提高生产工艺水平，降低生产成本，推动其在电网储能安全可靠运行。

　　总的来说，电工材料的特性直接决定了电气装备的性能和水平，未来需面向高端装备国产化和自主创新亟待突破的新型电工材料，系统分析它们在应用基础理论、制备工艺、工程应用等方面的关键技术难点，厘清相关技术的发展趋势和科学问题，明确我国与发达国家的核心技术差距，提出我国新型电工材料的发展战略和实施路径，为有效提升电工行业的整体水平、促进相关产业链的良性发展、实现电工装备领域的重大原始创新和技术突破提供参考。

（二）发展现状

　　新型电工材料是高端电力设备和电力装置研制的基础，需要研究高温、高频以及交直流场下新型绝缘材料国产化开发及应用技术，电、热、氢等能源转化与存储材料技术，新型导电材料及应用技术，功能化防护材料及应用技术，典型材料全寿命评估技术，气 / 固 / 液体及其组合绝缘材料特性表征技术，国产电缆料和电缆制备工艺稳定性及适用性技术，替代 SF_6 环境友好型绝缘气体技术等。通过各种新型电工材料的自主化开发，解决电网未来发展高端装备核心材料的"卡脖子"问题。

　　1. 导电材料

　　在新型节能输电导体材料研制及应用技术方面，高导高强耐热铝合金节能导线、高导电抗蠕变铝合金导体、新型铜铝复合导体等新型导体材料载流特性、强导机制及特征微观组织结构控制技术至关重要，需要探索新型节能输电导体材料原子交互作用机制及构效关系；在高性能电工铝合金、铜铝复合导体、超导铜等工业化制备及性能调控技术方面，需要掌握面向服役工况的新型节能输电导体材料多场景应用技术；在高压开关用新型高性能电触头材料研制及应用技术方面，石墨烯等新型增强相改性铜钨合金、铜铬合金等电触头材料复合相设计与组织均匀性调控技术也至关重要，需要构建新型高压电接触材料成分 – 工艺 – 相结构 – 性能调控理论模型，掌握新型高压电触头材料复杂工况条件下服役行为及其失效机理。

　　2. 绝缘材料

　　在高等级电工绝缘材料开发及应用技术方面，挖掘高电压、高温等多物理场耦合服役条件对绝缘材料聚集态结构、电荷输运特性、陷阱能级分布等基础特性的影响规律，掌握多物理场下绝缘材料微观损伤破坏机理、演变规律及失效机制至关重要，需要挖掘绝缘材料组成及微观结构对电、热、力等性能的影响规律，掌握从分子层面设计高性能绝缘材料组分及微观结构的方法，开发高性能绝缘材料规模化制备技术；开发高击穿强度、高储能密度、高导热、高耐热、绿色低碳等新型绝缘材料及成型工艺技术；开发高压热塑性电缆、大长度 500 千伏直流海缆、640 千伏及以上直流电缆绝缘材料；开发大功率电力电子装备，超、特高压 GIS 开关设备绝缘件，干式电抗器等绝缘装备用环氧材料及高储能密度电介质薄膜材料。

3. 磁性材料

在高效低损新型磁性材料研制技术方面，超薄硅钢、纳米晶带材、铁氧体、软磁复合材料等高效低损磁性材料组分设计、组织与性能关联关系及磁性能调控技术研究难度很大，新的电磁超材料、左手材料、双相复合磁性材料等新型磁性材料研制技术需要攻克，需要掌握超薄硅钢、纳米晶带材、铁氧体、软磁复合材料工业化生产工艺，构建高效低损新型磁性材料制备全流程碳排放管理体系。在大容量磁性元件及样机研制技术方面，需要基于复杂工况的大容量磁性元件磁损耗数学模型、大容量磁性元件结构设计及仿真分析技术，掌握铁心、导磁体等大容量磁性元件制造技术，研制大容量高频变压器、大功率无线充电装置等样机。在磁性材料及元件可靠性评价技术方面，需要利用电、磁、热、应力多物理场复杂工况下磁性材料及元件可靠性评价技术，掌握直流强电磁应力作用下的固、液、气等绝缘介质演化机理及其失效特性，构建新型磁性材料及磁性元件标准体系，实现新型磁场材料在电工装备中的高效可靠应用。

4. 储能材料

储能材料是利用物质发生物理或者化学变化来储存能量的功能性材料，它所储存的能量可以是电能、机械能、化学能和热能，也可以是其他形式的能量。储能材料离不开储能技术，能源的形式多种多样，储电、储热、储氢、太阳能电池等所用到的材料广义上都属于储能材料。在新型电化学储能材料体系及器件方面，需要攻克水系电池、固态电池电极材料设计、电芯制备技术及器件组装技术，构建高安全、低成本、长寿命、环境友好的储能电池材料体系及器件；构建储能消防预警用传感、热管理及灭火剂等关键材料体系；开发电催化剂、离子交换膜、膜电极、储氢材料等氢能关键材料，实现高效低成本氢能关键材料及应用技术的落地；研究蓄热（冷）储能关键材料及应用技术，构建高效低成本储热（冷）系统，建立完善的蓄热（冷）材料及模块标准体系；开展材料的高通量计算与实验及材料大数据应用技术研究，构建材料基因工程研发平台，实现储能材料靶向设计开发，提升研发效率。

5. 环境防护材料

在电网腐蚀与防护信息化及应用技术方面，以下几种技术需要关注：腐蚀地图系统和腐蚀防护信息化平台构建技术，电网设备差异化防腐选材设计和应用技术，基于腐蚀地图信息电网设备关键部件服役行为智能化高效检测、评价与工程应用技术，设备及部件腐蚀监测技术，电网腐蚀大数据分析处理及知识库技术，海上平台电气装备腐蚀控制与设计选材关键技术，新型耐腐蚀复合镀层、环保型水性带锈防腐涂料等高效耐蚀耐候材料研发及应用技术。

在电工装备本体噪声防护技术方面，需要研究低频吸隔声材料的线谱噪声控制技术、阻尼材料的耐油及服役温阈与阻尼峰匹配技术、模态调控及降噪材料应用优化技术、声学超材料的人工序构设计及制备技术、装备声振信号的智能监测及控制治理技术；研究电工热防护技术，电力（烃类）火灾被动防火关键技术，电力系统热防护关键材料的开发以及批量化生产工艺技术，多电压等级下的分级防护设计和裕度防控技术，热、能耦合下的微应力计算与延控技术。

在安全防护材料技术方面，需要研究带电作业、高空作业等高危场景下人身伤害机理及安全防护技术，防护材料在高压电场、电弧、火灾和极端气候条件下的服役可靠性评价技术，安全防护装备用关键材料开发及工业化制造技术。

（三）发展趋势

中长期应持续布局一批战略性先进电工材料研发平台和人才集群，在高端绝缘基础树脂研发平台、绿色环保 SF_6 替代气体研发平台、储能用战略性基础聚合物电解介质薄膜和隔膜树脂材料研发平台、高强高导热高耐热合金导体材料研发平台、高电压大电流触头材料研发平台，以及电工磁性材料测试及模拟研发平台方面开展研发工作；布局一批面向未来电网、能源互联网、物联网等发展需要的新型传感智能材料以及绿色环保绝缘材料等方面的研究；研制 55.5% 国际退火铜标准（IACS）高强铝合金导线、61.5%IACS 高导耐热铝合金导线、61% IACS 高性能铝基复合输电导体、66～110 千伏铝合金电缆等新型节能输电线缆材料；研究环保型气体综合性能（绝缘、灭弧、分解、生物安全、材料相容）机理、电弧等离子体作用下不同气氛触头材料多组分金属蒸汽交互作用问题、石墨烯复合触头材料中电子迁移和热扩散、短流程环保型触头材料制备新技术中能量和物质时空迁移规律、电工磁性材料（非）晶态结构（织构）的成像原理与精确控制研究、快速凝固技术对非晶态电工材料原子排序、磁学性能和物理性能的影响、绝缘包覆介质与磁性颗粒潜在的"易磁量子效应"对材料磁性能的增强作用、服役条件下材料微观结构动态演变规律及宏观特性，应实现战略性基础绝缘树脂材料的批量制备技术，实现气体绝缘输配电装备环保升级，加快推动电力工业绿色低碳发展。研制成功高压/特高压环保型气体设备并掌握环保型气体设备运维技术。实现高温储能聚合物介质薄膜批量制备技术。实现高能量密度、低成本、长寿命、安全动力电池的关键材料升级换代，能量密度实现 400 ~ 500 瓦·时 / 千克，使新能源汽车动力电池续航里程超越燃油汽车，电池广泛用于电网级储能。研制成功 56%IACS 高强铝合金导线、62%IACS 高导耐热铝合金导线、105%IACS 高导铜电缆导体、220 ~ 500 千伏铝合金电缆等新一代节能输电线缆材料及产品。总体实现战略性电气设备基础关键材料国产化，在新型电气设备材料、绿色环保材料、智能材料等方面的研究处于国际领先地位，部分领域引领国际发展方向。

二、新型电力系统器件

（一）总体概述

随着新型电力系统的建设发展，输变电设备的智能化将逐步成为未来电网建设中必不可少的环节。通过电力一次二次设备的融合，实现测量数字化、状态可视化、信息互动化、控制网络化和功能一体化，进一步提高设备的可靠性和利用率，实现智能运维，保障电能质量，提高电力系统运行经济性。我国已在特高压技术、高级调度中心、数字化变电站等方面进行了尝试并取得积极进展，但目前我国电力装备智能化技术还跟不上发展的需要，输变电设备的智能化程度仍然较低，电力装备智能化研究有待进一步深入。

智能电力装备中"智"的含义体现为可通信和网络化，重要前提是获取大量的数据信息，实现对实时状态信息的共享和整合。智能电力装备在国内的发展已有 30 年左右的历史，经历了从开始时的引进、仿制、消化吸收到自主创新设计等阶段，有很多产品在关键技术指标上甚至已经超过国外的西门子、施耐德、ABB、三菱等大公司的同类产品。近年来，国内厂商开始转向智能化成套系统的设计研发，基于已有的智能化产品相继推出系统解决方案，具有一定的高寿命、智能化、网络化、环保、对特殊环境的适应性、过电压保护等特点，在结构上，也体现出模块化、小型化和安装多样化，未来具有很好的推广应用前景。

随着新能源快速发展及电能在能源终端消费比例的提升，电力装置呈现电力电子化发展趋势。在发电环节，应用于风电变流器、光伏逆变器等发电装置及其配套储能变流器中，实现新能源向电能高效转换及存储；在输电环节，应用于柔性直流换流阀、直流断路器等柔性直流输电装置中，实现电能灵活、可靠传输；在配电环节，应用于静态同步补偿器、统一潮流控制器等调节补偿装置，以及电力电子变压器、固态断路器等新一代柔性变电站装置中，满足配电网多元化、智能化需求；在终端用电环节，应用于轨道交通、工业变频、电动汽车、家用电器等场景的电能转换。

国内外团队已开展大量基础研究。在绝缘栅双极型晶体管（Insulated Gate Bipolar

Transistor，IGBT）器件技术方面，国产器件的基本电气参数已达到国际领先公司产品水平，但在电流密度、可靠性、坚固性等方面还存在较大差距。新型的逆导型 IGBT 器件尚未研制成功。结温实时监测等技术研究不足，限制了 IGBT 器件容量的充分应用。在集成门极换流晶闸管（Integrated Gate-Commutated Thyristor，IGCT）器件领域，瑞士 ABB、日本日立公司处于领先地位，已在大容量工业变频领域得到广泛应用。国内清华大学与株洲中车时代电气、西安派瑞合作研制出 IGCT 器件样品，正在开展性能测试和示范应用。在碳化硅电力电子器件领域，美国科锐、德国英飞凌、日本罗姆等具有领先地位。国内机构多为科研机构及部分具有一定生产能力的研究所，如中国电子科技集团公司第五十五研究所、全球能源互联网研究院有限公司突破了超高压碳化硅开关器件，为电力电子器件的更新换代打下了坚实的基础。

总体来说，我国电力电子器件已经实现了部分国产化替换的突破，但器件的长期可靠性、新结构和工艺开发水平等与先进国家的差距依然较大。

(二) 发展现状

1. 大功率 IGBT 器件技术

超高功率容量、高可靠性 IGBT 是新型输电装备的核心器件，支撑超高压、远距离及海上风电柔性直流输电工程建设。未来，大功率 IGBT 器件的参数将继续向着更高电压和更大电流方向发展，特别是由于更大容量的电力传输需要单个压接型 IGBT 器件更大的电流，因此目前国内外都在瞄准通流能力方面进行提升。以下这些技术值得关注：高电气应力下极限工况下 IGBT 芯片及器件内部电压、电流瞬时耐受能力提升技术；多层级三维多物理场模型研究以及微细沟槽栅 IGBT 芯片设计与工艺技术；高电流密度 IGBT 芯片设计及参数一致性工艺技术及关键工艺制备与参数容差控制技术研究；双模 IGBT 芯片设计与工艺技术研究；IGBT、快恢复二极管（Fast Recovery Diode，FRD）芯片在压力条件下电气特性变化规律与电流分布不均匀性容差范围研究；IGBT 高热导率铜烧结工艺及器件安全工作区扩展技术：IGBT 芯片表面金属工艺、铜烧结工艺曲线与压力均衡控制技术研究；铜烧结芯片及器件对电、机、热应力耐受性提升技术研究；电力系统用 IGBT 器件的性能退化机理、突破等效加速评估方法和 IGBT 结温实时监测技术。

2. 大功率 IGCT 器件技术

IGCT 是继 IGBT 后诞生的一种新型高压大功率半导体器件，IGCT 具有耐受电压高、通流容量大、可靠性高等突出优势，且制造成本低，国内工艺基础好，是能源领域用半导体器件朝更高电压等级、更大功率发展的新方向。IGCT 作为一种新型电力电子器件，在工业变频调速、风电并网、轨道交通等领域得到了广泛应用。近年来，在新能源输送和大规模储能的驱动下，直流电网在世界各国快速发展。高压大容量功率半导体器件作为直流主干网络关键装备的核心元件，成为学术研究和产业应用的热点，这也给 IGCT 在直流电网领域的应用带来了新的契机和广阔前景。

未来，大功率 IGCT 器件技术将着重研究高电压大功率 IGCT 芯片及器件的高精度建模与快速求解方法、芯片设计与性能调控方法、IGCT 芯片的稳定制备工艺与大尺寸质子辐照技术；IGCT 压接管壳的低热阻纳米焊接与高压绝缘密闭封装技术；低杂散参数 IGCT 器件驱动设计与一体化集成技术，揭示 IGCT 器件关断的载流子运动和电流分布精细物理过程及大电流关断失效机理；智能化、高可靠、强关断的 IGCT 电流型驱动技术；4500 ~ 6500 伏 /5000 ~ 8000 安系列化高压大功率 IGCT 器件的研制与测试技术。

3. 碳化硅器件技术

相比于硅基器件，碳化硅电力电子器件具有高压、高温、高频的优势，可以简化装置的结构，提升装置的功率密度，提升电力电子装置的能量转换效率。碳化硅电力电子器件可广泛应用于电动汽车及其充电桩、光伏逆变器、风电变流器、柔性交直流输变电等领域，是构建以新能源为主体的新型电力系统的核心器件，是未来万伏级以上超大功率器件的最优选择。未来，碳化硅器件的发展将着重在高压衬底及外延材料、芯片结构设计与关键工艺、高温高压封装等技术瓶颈方面加强攻关，从而实现更高电压（万伏以上）、更大电流（千安以上）、更高结温（200℃以上），真正实现支撑电网装备的技术升级与变革。

具体研究方向包括碳化硅衬底材料制备、高质量大尺寸低缺陷的厚外延生长技术；研究高压 MOSFET、二极管、IGBT 芯片物理模型修正及参数提取技术；研究沟槽栅及超级结的局部三维立体仿真技术；研究沟槽栅芯片结构、超级结电荷平衡结构设计技术；开发高浓度材料掺杂及表面缺陷控制、薄片流片、新型低温低应力欧姆接触等工艺；研究压接型器件电磁兼容设计方法；研究高温高压高绝缘封装的材料选型及工艺；研究高精度高速动态测试技术；研究高压驱动及集成技术；研究碳化硅器件失效机理与失效分析技术；研究万伏级碳化硅器件的加速评估方法。

（三）发展趋势

未来，我国将充分发挥电力行业协会和产业联盟的作用，通过政策引导推进电力装备智能化进程，组建电力智能化共性技术创新平台，加强核心智能零部件、先进智能化技术、关键基础材料、工艺的研发应用。预计到 2025 年，电力装备智能化技术水平总体达到国际先进水平，具备持续创新能力，形成完整的智能化装备认证体系，基本实现自主化。电力装备智能化的全面推广和应用，将为新型电力系统下电网的发展奠定坚实的基础。

目前，我国在硅基功率半导体器件方面，无论是技术水平还是产业化开发程度，都在逐步缩小与国际水平的差距。但国产化器件的市场推广仍存在不足，还需要政策的引导与支持，加快实施国产化替代的步伐，促进整个产业链条良性循环。在第三代半导体方面，例如氮化镓（GaN）和碳化硅（SiC）、氧化锌（ZnO）、金刚石，国内各个层面都在加大投入与扶持力度，但在关键材料、芯片设计、封装工艺等方面与国际水平仍有较大差距，需要政府持续的投入和更精准的措施，助推第三代半导体基础研究和产业技术的协同发展。

三、电网数字化技术

（一）总体概述

电网数字化是实现"双碳"目标的重要基础支撑技术，主要通过全景状态感知能力，为海量感知数据的采集接入提供底层支撑，是信息的智能传感、分析计算、可靠通信与精准控制的基本物理实现。在高效通信传输能力方面，为未来能源互联网所产生的大量交互数字信息提供可靠安全的通信保障；在海量数据计算能力方面，为海量数据的处理、存储、分析及交互提供了高速平台服务与可靠技术支撑；在复杂系统分析决策能力方面，为能源物理系统提供全面映射、协同建模、智能优化、在线演进推算等多重功能支撑，有效推进了新型电力系统的网源协调发展与调度优化水平，促进了新能源并网消纳，提升了能效与终端电气化水平，保障了电力设备与电力网络安全，支撑了电力/碳市场高效安全交易，最终支撑电网向能源互联网升级与能源电力低碳转型。

1. 全景状态感知能力

电网数字化为能源互联网建设提供全景信息支撑，因此，集约高效、自主可控的电网数字化感知基础设施则需要进一步加强建设，以支撑当前"双碳"目标下新能源发电、多元化储能、新型负荷大规模友好接入的状态感知，支撑新型电力系统运维、能源综合利用与服务技术，实现能源电力感知技术革新。

2. 高效通信传输能力

电网数字化为能源互联网实现业务可视化、实时化、精益化的管理，实现用户与电网信息的双向互动提供保障。因此，需要以能源灵活、协调、安全地输送与配置为目标，进一步构建远距离、大容量的能源传输系统，通过电力数字技术创新提升电网安全运行能力。

3. 海量数据计算能力

通过基于自主专用图数据库的一体化图计算平台实现海量数据的关联分析，提供海量电网设备的拓扑分析、设备关联分析、电网知识工程、电网数据检索及应用，支撑电网数据融合和跨环节业务应用。

4. 复杂系统分析决策能力

利用人工智能、数字孪生等电力数字化技术在发现知识、理解复杂问题、高效优化决策等方面的能力，重点支撑新型电力系统的平衡调节与优化控制、高频电力市场与碳交易市场交易需求，有效升级赋能多能源耦合互济、源网荷储交互统筹、交易市场复杂博弈等方面的决策能力，推进"双碳"目标实现。

(二) 发展现状

1. 大数据技术

大数据技术是对大批量、多维度数据进行快速计算和实时处理的信息技术，包括数据采集与数据清洗、数据存储与分类、分布式并行处理、多级缓存与数据同步、计算机软硬件结合与网络等技术，用于在一定时间范围内处理海量、高增长率和多样化的数据，以获得更强的决策力、流程的执行能力和业务的洞察力。

随着云计算、物联网等新技术与电力行业应用的融合，促进了电力行业的数据快速增长。产生于电力系统的运行过程，包括生产、管理等丰富数据为大数据应用发展提供优渥的条件。电力大数据技术在电力系统生产监测、电力企业运营、电力企业管理等方面的成功应用，显示其具有强大的发展潜能。电力行业十分重视对电力大数据的采集与应用，多家企业已基本完成大数据平台建设。部分企业以大数据技术为基础，建立了集团数字化作战室，通过大量多维度、多层次、智能化的分析模型，实现了企业运营的全要素聚合展现和全流程动态透视，为企业的智能运行决策奠定了基础，有效推动了集团的数字化和智能化转型。

随着新型数字价值不断得到释放，数据已从重要资源转变为市场化配置的关键生产要素。"十四五"期间，以大数据为代表的新一代信息技术主导权竞争将日益激烈，企业在大量创造数据应用新场景和新服务的同时，更加注重基础平台、数据存储、数据分析等技术的自主研发，并有望在混合计算、基于 AI 的边缘计算、大规模数据处理等领域实现突破，在数据库、大数据平台等领域逐步推进自主能力建设，并进一步夯实数字基础。从聚焦大数据应用转变为发展大数据开源项目和技术间交叉融合，明确数据资源管理、数据技术产品协同攻关、数据融合应用。大数据将不再作为纯粹独立的技术，与机器学习、区块链、人工智能等技术交叉融合是必然趋势，通过紧密相关的信息技术提高其自身价值。在电力行业，构建行业的大数据体系首先要规划大数据获取、存储、共享机制，其次推进大数据运营平台和能源大数据中心建设。企业应以建设业务数据平台为抓手，汇聚应用系统全量数据，基于全数据实现数字赋能，实现企业智能作业与智能管理。

2. 物联网技术

物联网是指通过信息传感设备，按约定的协议，将任何物体与网络相连接，物体通过信息传播媒介进行信息交换和通信，以实现智能化识别、定位、跟踪、监管、控制等功能。物联网架构按层级划分为感知层、网络层和应用层。

物联网是建设智能电网、智慧电力的物理基础。物联网通过传感网络与传感终端，将电力物理运行控制系统的数据和设备的状态数据实时准确地采集并汇聚到物联网数据中台存储，同时传输给控制系统，从而实现实时控制和优化调度。更广泛的物联网系统可以实时感知物料、人员和场地工况，为精确感知和优化作业提供信息支撑。

物联网主要包括四大支撑技术：

（1）射频识别技术，将继续向降低芯片功耗、增加作用距离、提高读写速度和可靠性的方向发展；

（2）无线传感网络技术，将重点发展建设无线传感网络仿真平台，研发成本低、功耗低、效率高的新型传感器节点，研究节点定位算法及其评价模型，实现逻辑不相邻的跨协议层设计和多点网络融合；

（3）传感器技术，正在向 MEMS 工艺技术，无线数据传输网络技术，新材料、纳米、薄膜（含绝缘体上硅）、陶瓷技术，光纤技术以及激光技术和复合传感器技术等多学科交叉的融合技术方向发展；

（4）机器到机器技术，将机器间通信、机器控制通信、人机交互通信及移动互联通信等不同类型通信技术有机结合，以配合高速变化的物联网数据。在电力行业，物联网相关技术已经"渗入"智能电网的各个环节，被用于数据采集、状态监测、回馈控制等，电力物联网可以动态感知电力设备运行状态、用户的用电特征，为电力系统的智能控制和企业智能管理提供支撑。此外，在智能电网的负荷侧，通过将智能家电终端接入网络，能够实现对智能家电的远程控制、状态监控、设备联动以及用户感知等，应进一步推动智能家电网络与智能电网和电力物联网的融合，一方面让家电具备感知实时负荷的能力，另一方面为电力系统提供准确的能耗数据支撑，为电力系统提供决策支持。利用电力物联网实现电力产业链上下游的协同，促进产业链的协同研发、协同采购和协同制造。

3. 云计算技术

云计算技术是一种基于虚拟化技术，将网络中独立分布的物理计算机资源统一管理起来，形成可分配计算资源、存储资源和通信资源，并以虚拟资源的形式进行资源的调度、分配和使用，从而实现物理资源的充分、高效利用，满足不同资源需求的实时响应。

随着电力企业信息化建设步伐的加快以及电网"智能化"趋势的不断延伸，电力系统规模急剧扩大，结构日趋复杂，电力数据资源成倍增长，快速向着异构、多源、海量发展。电力云是电网内在和本质的需要，云计算是未来电力系统的核心计算平台。云计算主要运用于电力系统的智能电网、数字化变电站、状态监测、配网自动化、调度运行、网损分析、综合数据平台等方面。

相较于网络计算技术，云计算技术是一项高层次的技术模式，将助力未来产业化的发展。随着云计算逐渐进入产业领域，云计算全球化的需求将越发明显，全球化云平台不仅能够降低企业云计算应用的门槛，也能提升云计算平台自身的服务能力，这对提升云计算的应用价值有现实意义。全球化云平台将为用户提供丰富的选择，同时提升云计算本身的可用性和扩展性。针对云计算平台，全球化云平台将不限于采用"低成本"吸引用户，而是通过服务吸引用户。随着大数据和人工智能技术的发展，云计算智能化是主要的发展趋势之一，云计算与人工智能平台的结合将全面拓展人工智能技术的应用边界，可促进人工智能技术的落地应用。云计算与物联网将成为人工智能技术非常重要的应用场景。早期的云计算被简单地划分为公有云和私有云，而行业云将成为未来云计算延伸出的全新模式，在公有云平台或私有云平台上均可构建行业云，通过行业云能够整合大量的行业资源，为企业的发展赋能。此外，云计算同样需要与大数据交互、人工智能等技术相结合，识别新模式，发现新规律。利用云计算技术构建高可靠性及高可用性的分布式存储与计算平台，可以助力电力大数据价值释放。

4.人工智能技术

人工智能是研究开发用于模拟、延伸和扩展人的智能的理论、方法、技术及应用系统的一门新的技术科学。该领域的研究包括机器人、语言识别、图像识别、自然语言处理和专家系统等。

人工智能技术的成熟发展及商业化应用为电力行业提供全新的智能化解决方案，一方面可保障电力系统的稳定性、高效运行；另一方面为电力业务的多元化发展改进提供有效支撑，提高电力系统精益化、安全化运行水平，帮助企业降本增效。智能电网作为能源与电力行业发展的必然趋势，其核心是实现电网的智能化，因而人工智能是实现电网智能化的关键技术，借助人工智能技术可以实现智能电网的自适应控制和状态自感知，提高电网运行的安全性、经济性、可持续性。在电力设备智能制造领域，人工智能技术也得到了广泛应用，在变压器、铁塔、线缆等电力设备的生产过程中利用人工智能技术，对生产人员的行为、生产设备状态、生产质量等进行监测，可以充分提高电力设备生产过程的智能化水平。

未来，人工智能技术的发展将围绕算法理论、数据集基础、计算平台与芯片、人机协同机制等方面进行研究。在数据集方面，构建语音、图像、视频等通用数据集以及各行业的专业数据集，使得各类数据集能够快速满足相关需求；在计算平台与芯片方面，大型企业仍将选择自行研究计算框架、自行建设计算平台或自行研制芯片；在人机协同机制方面，"人在回路"将成为智能系统设计的必备能力。在人工智能深度学习应用逐步深入的同时，一方面，继续深度学习算法的深化和改善研究，如深度强化学习、对抗式生成网络、深度森林、图网络、迁移学习等，以进一步提高深度学习的效率和准确率；另一方面，传统机器学习算法依然具有研究价值，如贝叶斯网络、知识图谱等。电力行业需积极开展人工智能技术在电力运行系统、电力控制系统等方面的应用研究，如开展适合电力行业场景应用的人工智能芯片，提升电力图像视频智能分析及理解技术泛化能力和实用化水平；构建状态评估与故障反演分析平台，实现电力设备缺陷故障和隐患智能检测、诊断与预测；打造电力领域知识图谱技术体系与开放公共服务框架，实现知识的高效融合与管理；实现电力算法模型训练和持续优化，提升电力系统运行效率，保障电力系统运行安全，实现电力系统的智能化转型。

5. 数字孪生技术

数字孪生被定义为以数字化方式创建物理实体的虚拟实体，借助历史数据、实时数据以及算法模型等，模拟、验证、预测、控制物理实体全生命周期过程的技术手段。数字孪生有助于优化业务绩效，能够对真实世界实现基于跨一系列维度的、大规模的、实时的测量。

电网企业应用数字孪生技术集成发电网数据采集与监视控制系统、继电保护控制系统、监测设备健康状态的物联网系统、输电线路物联网系统，结合电力调度、能量模型及运行模型等，构建电网三维数字孪生系统，实现电网的优化调度和智能控制。发电企业，应用数字孪生技术可以实现发电机组的智能控制。数字孪生系统集成发电机组分散式控制系统、可编程逻辑控制器和辅机控制系统，以及检测设备健康状态的物联网系统，结合机组设备模型、控制模型及运行模型等，构建电厂三维数字孪生系统，实现电厂的优化运行和智能控制。

随着数字孪生技术的飞速发展，模拟和建模能力逐步增强，互操作性得到优化，通过整合整个生态圈的系统和数据将进一步发挥数字孪生技术的潜力。数字孪生技术体系涵盖感知控制、数据集成、模型构建、模型互操作、业务集成、人机交互六大核心技术。感知控制技术，具备数据采集和反馈控制两大功能，是连接物理世界的入口和反馈物理世界的出口。数据集成实现异构设备和系统的互联互通，使得物理世界和承载数字孪生的虚拟空间无缝衔接。模型构建负责实现对物理实体形状和规律的映射。几何模型、机理模型、数据模型的构建分别实现对物理实体形状、已知（或经验）的物理规律以及未知的物理规律的模拟。模型互操作承担着将几何、机理、数据三大模型融合的任务，实现从构建"静态映射的物理实体"到构建"动态协同的物理实体"的转变。业务集成是数字孪生价值创新的纽带，能够打通产品全生命周期、生产全过程、商业全流程的价值链条。人机交互将人的因素融入数字孪生系统，工作者可以通过友好的人机操作方式将控制指令反馈给物理世界、实现数字孪生全闭环优化。实现数字电力必然需要研究数字孪生技术，构建贯穿智慧电力系统全生命周期过程的生态体系，通过服务和模式创新，提高智慧电力生态系统的运营效率、安全性和防护性，实现智慧电力系统规划、运行和控制方面的提质增效。

6. 区块链技术

区块链技术是分布式数据存储、点对点传输、共识机制、加密算法等计算机技术的新型应用模式。具有去中心化或弱中心化、不可篡改、全程留痕、可追溯、集体维护、公开透明等特点，基于区块链能够解决信息不对称问题，实现多个主体之间的协作信任与一致行动。

随着能源互联网发展，海量分布式电源、市场化交易等新型能源业务涉及更多能源形式、更广泛参与主体和更多元互动模式，这些维度的升级对电力系统内共识和信任建立、价值的转移提出很大挑战。因此，区块链的优势特性将在能源电力领域发挥巨大的应用价值，赋能电力场景应用创新。区块链技术将极大地改变能源系统生产和交易模式，能源交易主体可以点对点实现能源产品生产和交易、能源基础设施共享；能源区块链还可实现数字化精准管理，未来将延伸到分布式交易微电网、能源金融、碳证交易和绿证核发、电动汽车等能源互联场景，区块链的去中心化、智能合约等特征正在被应用到能源价值链的多个环节，成为能源行业数字化转型的重要驱动力之一。

在构建国内国际双循环新发展格局的大环境下，区块链将在加速促进数据共享、优化业务流程、降低运营成本、提升协同效率、建设可信体系等方面发挥重要作用。同时，深化应用也将驱动技术发展革新，区块链与云计算的结合将越发紧密，区块链即服务或将成为公共信任基础设施，有效降低企业应用区块链的部署成本，降低应用门槛；从安全角度看，虽然区块链规则及算法原理上具备优秀的安全性，但从技术和管理上加强基础设施、系统设计、操作管理、隐私保护和技术更新迭代等方面仍需不断完善。区块链硬件化、芯片化可以实现更高的安全强度和合约处理性能，从自定义的安全算法协议到自主设计实现的硬件芯片，硬件化、芯片化必然是区块链领域下一个核心技术热点和方向；众多的区块链系统间的跨链协作与互通是一个必然趋势。目前，跨链技术解决方案可采用公证人机制、侧链/中继、哈希锁定等技术，具备各自特性，在实际应用中如何实现跨链技术和多链融合，是区块链实现价值互联网的关键。"十四五"期间，电力企业应积极研究链上链下数据治理技术，提升区块链系统安全水平，推动区块链预言机技术与电力设备、传感器融合技术的应用，实现源端数据可信上链；促进行业各企业区块链系统间跨链融合，制定跨链标准，实现数据与信息的跨链流转，形成更大规模的业务价值网络。

7.5G 技术

5G 作为最新一代蜂窝移动通信技术，是未来无线技术的发展方向，5G 的性能目标是高数据速率、减少延迟、节省能源、降低成本、提高系统容量和大规模设备连接，其通过增强移动宽带、超高可靠性低时延通信和海量机器类通信等针对行业应用推出的全新场景，能够带来超高带宽、超低时延以及超大规模连接的用户体验。

随着能源互联网的建设与发展，迫切需要适用于电力行业应用特点的实时、稳定、可靠、高效的无线通信技术及系统支撑。分布式清洁能源接入需求快速提升、智能电网精准控制对时延要求更低，负荷侧亟须提升采集频度和采集深度，实现用户侧需求响应、精准负荷预测和控制，以及新型商业模式对网络要求标准更高使得电力通信网络建设面临诸多新的需求。电力企业对电力 5G 技术进行了一系列研究，并在 5G 关键技术研究、核心产品研发及 5G 与电网的深度融合方面取得一定成效。通过 5G 嵌入式终端与负控终端结合，验证了 5G 承载负控业务的可行性；采用 5G 可视化智能终端，实现了输电线路的 4K 超清蓝光实时视频监控；开展 5G 承载输电线路在线监测及巡检工作，实现了异地信息采集、视野无差别的协同试验。

中国 5G 产业发展稳步推进，将开启互联网万物互联的新时代。5G 将重点发展大规模多输入多输出、毫米波、新型调变技术以及集中化或云化无线接入网四大技术方向。大规模多输入多输出通过空间复用带来频谱资源高度复用，上行带宽增长数 10 倍，将在无线视频监控、无线流媒体信息终端、AI 机器人、人工智能等方面体现应用价值；5G 毫米波随着半导体技术和工艺发展的成熟，器件成本和功耗大幅降低，传波特性问题也将随传输技术发展而逐渐被克服，商用后将能够在工业互联网、远程控制、无人驾驶等广泛物联网细分领域快速落地；新型调变技术将会重新定义物理层的架构，再透过物理层之上的集中化或云化无线接入网规范，共同协调以使整个网络达到最佳化。电力企业应进一步挖掘 5G 技术在电力行业发、输、变、配、用等各环节的重要作用，在新能源及储能并网、输变电运行监控、配电网调控保护、用户负荷感知与调控、协同调度与稳定控制、规划投资与综合治理等方面更加深入地推进 5G 技术应用，与电信运营商、通信设备厂商等合作，共同引领电力通信领域技术的标准化，推动电力通信终端模组研发及通用化，实现差异化的电力网络切片服务，提升对通信业务的管控能力，为新型电力系统提供高质量网络通信保障。

（三）发展趋势

"十四五"期间，数字电力建设将成为电力行业的重要发展内容，电力企业需将数字化建设作为指导全局的一项战略性措施。数字电力的建设过程是传统电力系统的数字化、智能化、互联网化过程，此举将在电力信息化的基础上优化电力系统，以更好地适应未来高比例可再生能源发展趋势，以及源网荷储全方位协同运行模式，实现设备状态多维感知、环境全景监控、数据云边处理、状态辅助预判、安全智能管控、运行效益提升、业态创新发展，为电力系统安全经济运行、提高经营绩效、改善服务质量提供强大动力，实现电网灵活可靠的资源配置，推动以新能源为主体的新型电力系统建设，为"双碳"目标提供强有力支撑。通过数字电力建设，将实现以下两个目标。

1. 支撑以新能源为主体的新型电力系统建设

基于物联网智能传感、智能终端以及安全芯片等感知设备，实现全环节数据可测可采可传，且各类终端与设备即插即用、安全接入、万物互联；通过5G、光纤等现代通信网络，实现数据快速上传；通过人工智能、大数据等先进算法，基于云平台实现智能发电、智能调度、智能运维的全场景与全链条智能化，实现传统电力系统向源网荷储全面协同、数据驱动 AI 决策、电力物联网全局感知主动防御、电力电子与现代通信相结合的敏捷响应、调峰调频资源丰富、手段灵活的新型电力系统演变。

2. 服务"双碳"目标达成

通过数字电力建设，实现对各类可再生能源的精准预测和智能调控，利用能源信息互联网促进各类电源协同联动、互补互济、高效协同；通过对电动汽车、储能、微电网等新型负荷深度感知，充分适应未来用能时空分布多样、能流双向、互动性强的趋势，助力绿色交通和智能建筑等领域的电能替代大规模发展；以数字化建设驱动能源变革，促进社会能效提升、绿色发展。

四、高性能仿真计算与求解技术

（一）总体概述

仿真计算是认知电力系统特性、支撑系统规划和运行控制的重要技术基础。随着电力系统向低碳、高效等目标演进，新能源和直流输电快速发展，系统呈现出电力电子化特征，动态过程更加复杂，对仿真规模、模型复杂度、算法精细度和计算性能等方面的需求持续提升，对仿真架构的灵活性和开放性要求也不断增加。

我国自主的电力系统仿真计算技术发展已有近50年，伴随着我国交直流混联电网快速发展，自主仿真技术在很多关键指标上超过国外同类产品技术水平，形成了包括机电暂态仿真、电磁暂态仿真、中长期动态仿真等不同时间尺度的仿真技术体系，相关产品在电力系统规划、建设、运行和科研等方面广泛应用。然而，部分底层算法如优化求解器尚高度依赖国外软件产品，存在"卡脖子"风险。

面向新型电力系统，电力系统仿真计算技术呈现新的发展趋势。在模型构建方面，提升覆盖源网荷储不同类型设备、不同时间尺度的模型完备性，满足从设备级到大规模系统级暂态仿真需要；在仿真求解方面，在现有成熟求解算法基础上，聚焦新能源等电力电子设备开关动态拟合、数值振荡抑制等问题，提升仿真规模和精度；在性能提升方面，将高性能并行计算、异构计算等技术与电力系统仿真技术结合，提升仿真效率；在接口开放方面，设计代码层级的模型和算法开发接口，提供模型编译导出、多物理场混合仿真、数据后处理等功能；在融合应用方面，提供电网在线仿真分析、信息－物理系统联合仿真、多用户协同云仿真等解决方案。

围绕上述技术趋势，国内外相关团队已开展大量研究。然而，现有仿真计算软件和平台大多面向交流同步机主导的传统电力系统，不能完全适应未来发展需求；其设计理念通常针对特定应用场景，通用性和可扩展性不足。为此，急需升级理念、调整路线并积极实践，突破高性能仿真计算技术，保障新型电力系统建设和国家能源转型发展。

面对未来新型电力系统场景，更大规模新能源将接入电力系统，电源侧和负荷侧不确定性增大，海量电力电子设备特性通过电网交织耦合，现有仿真计算技术面临新的巨大挑战。为整体解决新型电力系统面临的建模、仿真和分析等挑战，应推动仿真计算技术向精细化、平台化、智能化、在线化方向发展，突破底层通用求解器等核心算法瓶颈，提升仿真计算引擎的开放性，具备灵活融入不同应用场景的能力。

1. 精细化方面

大量集中式和分布式新能源发电接入电网，其机组数量多、空间分布广，对每个机组进行详细建模既不现实，也无必要，需解决海量电力电子设备聚合建模和参数实测难题。另外，为准确研究海量电力电子设备接入电网后的耦合特性，应采用微秒级步长的电磁暂态仿真方法，但建模及仿真复杂度激增，现有仿真工具尚难以支持，需实现大规模电力系统全电磁暂态仿真的工程实用化。

2. 平台化方面

由于新能源出力大幅波动以及各种电网结构灵活调整，新型电力系统需要分析的电网预想工况和故障数量持续增加；而大规模电磁暂态仿真的应用将导致单个仿真作业的数值求解计算量大幅增加。上述因素均导致仿真精度和计算效率之间的矛盾进一步加剧,对仿真算力提出更高要求,传统基于单机的仿真计算模式无法满足要求,需依托高性能计算机集群提升仿真能力和计算效率,并通过云仿真服务支撑不同用户的应用需求。

3. 智能化方面

电力电子设备的复杂特性主要由控制保护逻辑决定,但实际建模中难以完全掌握设备机理,构建原理模型存在困难。另外,基于高性能集群的仿真分析将生成海量结果数据,传统人工分析数据、把握系统特性的研究方法面临人力和经验不足等挑战,需融合数据驱动建模、机器学习等前沿技术,提升复杂模型构建、海量仿真结果分析等水平。

4. 在线化方面

为解决电源侧和负荷侧工况、参数等因素不确定性增加给仿真分析带来的巨大挑战,应加快发展基于电网实际运行数据的在线仿真分析技术,应用数字孪生等技术开展电源侧和负荷侧不确定性模型的在线构建和参数辨识,实现电力系统在线分析、决策和控制。

(二) 发展现状

围绕新型电力系统仿真计算,现有仿真计算软件和平台不能完全适应新型电力系统计算需求,原有设计理念、通用性和可扩展性以及可复制性仍有不足。未来,新型电力系统高性能仿真技术应从以下几方面开展研究。

1. 电源侧和负荷侧精细化建模技术

电源侧和负荷侧新能源发电机组容量小、数量多、模型复杂,在系统级分析中无法对每台机组详细建模。需研究涉及新能源场站内部拓扑和出力不确定性的场站级聚合仿真模型,以及适用于主网仿真分析的高渗透率分布式发电和电力电子负荷模型。随着调度自动化技术发展,还应研究电源侧和负荷侧电力电子设备/集群的模型参数在线辨识方法,提升对实际电力系统的建模准确性。

2. 大电网全电磁暂态仿真技术

大规模电磁暂态仿真将成为新型电力系统特性认知的基础,并用于校准其他时间尺度仿真模型和算法。为此,需攻克制约大电网全电磁暂态建模精度、仿真规模和计算效率的瓶颈问题,实现含海量电力电子装备的大电网全电磁暂态仿真,提升其工程实用化水平,支撑对新型电力系统的精细化仿真分析。

3. 智能高效运行方式构建与分析技术

针对新型电力系统可能存在的海量运行场景以及新型电力系统运行方式分析需求,开展新能源电力系统典型运行方式自动生成、运行方式自动调整、安全边界自动解析，以及基于云平台等先进技术的高效仿真分析等技术研究，通过智能化、数字化满足新型电力系统安全、稳定的计算分析需求。

4. 高性能云计算技术

随着新型电力系统规模扩大、模型复杂度提高、仿真算法更加精细，在单机上完成大电网仿真分析工作变得越来越困难。为此，需研究基于中央处理器、图形处理器、可编程阵列逻辑等异构硬件的仿真计算加速方法，构建基于高性能并行计算集群的电力系统仿真计算平台，提升多层级并行仿真技术的计算效率，建立支持远程异地协同访问的高性能云仿真平台。

5. 通用求解器技术

为突破通用求解器"卡脖子"问题，需研究具有国内自主知识产权的通用求解器包，包括用于大规模混合整数优化问题的高性能求解器，可以从求解效率和精度等方面实现对当前国际主流商业求解器的替代效果。结合人工智能技术，针对规划和运行模拟仿真开展定制优化，通过减少变量和约束的数量，缩小问题的规模大小，提升求解效率和收敛性。

6. 开放式接口及融合应用技术

为支撑新型电力系统不同场景仿真分析和科研需求，需要开放性的仿真建模接口技术，降低电磁暂态模型开发门槛，针对新能源发电、储能等提出灵活便捷的程序级模型调用接口。可以仿真计算引擎的应用程序接口调用技术，为用户提供灵活构建电力系统仿真模型、调整仿真算力、分析仿真结果的功能。利用云－边融合的仿真计算和服务架构，支撑电力系统智能调度、控制和运维；开发数字孪生应用框架，助力电力工业数字化发展。

（三）发展趋势

目前来看，新一代仿真平台的技术、设备、算法等能够支撑新型电力系统规划、建设和运行对仿真计算的需要，为我国能源加快转型提供强有力的基础技术支撑。在"双碳"目标驱动下，我国提出构建新型电力系统，承载高比例新能源接入。电力系统的"双高"（高比例新能源、高电力电子设备）特点将更加明显，节点规模和复杂控制元件的数量急剧增大，再加上特高压交直流工程持续建设，大电网安全运行将更加复杂，对仿真计算的规模化能力、准确性、高效性等要求也将进一步提高。

五、电力北斗技术

围绕北斗技术在电力系统应用中的问题，现有调控计算效率和精度仍难以满足要求，北斗技术在发电、输电、配电、用电等环节仍有可挖掘的潜力。未来北斗技术应用于电力系统需要从以下几方面开展研究。

（一）总体概述

以新能源为主体的电力系统区别于传统电力，光伏、风电等新能源具有资源可再生、分布广、间断式供应等特点，使电网结构更加复杂，系统特性发生根本性改变等一系列问题也给电力系统的安全监测和稳定运行控制带来了挑战，对卫星导航的需求更加突出。我国自主建设、独立运行的北斗卫星导航系统具有安全可靠的导航定位、授时和短报文通信等功能，是构成国家定位、导航、授时时空体系的核心技术，是万物互联时代准确描述时间和空间的关键技术，可为加强以新能源为主体的新型电力系统的安全稳定提供有效支撑。

从北斗技术产业链结构来看，北斗技术产业链主要包括由空间段和地面段组成的基础设施以及用户段上游的基础部件、中游的终端集成和下游的应用及运营服务等。其中直接与电力行业应用相关的主要涉及用户段的上、中、下游。上游基础产品研制、生产及销售环节是产业自主可控的关键，主要包括基础器件、基础软件、基础数据等；中游是当前产业发展的重点环节，主要包括各类终端集成产品和系统集成产品研制、生产及销售等；下游是基于各种技术和产品的应用及运营服务环节。目前，产业链上游的芯片、天线、GIS、板卡、地图、实验室模拟源等已实现全面配套，国内自主研发的北斗芯片等基础产品已进入规模应用阶段。中游的手持型、车载型、船载型、指挥型等各类应用终端已经广泛应用在各个行业，品类已初具规模。下游的运营服务和系统集成受"新基建"战略带动，迎来高速发展期。总的来说，我国北斗卫星导航与位置服务产业结构趋于成熟，国内产业链自主可控、良性发展的内循环生态已基本形成。

我国从"十一五"时期开始就高度重视北斗技术的发展和应用推广。"十一五"期间，《信息产业科技发展"十一五"规划和2020年中长期规划纲要》提出，要重点发展卫星应用领域导航和遥感关键技术；"十二五"期间，《测绘地理信息科技发展"十二五"规划》出台，指出要重点开展应急测绘遥感监测技术研究；"十三五"期间，多项关于卫星测绘的政策陆续出台，强调进一步提升我国测绘地理信息服务保障能力，推进全球地理信息资源开发，同时加速北斗、遥感卫星商业化应用；"十四五"开局之年，北斗三代卫星导航系统已全面建成，我国卫星应用迈入新的阶段，国家政策规划要求大力发展北斗产业，推动北斗终端各领域规模化应用。国家相关部门纷纷出台政策支持卫星应用行业的发展，中国卫星应用产业迎来了加速发展和布局调整的重要机遇。

北斗技术在电力行业的应用已经覆盖了发电、输电、变电、配电、用电等电力生产的各个环节，北斗＋电力应用已经成为关系到国家安全及国民经济发展的关键领域。在基础设施建设方面，目前，国家电网和南方电网分别独立建设了超大型、覆盖广的北斗地基增强系统基准站和北斗综合服务平台，可以面向覆盖区域北斗用户提供北斗短报文通信、高精度定位导航、授时授频等服务。授时授频应用方面，北斗授时授频是电力行业最典型的应用之一。发电企业的电力生产系统、电网企业的调度系统等，利用北斗高精度授时服务，实现全站（网）的时间同步，保障电力系统的安全、稳定、可靠运行，应用终端数量超过 1.3 万台。

电力行业北斗高精度定位终端主要包括光伏发电厂太阳能追光系统角度控制、电力勘测工程的测量测绘、车辆调度管理、电网输电线路无人机自主巡检、线路杆塔形变监测、地质灾害监测、导线舞动监测、变电站机器人巡检、基建工程现场作业人员安全管控、施工机械操作高精度数据监测、电网大型重点物资在途运输管理、营配设备资产管理和地理信息采集、水电站大坝沉降和形变监测等应用场景，提升了发电企业、电网企业电力设施设备运行状态在线监测和信息统一，提升了新型电力系统精益管理水平。电力行业北斗普通定位技术主要用于人员、车辆、船舶、设备等实时定位、导航与轨迹监控，终端形态包括工卡、手环、手持终端、车载终端等产品，应用数量已超过 35 万台套。

通过北斗短报文通信服务，可以弥补在现有通信网络不能覆盖的地区开展用电信息等计量数据远程集抄、输电线路监测数据回传、基建工程现场人员应急保障、水情测报系统遥测站点／气象站点的数据传输、海上浮标、海岛及船载辐射监测和 KRS 系统的数据传输、小水电／光伏电站数据回传等场景；在应急救灾场景下，如野外山区、灾害抢险时，利用北斗短报文通信服务，可实现与现场作业人员的信息交互，实现基于电力任务的联动和防护。

某些电力企业大力推广北斗技术应用，已具备一定基础，但在产业规模化应用方面仍面临诸多挑战。

（1）缺乏顶层设计和规范标准。虽然相关电力企业都发布了北斗技术产业发展规划，强调建设内容和应用方向，但是对北斗技术如何从时空基准层面提升电力系统管控和运行安全能力尚未开展全方位的顶层设计，需要规划设计北斗技术与电力系统业务深度融合的架构和发展方向。

（2）市场需求零散，难以形成规模化效应。目前北斗技术在电力行业的推广主要依靠政策引导和支持，作为战略性新兴产业，电力行业用户对其认识有待提高，市场需求较分散，难以形成规模化应用场景。虽然成立了专门开展北斗技术应用推广的产业公司，但仍需进行业务统筹。

（3）电力＋北斗、北斗＋电力融合程度有待加强。目前大部分应用探索集中在硬件设备层面推广，用软硬件综合解决方案来解决电力行业迫切需求的场景仍然缺乏，行业缺少具备导航和电力两大行业技术知识的专业人才，行业应用模式创新力度不足，导致产业规模化发展仍需加大投入和推广力度，把北斗技术作为时空技术的基础赋能技术，需要深度挖掘北斗、人工智能等多技术融合创新潜力，从而解决实际业务问题，带动以时空信息为基准的无线产业发展。

（二）发展现状

围绕新型电力系统仿真计算，现有仿真计算软件和平台不能完全适应新型电力系统计算需求，原有设计理念、通用性和可扩展性以及可复制性仍有不足。未来，新型电力系统高性能仿真技术应从以下几方面开展研究。

1. 广域高可用高精度定位技术

研究地基差分增强技术，重点针对电力无人巡检设备高精度定位完好性和高可用需求，研究广域大型高并发地基增强技术，实现面向大量用户提供实时厘米级、事后毫米级的精准位置服务；通过研究全网电离层和单参考站对流层模型技术来消除电离层、对流层折射的影响，提高连续运行参考站（Continuously Operating Reference Stations，CORS）定位精度；结合电力北斗精准位置网建设需求，研究超大全球导航卫星系统（Global Navigation Satellite System，GNSS）监测网数据处理技术，实现解算效率以及产品精度的最优组合，提高卫星轨道、钟差、ERP 等的精度；深入研究基于单历元解算的实时变形监测算法，通过计算监测站每一个历元的坐标来实现实时监测，开展电力设备形变监测应用研究。

针对无信号区电力设备测量和定位需求，研究通过卫星播发地基监测站误差改正数或完好性信息，提升用户终端定位完好性和精准性；开展低轨导航精度增强技术研究，利用低轨卫星空间的多样性为用户提供快速收敛的高精度服务；开展低轨导航信号增强技术研究，借助卫星平台播发伪码测距信号，解决城市峡谷、树林、室内等阴影遮挡环境以及高电压、强电磁干扰场景下的定位问题，探索研究基于低轨导航信号增强的室内定位技术，有效扩展卫星导航系统的服务范围和应用领域。

针对电力设备静态资产管理需求，研究针对精密单点定位技术存在的定位精度、初始化时间、可用性和可靠性问题，重点开展高采样率钟差实时快速估计、多频精密单点定位（Precise Point Positioning，PPP）、多系统 PPP、PPP 增强、精密单点实时动态定位（Precise Point Positioning-Real-Time Kinematic，PPP-RTK）等关键技术研究，解决 PPP 定位模糊度固定问题，探索 PPP/PPP-RTK 模糊度固定方法，大幅缩减 PPP 初始化时间和快速重定位时间，解决信号短时中断引起的模糊度参数重置造成的定位重新收敛问题，研究适合 PPP-RTK 定位的大气误差模型，显著提升精密单点实时动态定位的可用性和商业价值。

结合电力作业安全管控业务需求，研究多模式融合定位技术，重点围绕通信导航一体化、通信导航惯导一体化、5G＋北斗融合定位授时、室内外无缝定位、星地一体化增强、芯片化集成、多模多频高精度 GNSS 接收机等领域开展融合创新，突破一批关键核心技术，推动射频、基带芯片和主板等关键器件研发，支持新型高效算法和模型研发，丰富北斗系统高性能终端产品谱系，形成领跑技术标准体系实现在不同原理的定位导航系统间开展融合创新，建设综合泛在的定位导航授时系统。

2. 高可靠抗干扰统一时频服务技术

需关注以下几种技术：

（1）卫星授时可靠性和抗干扰技术，实现天地互备，统一溯源，成为卫星授时技术能否支撑电力系统面向未来新能源大量并网带来的不确定性的关键因素；

（2）卫星共视与精密授时相结合的技术，长基线长度的共视时间传递方法，实现大范围长距离的时间频率传递；

（3）研究时间频率闭环监测方法，实现全网时间同步状态的实时监测；

（4）研究有线与无线相结合，天基与地基相结合的方式，实现电网时间与国家标准时间的溯源与统一。

3. 低功耗高安全短报文通信技术

短报文作为一种通信手段，在应用于电力行业时，需要开展低功耗和高安全两大技术难题的研究。由于设备需要与静止轨道卫星进行双向通信，瞬时功耗较大，给行业应用推广带来较高成本和风险。因此，需要研究低功耗的短报文通信芯片和模组，满足各类终端、传感器数据传输需求。在高安全方面，民用短报文通信数据协议和格式均采用公开通信协议，数据传输过程中存在数据泄露风险，如何将北斗短报文数据加密服务与通用加密手段进行有机结合和无缝对接，成为敏感领域对短报文技术应用的关注点。

4. 安全可信的时空服务保障技术

从国家安全、经济安全和社会公共安全的角度出发，建立时空服务安全保障体系，打造时空服务的坚韧性，确保智能时空信息服务的完好性、可靠性、可信度与精准度，从而保障包括能源、电信、金融、互联网等国家关键基础设施在内的应用安全，已经成为制约北斗技术行业深度应用的当务之急。

打造时空服务安全保障体系涉及多个方面技术：一是卫星导航系统设计技术，改进和提高系统的性能，实现空间段、环境段、地面段和用户段的一体化设计。针对环境段问题，采取积极的措施，保障精度、可用性、完好性、连续性和可靠性指标要求，尤其是抗干扰能力和具有完好性保证的高精度能力。二是建立抗干扰、防欺骗的组织与行动技术体系，监测威胁攻击源，保护导航频谱，优化接收机功能性能，并且采取缓解消除行动措施，同时要通过技术创新与系统集成，形成抗衡干扰和欺骗威胁的集成融合系统或者备份替代系统。三是充分利用多样化的系统互补融合，将天基导航与地基导航、传统导航与新兴导航、无线电导航与惯性导航，以及多种多样的导航手段和资源实现系统化集成整合，尤其是在改进接收机抗干扰、防欺骗、自主完好性监测等多方面切实提高和保障，从根本上解决天基导航系统的脆弱性，真正做到实现全空间、全天候的定位、导航和授时。

（三）发展趋势

卫星应用产业是国家战略性高新技术产业，从应用类型上主要分为卫星通信、导航和遥感三类。卫星通信即以卫星为中继站进行数据通信；卫星导航则是为万物提供绝对定位导航信息；卫星遥感本质是将相机、雷达等各类传感器搭载在卫星平台上，感知地形地貌、地物目标状态。

应对电力系统未来发展的深刻变化，北斗卫星定位系统在电力行业的应用前景十分广阔。从源网荷储各环节的角度，北斗卫星导航系统的气象应用功能可以实现清洁能源资源动态调查及功率预测、电网灾害监测预警与动态调控策略支撑、用电负荷动态预测等，为能源互联网的建设提供有力支撑；从电力系统规划、建设、运维、应急各阶段的角度，能够对输电通道规划、清洁能源场站选址规划、输变电工程三维数字化设计、工程建设隐患排查与动态监测、输电通道卫星遥感巡视动态全覆盖、自然灾害监测预警、人类工程活动与外破隐患识别监测、电网设施损毁情况紧急调查和评估、应急救援场景下的路线场地规划与通信保障等提供数据服务。

随着通信、网络、计算机、软件等技术的迅猛发展，软件定义正在成为一种新的必然发展趋势，发展软件定义卫星技术，将逐步提高卫星产品的软件密集度，不但可以逐步增强卫星功能、提升性能，而且可以极大地缩短研发周期、降低研发成本。软件定义卫星采用开放式架构，可以通过在轨发布 App、动态加载各种软件组件，把各种强大的新算法不断地集成到卫星系统中。随着可再生能源、特高压的高速发展，卫星技术的应用需求更加广阔和急迫，软件定义卫星的发展可以为行业应用提供更经济、灵活、智能的解决方案，电力行业应结合行业专业需求，提出电力行业卫星应用标准，开展卫星搭载软硬件研发。"十四五"期间，电力企业将结合电力行业特点，持续推进北斗应用与电力业务的融合发展，进一步扩展北斗卫星导航系统在电力行业的应用范围。通过自主研发北斗运营服务平台和相关终端设备，打造一系列具有电力特色的典型示范应用，充分利用卫星技术支撑以新能源为主体的新型电力系统建设发展。

六、电力网络碳流分析技术

(一) 总体概述

我国电力行业的碳排放特点有以下几方面：

(1) 发电二氧化碳排放强度高，电源结构以火电为主体；

(2) 电网侧的二氧化碳排放来源主要是电网输电损耗和输变电设备中的六氟化硫泄漏，其中六氟化硫的温室效应约是等量二氧化碳的 24000 倍；

(3) 用电侧虽然不直接产生碳排放，却是产生碳排放的主要驱动力。通过合理的需求侧管理，可优化用电方式，从而间接减少二氧化碳排放。

《联合国气候变化框架公约》通过的"巴厘岛路线图"提出，碳计量须遵守温室气体排放量要可测量、可报告、可核实的"三可原则"。基于以上要求，需要从电力行业的整体环节着手辨识碳排放的来源，并研究碳排放的定量计算方法，从而清晰地了解电力行业的碳排放现状，并对未来的排放轨迹进行预测。此外，由于电能是二次能源，电力行业的碳排放几乎全部来自发电环节，而在电能的传输、使用过程中则不产生碳排放。因此，除对电力系统碳排放的总量特性进行分析外，还需要引入电力网络碳排放流的概念与分析理论，将电力系统的碳排放与电网的拓扑结构相结合，研究网络化的碳排放分析方法与计算模型，全面分析电力系统中影响碳排放的关键因素，追踪碳排放在电力系统各环节的跨时空流动。

美国华盛顿大学的学者首次提出了碳排放流的概念，并将其应用于生态学中以描述生态循环中包含自然碳排放的碳元素的转移。伦敦政治经济学院的学者将碳排放流与商贸物流相结合，用于表示各类商品生产过程中的碳成本，分析不同国家间通过商品进出口带来的耦合碳排放转移。电力的跨区域大规模输送同样引起了耦合碳排放在网络上的转移和流动，因此碳排放流理念也被国内外学者应用于电力系统之中，将网络流的方法引入碳排放的分析之中，揭示各种能源网络中隐含在能量流中的碳排放流的特征与本质规律，建立了电力系统的碳排放流分析理论与计算方法，实现了碳排放流在电力网络中的分布特性与机理的量化分析。

当前，国内外关于电力系统碳排放的分析研究和应用实践仍处于起步阶段。在新型电力系统建设进程中，电源类型更加丰富，需要针对不同类型电源建立对应的碳排放计量方法；同时，需要通过进一步研究，厘清储能大规模建设带来的碳排放流在时间尺度上的分布变化。此外，形成国际通用的电力碳排放精细化计量标准也是亟待解决的问题。

(二)发展现状

1. 宏观统计碳排放核查技术

宏观统计法的思路最简单直接，具体步骤是先统计系统中各类化石能源的消耗量，然后结合化石能源的典型排放因子，即可计算得到系统在统计周期内的总碳排放。IPCC颁布了各类燃料的典型碳排放因子，可用于统计电力系统的宏观碳排放量。但上述排放因子没有考虑到燃料品质和国家间的差异，准确性略显不足。宏观统计法的优点是计算简单、操作性好、方法实用，可以明确给出系统在一个较长周期内的总碳排放量，多用于国家层面的碳排放统计。但是，该方法与电力系统的实际物理特性脱节，需要基于长周期的燃料消耗统计为数据支撑，难以实现电力系统碳排放的细节分析，无法开展电力系统的实时碳追踪，对电力系统优化决策的指导性有限。

2. 全生命周期碳排放分析技术

全生命周期法从时间线的角度统计分析电力系统的碳排放，统计口径涵盖能源设施的原材料、生产制造、运行管理、检修维护直到退役报废的全生命周期过程。该方法可以给出能源设施在各阶段的碳排放明细，分析影响总碳排放的关键因素，指明减排的方向。通过分析风电、光伏、光热、碳捕集等低碳发电技术的全生命周期碳排放，表明低碳发电技术在运行环节的减排量远高于其设备生产制造过程中额外增加的碳排放量，低碳效益显著。与宏观统计法相比，全生命周期法拓展了碳排放计算与分析的时间维度，可以规避仅考虑燃料消耗碳排放的局限性。但是，全生命周期法仍然缺乏对电力系统物理特性的考虑，无法明晰碳排放在电力系统中的时空转移机理。

3. 电力网络碳排放流分析技术

为了分析碳排放的转移网络，打通生产侧与消费侧的中间环节，厘清碳排放责任，碳排放流分析方法应运而生，将碳排放与消费行为联系起来，为碳排放的计量提供了全新的视角。电力系统碳排放流定义为依附于电力潮流存在且用于表征电力系统中维持任一支路潮流的碳排放所形成的虚拟网络流。直观上，电力系统碳排放流相当于给每条支路上的潮流加上碳排放的标签。由于碳排放流与潮流间存在依附关系，可以认为：在电力系统中，碳排放流从电厂（发电厂节点）出发，随着电厂上网功率进入电力系统，跟随系统中的潮流在电网中流动，最终流入用户侧的消费终端（负荷节点）。表面上，碳排放是经由发电厂排入大气。实质上，碳排放是经由碳排放流由电力用户所消费。

(三)发展趋势

面向新型电力系统建设和"双碳"目标落实的紧迫发展需求，针对电力系统全环节精准碳排放分析与标准研究已成为亟待解决的问题。整体来看，目前针对电力行业碳排放分析领域的研究工作所涵盖的范围依然有限，未来将在以下方面持续完善。

1. 考虑电力市场交易因素的碳排放计量与分析

随着电力市场与绿色电力市场规模的不断扩大，发电企业与用户间将存在双边交易形式的购电合同，而实际上每一份双边电量合约下都将暗藏碳排放的转移。因此，在电力市场环境下，荷侧碳排放的分摊中不仅需要考虑到基于电力潮流的碳排放溯源，还需要考虑市场交易因素的碳排放溯源。未来需要进一步探讨各类型电力市场交易对电力系统碳排放流的影响。

2. 多能源系统的碳排放分析技术

在能源互联网的发展背景下，多能源系统协同运行已受到工业界和学术界的广泛关注，以电、气、热为代表的典型多能源系统将成为能源系统的重要形态之一。除电能外，热能和天然气也是用户的重要终端用能形式，其中热能也属于二次能源，且多能源系统中不同能源间存在耦合与转化过程，如电制热、电转气、气制热等。因此，在多能源系统中，荷侧的用能碳分析同样不能简单地根据平均用能碳排放因子进行直接核算，而需要将能量流与碳排放流进行耦合和延伸，研究针对多能源系统的碳排放分析技术。

3. 碳减排效益精细化评估

随着碳市场与国家核证自愿碳减排市场（China Certified Emission Reduction, CCER）的不断建设与完善，发电企业、电网和用户的低碳水平需要一套合理的评价指标体系来进行评价。基于测量得到的各项电碳指标，通过对源、网、荷三侧进行合理评价，找到影响电力行业低碳化水平的症结所在，并有针对性地提出改进措施和发展计划，定量评估低碳水平与减排贡献。

第十三章　光热应用技术及光伏光热一体化

第一节　光伏光热一体化应用技术概述

太阳能热利用是可再生能源太阳能利用的形式之一，热利用范围包括太阳能热发电系统、太阳能供热采暖系统、太阳能干燥系统、空调制冷系统等。为提高太阳能利用的效率，充分发挥太阳能的优势，太阳能光伏光热综合利用系统，即光伏光热一体化（Photovoltaic/Thermal，PV/T）系统逐渐成为当今太阳能利用的一项非常重要的应用技术。PV/T 系统利用光伏电池将太阳能转化为电能的同时对其所吸收的热量加以利用，即同时产生热、电两种效益，以提高太阳能的综合利用效率。

一、光热应用技术简介

（一）太阳能热发电系统介绍

1. 太阳能热发电系统基本原理

太阳能热发电系统，是利用聚光太阳能集热器将太阳辐射能收集起来，通过加热水或者其他传热介质，使之产生高温高压蒸汽，驱动热力发动机发电。这个过程即热发电系统将太阳辐射能先转化为热能，然后转化为发动机的机械能，最后由机械能转化为电能。

2. 太阳能热发电系统与常规发电系统比较

常规的电力生产方式有火力发电、核电、水力发电、风力发电等。这些发电方式都存在许多弊端。火力发电是指利用煤炭、石油、天然气等固体、液体、气体燃料燃烧时产生的热能，通过热能来加热水，使水变成高温产生高压水蒸气，然后再由水蒸气推动发电机继而发电的一种发电方式。它存在的弊端主要有烟气污染，煤炭直接燃烧排放的 SO_2、NO_x 等酸性气体不断增长，使我国很多地区酸雨量增加，CO_2 排放造成温室效应；粉尘污染，全国每年产生 1500 万吨烟尘；资源消耗，发电的汽轮机通常选用水作为冷却介质，一座 1000MW 火力发电厂每日的耗水量约为 10 万吨，全国每年消耗 5000 万吨标准煤。

核电站又称原子能发电站，就是利用一座或若干座动力反应堆所产生的热能来发电或发电兼供热的动力设施。它存在的弊端主要有链式反应必须由人通过一定装置进行控制。失去控制的裂变能不仅不能用于发电，还会酿成灾害；裂变反应中产生的中子和放射性物质对人体危害很大，必须设法避免它们对核电站工作人员和附近居民的伤害；核能发电厂热效率较低，因而比一般化石燃料电厂排放更多废热到环境里，故核能电厂的热污染较严重；核能电厂投资成本太大，电力公司的财务风险较高；兴建核电厂较易引发政治歧见纷争等。

水力发电是利用河流、湖泊等位于高处具有势能的水流至低处，将其中所含之势能转换成水轮机之动能，由水轮机推动发电机产生电能。弊端主要有下游河床增高，海水倒灌；容易受降水等气候因素，还有地形等自然条件影响，发电量不稳定；地表压力增大，容易引发地震；使原有的生态平衡受到影响等。

风力发电是将风所蕴含的动能转换成电能的工程技术。存在的弊端有风力不稳定，风力和风向时常改变，能量无法集中，对电网的运行造成很大的冲击；光影污染，阳光斜照时，叶片在地面会投射出巨大的影子，造成光线忽明忽暗，如果你家负责采光的窗户正对着风车的话就倒大霉了；成本昂贵，每度电为火力发电的两倍；破坏生态，若兴建地点为野生动物的生活或迁徙路径（如候鸟、昆虫），会造成大量死伤；需占用大量的空间。

相比常规发电方式，太阳能发电方式的优势有：储量的"无限性"，太阳能是取之不尽的可再生能源，可利用量巨大；存在的普遍性，太阳能对于地球上绝大多数地区具有存在的普遍性，可就地取用；利用的清洁性，太阳能开发利用时几乎不产生任何污染；利用的经济性，随着科技的进步，太阳能的开发利用已经越加经济。

3. 太阳能热发电系统的组成

太阳能热发电系统由集热子系统、传输子系统、蓄热与热交换子系统、发电子系统组成。

4. 集热子系统

集热子系统是吸收太阳能辐射并转换为热能的装置，主要包括聚光装置、接收器和跟踪机构等部件。不同的功率和不同的工作温度的集热系统有着不同的结构。

太阳能集热器可分为非聚光集热器和聚光集热器，非聚光集热器也称为平板集热器，照射到采光面的太阳辐射不改变方向，也不集中射到吸热体上的太阳集热器；聚光集热器通常有特殊的镜发射器或折射器（聚光器），能将阳光汇聚在面积较小的吸热面上，以提高吸收器上的能流密度，从而获得较高温度。

常见的聚光集热器有线聚焦集热器、点聚焦集热器、菲涅尔透镜、塔式聚光集热装置。菲涅尔透镜多是由聚烯烃材料注压而成的薄片，镜片表面一面为光面，另一面刻录了由小到大的同心圆。菲涅尔透镜在很多时候相当于红外线及可见光的凸透镜，效果较好，但成本比普通的凸透镜低很多。

5. 太阳能热发电系统的类型

根据聚光太阳能集热器的类型，可将太阳能热发电系统大致分为三大类型：槽式系统、塔式系统和蝶式系统。

（1）槽式太阳能热发电系统。槽式热发电系统其工作原理是利用槽型抛物面反射镜，将太阳辐射能聚焦到真空管集热器，对传热介质进行加热，然后在换热器内产生蒸汽，推动蒸汽轮机，带动发电机发电。其特点是聚光集热器由许多分散布置的槽型抛物面反射镜集热器串、并联组成。槽型抛物面反射镜集热器是一种聚焦集热器，其聚光比塔式系统低，接收器的散热面积也较大，因而集热器所能达到的介质工作温度一般不超过400℃。

槽式系统的优点是：容量可大可小，不像塔式系统只有大容量才有较好的经济效益；集热器等装置都布置于地面上，安装和维护比较方便；各聚光集热器可同步跟踪，使控制成本大为降低。主要缺点是：能量集中过于依赖管道和循环泵，致使输热管路比塔式系统复杂，输热损失和阻力损失也较大。

（2）塔式太阳能热发电系统。塔式发电系统的原理是在空旷的地面上建立一座高大的中央吸收塔，塔顶上安装固定一个吸收器，塔的周围安装一定数量的定日镜，通过定日镜将太阳光聚集到塔顶的接收器，接收器的聚光比可超过1000倍，在接收器的腔体内产生高温，再将通过吸收器的工质加热并产生高温蒸汽，从而推动汽轮机进行发电。

塔式热发电系统的优点是：规模大、热传递路程短、热损耗少、聚光比和温度较高等，非常适合于大规模并网发电系统。存在的缺点主要是聚光光强度波动大、占地面积大、中心塔必须足够高、造价高等。塔式热发电系统的典型实例是美国于1982年在加利福尼亚州南部巴斯托附近沙漠地区建成的一座被称为"太阳能Ⅰ号"的塔式系统。该系统的反射镜阵列由1818面反射镜排列组成，包围着包括接收器在内的总高达85.5m的高塔。

（3）蝶式太阳能热发电系统。蝶式热发电系统也叫盘式系统，其主要特征是采用盘状抛物面镜聚光集热器，其结构从外形上来看类似于大型抛物面雷达天线。蝶式系统由盘状抛物面镜、接收器、机械转动装置、控制装置、基座和塔架等几部分组成，由于盘状抛物面是一种点聚焦集热器，其聚光比可高达数百到数千倍，因而可产生非常高的温度。这种系统可以独立运行，作为无电边缘地区的小型电源，一般功率为5~23kW，聚光镜直径为10~15m。

在蝶式系统的接收器位置上，通常可直接装备斯特林发动机，其优点有：由于循环是在定温下供热和放热，所以理论上斯特林循环的效率与具有热机最大效率的卡诺循环相同；斯特林发动机作为一种外部供热的热机，可采用太阳能作为供热源，因而没有排气污染；斯特林发动机由于没有一般内燃机因气阀机构和进排气系统所产生的强烈噪声，所以具有低噪声特点。斯特林发动机要求在高温下工作，因此需要使用双轴跟踪的聚光太阳能集热器，考虑到太阳能的分散性，增大聚光反射镜面积来提高发动机的输出功率是有效的，但过于庞大的反射镜因抗风和跟踪等条件的限制，将使工艺结构复杂，制造成本昂贵。

(二) 太阳能热水系统介绍

太阳能热水系统是太阳能应用最广泛的形式，太阳能热水器在国内已普遍得到应用，在发展低碳经济建设中有着重要意义。太阳能集热系统主要包括太阳能集热器、储热水箱及循环系统。按集热方式通常分为自然循环集热、强制循环集热与定温放水集热系统。下面对几种常见的热水系统进行简单介绍。

1. 自然循环集热系统

工作原理：冷水经进补冷水系统进入储热水箱，达到设定水位后，补冷水系统停止工作。储热水箱中低温水经下循环管进入太阳能集热器阵，在其内受太阳能辐射加热水温升高，热水较冷水比重小，由此形成热虹吸压力，由集热器下端流向上端，热水经上循环管回到储热水箱，水箱中低温水比重大，再次经下循环管进入集热器继续受太阳能辐射加热。如此循环使水温不断升高。该循环方式不需要借助外力，该循环系统被称为自然循环集热系统，该系统要求集热水箱底部高出集热器上部 200mm 以上，一般适合集热器阵 50m^2 以下热水系统。

2. 强制循环集热系统

工作原理：冷水经进补冷水系统进入储热水箱，达到设定水位后，补冷水系统停止工作。储热水箱中低温水通过强制循环水泵补入集热器阵，受太阳能辐射加热水温升高，当集热器上循环管内水温与储热水箱底部水温之温差达到设定值时，启动强制循环泵，将水箱中低温水送到集热器阵，同时将集热器阵中热水送回储热水箱，当上述温差等于或低于设定值时，强制循环泵停止工作。低温水在集热器中继续受太阳能辐射加热。如此循环，使储热水箱中水温不断升高。该循环系统被称为强制循环集热系统。强制循环集热系统水箱位置不受限制，可安装在集热器阵以外的任何位置，一般集热器在 50m^2 以上宜采用强制循环集热系统。

3. 定温放水集热系统

工作原理：冷水经进补冷水系统进入集热器阵，冷水在集热器中受太阳能辐射加热，水温逐渐升高，当集热器阵产出的热水水温达到设定温度时，启动补冷水系统，进补冷水，同时将集热器阵中达到设定温度的热水顶入储热水箱中，当集热器阵内水温低于设定水温，停止补冷水，储存在集热器内的水继续受太阳能辐射加热，如此，不断定温放水，当储热水箱中水位达到设定水位，补冷水系统停止工作。该循环系统被称为定温放水集热系统。定温放水集热系统水箱位置不受限制，可安装在集热器阵以外的任何位置。

这种系统具有自然循环定温放水系统的优点，同时去掉了一个循环水箱，使屋顶楼面负荷大为减轻。

(三) 太阳能采暖系统介绍

太阳能供热采暖系统是将太阳能转化成热能，供给建筑物冬季采暖和全年其他用热的系统，系统主要部件有太阳能集热器、换热储热装置、控制系统、辅助能源加热设备、泵、连接管道和末端散热系统等。太阳能集热系统部分又由太阳能集热器、储水换热系统、自动控制系统、辅助加热系统、管路系统等组成。

我国太阳能资源丰富，太阳能供暖主要适合寒冷地区和夏热冬冷地区的冬季供暖，适用于三层及以下的建筑。太阳能供暖系统的主要组成部分是太阳能集热器。需要根据建筑物所在地区的太阳能资源、建筑物的保温节能状况和供热采暖需求等基本数据，来计算太阳能集热器的面积，并选择适合的太阳能集热器类型和型号。

除严寒地区外，太阳能集热器使用的介质主要是水。太阳能集热器将太阳辐射能转化为热能，冷水变成中高温热水，被运输到储热水箱，再由管道将热水输送到终端散热系统。散热器将热量通过对流或辐射传递给供热空间，回水再输送到集热器。这里会运用循环泵作为循环系统的动力。安装自动上水系统和控制循环泵的温控器，使系统成为自动控制系统或半自动控制系统，还可以根据用户的需求，设计安装辅助加热系统，以备阴雨雪天气和冬至前后极冷天气辅助加热使用。

(四) 太阳能干燥系统介绍

太阳能干燥就是使被干燥的物料通过太阳能集热器所加热的空气进行对流换热而获得热能，继而再经过以上描述的物料表面与物料内部之间的传热、传质过程，使物料中的水分逐步汽化并扩散到空气中去，最终达到干燥的目的。干燥过程是利用热能使固体物料中的水分汽化并扩散到空气中去的过程。物料表面获得热量后，将热量传入物料内部，使物料中所含的水分从物料内部以液态或气态方式进行扩散，逐渐到达物料表面，然后通过物料表面的气膜而扩散到空气中去，使物料中所含的水分逐步减少，最终成为干燥状态。因此，干燥过程实际上是一个传热、传质的过程。它主要包括以下几个方面。

(1) 太阳能直接或间接加热物料表面，热量由物料表面传至内部。

（2）物料表面的水分首先蒸发，并由流经物料表面的空气带走。此过程的速率取决于空气温度、相对湿度和空气流速及物料与空气接触的表面积等外部条件。此过程称外部条件的控制过程。

（3）物料内部的水分获得足够的能量后，在含水率梯度或蒸汽压力梯度的作用下，由内部迁移至物料表面。此过程的速率取决于物料性质、温度、含水率等内部条件。此过程称内部条件的控制过程。

太阳能干燥系统被广泛应用于农业干燥行业，农作物（谷物粮食）、食品干燥、工业产品脱硫剂、烟叶、工业污染处理等各个领域。

（五）太阳能空调制冷系统介绍

太阳能制冷从能量转换角度可以分为两种：第一种是太阳能光电转换制冷，是利用光伏转换装置将太阳能转换成电能后，再用于驱动普通蒸骑压缩式制冷系统或半导体制冷系统实现制冷的方法，即光电半导体制冷和光电压缩式制冷，可以看作太阳能发电的拓展，这种方法的优点是可采用技术成熟且效率高的蒸汽压缩式制冷技术，其小型制冷机在日照好又缺少电力设施的一些国家和地区已得到应用。其关键是光电转换技术，必须采用光电转换接收器，即光电池。太阳能电池接受阳光直接产生电力，目前效率较低，而光电板、蓄电器和逆变器等成本却很高。在目前太阳能电池成本较高的情况下，对于相同的制冷功率，太阳能光电转换制冷系统的成本要比太阳能光热转换制冷系统的成本高出许多倍，目前尚难推广应用。第二种是太阳能光热转换制冷，首先是将太阳能转换成热能（或机械能），再利用热能（或机械能）作为外界的补偿，使系统达到并维持所需的低温。目前研究重点选择后一种方式，按消耗热能的补偿过程进行分类，可分为太阳能吸收式制冷、太阳能吸附式制冷和太阳能喷射式制冷。

1. 太阳能吸收式制冷

吸收式制冷是利用两种物质所组成的二元溶液作为工质来运行的，这两种物质在同一压强下有不同的沸点，其中高沸点的组分成为吸收剂，低沸点的组分成为制冷剂。吸收式制冷就是利用溶液的浓度随其温度和压力变化而变化这一物理性质，将制冷剂与溶液分离，通过制冷剂的蒸发而制冷，通过溶液实现对制冷剂的吸收。由于这一制冷方式利用吸收剂的质量分数变化来完成制冷剂循环，所以被称为吸收式制冷。常用的吸收剂 - 制冷剂组合有两种：一种是溴化锂 - 水，通常用于大中型中央空调；另一种是水 - 氨，适用于小型家用空调。

2. 太阳能吸附式制冷

太阳能吸附式制冷系统主要由太阳能吸附集热器、冷凝器、储液器、蒸发器、阀门等组成。太阳能吸附式制冷系统的制冷原理，是吸附床中的固体吸附（如活性炭）对制冷剂（如甲醇）的周期性吸附、解附过程实现制冷循环。解附过程：当白天太阳辐射充足时，太阳能吸附集热器吸收太阳辐射能后，吸附床温度升高，使吸附的制冷剂在集热器中解附，太阳能吸附器内压力升高。解附出来的制冷剂进入冷凝器，经冷却介质（水或空气）冷却后凝结为液态，进入储液器。吸附过程：夜间或太阳辐射不足时，环境温度降低，太阳能吸附集热器通过自然冷却后，吸附床的温度下降，吸附剂开始吸附制冷剂，由于蒸发器内制冷剂的蒸发，温度骤降，通过冷媒水达到制冷目的。

目前对太阳能吸附式制冷技术主要有三个方向：吸附剂－制冷剂工质对的性能，各种循环方式的热力性能和发生器（吸附床）性能。

3. 太阳能喷射式制冷

太阳能喷射式制冷循环，以其清洁无污染、系统运行和维护简单的优点，近年来吸引了很多研究人员的关注，但系统性能系数偏低限制了它的发展。所谓太阳能喷射式制冷器，是由保能层、喷射口、储能器、太阳能恒温腔、温控电磁盘、冷凝器、混合室、自动喷射器、导线、光管接收器、光管固定架、蒸发器、继电控制板、风机、腔内螺旋壁及输导管所组成。光管接收器与储能器形成串通式连接，组成室外能量接收器。太阳能恒温腔设置于储能器内，上端连接冷凝器，下端连接混合室，各部件通过输导管连通。具有节能环保、整体结构简单、运行稳定、噪声小、使用寿命长、易推广普及等特点。太阳能喷射式制冷由于能够使用可再生、无污染的太阳能而受到重视。

整个制冷循环基本由三个子循环组成：即制冷自循环、动力子循环和太阳能自循环组成。具体工作描述如下：制冷剂（通常为水）在蓄热器中吸收高温传热工质的热量后汽化、增压，产生饱和蒸汽，蒸汽进入喷射器经过喷嘴高速喷出、膨胀，在喷射区附近产生真空，将蒸发器中的低压蒸汽吸入喷射器，经过喷射器出来的混合气体进入冷凝器放热，冷凝为液体，然后冷凝液的一部分通过节流阀进入蒸发器吸收热量后汽化制冷，完成一次循环，这部分工制完成的循环式制冷子循环。另一部分通过工质循环泵升压后进入蓄热器，重新吸热汽化，再进入喷射器，流入冷凝器冷凝后变为液体，该子循环称为动力循环。太阳能集热器将太阳能转化为热能，使集热器内传热工质吸热汽化，传热工质流经蓄热器并将热量贮存其中，当蓄热器中因制冷剂吸热而被冷却的传热工质通过循环泵重新回到集热器吸收太阳能热量，此为太阳能转换子循环。整个系统中循环泵是唯一的运动部件，系统设置比吸收式制冷系统简单，且具有运行稳定、可靠性较高等优点。其缺点是性能系数较低。

决定喷射式制冷系统性能的是工作流体、引射流体和压缩流体的工作状态和喷射器的喷射系数，其中引射流体的工作状态由被冷却对象决定。另外，喷射器的外形和几何尺寸对喷射器性能非常重要。

可见，对太阳能喷射式制冷技术研究的重点就是改进和提高系统的整体性能，这直接关系到喷射式制冷技术的实用性，近年来国内对此也以一定研究基本为理论与实验研究，尚未出现市场推广应用的成果。

二、光伏光热一体化应用技术概述

(一) 光伏光热一体化（PV/T）系统概念及意义

由于目前商用的光伏电池组件的光电转换效率通常只有 6%～15%，其余的大部分太阳辐照则转化成热能，一部分散失到环境中去，另一部分则保留在电池内导致其温度升高，而光伏电池的光电转换效率与其温度有关，当电池温度每上升1℃，其光电转换效率则下降 3‰～5‰。

为提高光伏发电过程中的太阳能综合利用效率，以及降低发电系统的太阳能综合利用成本，并解决光伏电池的冷却问题，Kern 和 Russell 最早提出了太阳能光伏/光热综合利用（PV/T，Photovoltaic/Thermal）的思想，即光伏光热一体化，在光伏组件的背面铺设流道，通过流体带走耗散热能，并对这部分热能加以收集利用。一方面，提高了单位太阳光接收面积上的太阳能光电/光热综合利用效率；另一方面，通过流体冷却，降低光伏电池温度，提高其光电效率，具有重要的研究意义。PV/T 思想的提出为太阳能利用开辟了一条新的途径，对太阳能利用技术的发展具有重大的推动作用。

PV/T 系统不仅提高了太阳能的综合利用效率，同时得到电、热两种输出，而且光伏电池的温度有所降低，使其不再处于过高工作温度下运行，提高了其使用寿命。与分离的光伏系统和集热系统相比，太阳能电热联用装置可以共用一些组件、降低系统成本、减少安装面积，而且仅有一种组件在外观上是可见的，不仅有利于建筑美观，更加有效地利用太阳能。此外，由于光热和光电共用一套装置，在可利用面积有限的场合，如屋顶或建筑物外墙，可以充分利用受光面积得到更多的热电产出。

(二) PV/T 集热器简介

PV/T 集热器的主要部件为太阳电池和集热板，为了降低集热器的热损失，通常在电池上方安装一层或两层玻璃盖板，在背部和边缘包上一定厚度的保温层，所有部件最后用金属框架封装为一体。目前，见于报道的 PV/T 集热器有平板型和聚光型。平板型 PV/T 集热器由于结构简单、可在普通集热器的基础上加工改造，而且易于与建筑物结合，因此对其的研究较聚光型 PV/T 集热器广泛。在 PV/T 集热器中，光伏组件被用来吸收太阳辐射能，并将其中的一小部分转化为电能，其余的能量就被转化为热量，而这些热量被紧贴在光伏组件背面的通道中的流体带走，并对这些热量加以利用。PV/T 集热器按载热流体介质主要可分为空气集热器和水冷集热器；按流道结构可分为扁盒式和管板式集热器；按有无盖板还可分为有盖板 PV/T 集热器和无盖板 PV/T 集热器。

1. 空气冷却型

PV/T 空气集热器的冷却流道一般为矩形截面流道结构，通常情况下，热吸收系统是通过位于光伏组件背面的直接热接触进行自然或强制对流换热，热效率取决于空气通道的深度、空气流道形式和流通速度。由于空气密度低，且热容量小，为了降低电池温度，需要较大的空气质量流率，所以 PV/T 空气集热器冷却流道的截面积要比液体集热器的大。此外，PV/T 空气集热器的空气出口温度比液体集热器出口温度低。因此，PV/T 空气集热器主要应用在对温度要求不高的场合，如房间加热、谷物干燥和空气预热等。大多数情况下，由于其温度较低，空气在冷却光伏组件后直接排到大气中，并没有将热能有效利用起来，因而实际上只有光电利用。盖板对集热器的影响表现为：无盖板的 PV/T 集热器具有较高的电池效率，但流体出口温度不高；而有盖板的 PV/T 液体集热器具有较高的热效率和流体出口温度，但盖板会降低入射光的透过率，使电池效率下降。

2. 水冷却型（液冷型）

水冷却型是在光伏组件背面设置吸热板及流体通道，组成光伏光热系统，通过管道中的水流带走电池所吸收的热量，这样既能有效降低光伏组件的温度，提高其光电效率，又有效地利用了余热，得到了热水。常规光伏光热综合利用系统由光伏光热模块、直流循环水泵、储水箱、连接管路以及支撑框架等组成。系统在白天运行，利用直流循环水泵驱动水循环，加强换热效果，从而有效抑制电池温度的升高，提高光电效率，同时得到热水。PV/T 水冷集热器的传热性能通常比空气集热器好，因此，PV/T 水冷集热器的效率高于 PV/T 空气集热器。此外，水冷集热器产生的热水可加以利用，如用作生活热水，或满足需要低温热水的工艺要求。

3. 扁盒式集热器

扁盒式集热器的集热板与流体间接触面积较大，换热性能好，且效率高，但其承压能力较差，不适合用于高压系统。塑料制扁盒式集热板，耐腐蚀性能好，重量轻，易于加工，但是此类非金属材料的导热系数要比金属材料小得多；而扁盒式金属集热板，具有诸如换热效果好、横向温度分布均匀、表面平整等优点，只要能将电池与金属板之间的绝缘问题解决好，比较适于作 PV/T 系统中光伏组件的底板。

4. 管板式集热器

管板式（或管翅式）太阳能集热板，具有水容量小、承压性能好和加工灵活等优点，此外，管板式是最易于制造的结构。目前常见的有全铜式吸热板和铜铝复合式吸热板。在全铜式吸热板中，铜肋与铜管之间大多采用超声波焊接，肋片薄而柔软，厚度在 0.3mm 左右；铜铝复合式吸热板采用复合碾压、吹胀成型工艺，铝肋片的厚度在 0.6mm 左右，有一定刚度，可以连接光伏组件。

（三）PV/T 集热器结构

太阳能光伏光热综合利用系统（PV/T）集热器是将光伏电池与太阳能集热器结合起来的装置。但 PV/T 集热器并不是将光伏电池组件与集热器直接拼装而成的，为了提高集热器的效率，在光伏组件制作完成之前去掉其背板，利用层压技术将其与集热板和换热管路组装成一个整体，且在其背面加上保温层防止热量损失。PV/T 组件的特点有以下几方面：

（1）实现光伏电池冷却，高效发电，余热回收；

（2）热电联产，太阳能综合利用率高，具有较高的性价比；

（3）节省用地，可与建筑完美融合；

（4）安全可靠、性能稳定，工作寿命长。

集热板第一层是透光率非常高的玻璃板（超白布纹钢化玻璃）；第二层是光伏电池板；第三层是蓝膜（铜板）；蓝膜与吸热铜管焊接在一起，铝合金框内填充了保温材料。集热板在利用太阳光发电的同时，充分利用电池的散热量加热铜管，铜管与管内冷流体进行充分换热，加热冷水，得到人们所需的热水，降低电池组的温度，光伏发电电池板是一个优质、长寿命的光热转换板，配上相应的高效优质的热收集装置，电池板同时就成了长寿命的集热器。其流体流向及加热过程为：冷水从底部进入，经过 PV/T 吸热铜管后，从对角线的出口流出，其余管口使用堵头封闭。

（四）PV/T 热水系统简介

PV/T 热水系统的基本结构是 PV/T 集热器和蓄水箱，辅助热源为水箱提供能量，使水箱的热水保持在负荷所需的某一最低温度。热水系统可分为自然循环和强制循环两种。在自然循环系统中，水箱位于集热器的上方，当集热器中的水吸收了太阳能，从而建立了密度梯度时，水就通过自然对流进行循环。强制循环热水系统与自然循环热水系统的区别在于系统中需要一个水泵，因此不必将水箱置于集热器上方，水泵通常由一个差动控制器进行控制，当上联箱中的水温比水箱底部的水温高若干度时，控制器就启动水泵。集热器产生的电力通过逆变器转换后满足负载需求，过剩的电力可储存在蓄电池中。若为并网发电，则过剩的电力输送给电网，电力不足的部分由电网供给。小型自然循环 PV/T 热水系统适用于独立家庭使用，集热器面积通常为 $3 \sim 5m^2$、蓄水箱容量为 $150 \sim 300L$。PV/T 热水系统主要是为家庭和公用建筑设计的。自然循环系统不存在控制问题。对强制循环系统，由于在系统中增加了差动控制器，因此系统可通过水泵进行调节。

第二节　光热技术应用

一、光伏光热一体化系统的设计

光伏光热一体化系统的设计要结合和兼顾光伏和光热系统的设计原理，现以光伏光热的一个试验项目设计案例来说明光伏光热设计的过程。

(一) 项目概况

该项目为光伏光热试验项目，项目位置为某科学学院实验一楼，主要用于工程科学学院的课题研究。系统产生的热水和电力供办公室和学生公寓使用。

(二) 气象参数

(1) 某地地理位置：北纬 $31° \ 52'$，东经 $117° \ 17'$。

(2) 自来水温度：秋季平均 $15℃$，冬季平均 $10℃$。

(3) 年日照时间：$2200 \sim 2500h$，年平均环境温度 $15℃$，当地纬度太阳能年平均太阳辐照量 $11873KJ/m^2$。

(三) 系统可实现功能

1. 系统运行

太阳能热水系统：具有简洁换热、温差自动循环、自动补水、集中供水功能。

光伏发电系统：具有自用电和并网发电两个功能。部分电量通过蓄电池蓄电可直接用于驱动光热系统温差自动循环的直流泵，减少常规能源的消耗。

2. 系统监控

本监控系统根据用户要求和控制系统要求采用 PLC 编程控制，采用 LED 触摸屏连接计算机。可实现：实时数据采集（主要应用于流量、温度、压力以及光伏发电的电压、电流、可变送的量）；历史数据记录（可根据系统要求进行数据记录、保存和查阅）；工况显示（通过 LED 显示反映系统工作状况）。

(四) 太阳能光伏光热一体化系统运行原理

1. 光热部分工作原理

本系统采用间接换热、温差自动循环、自动补水、集中供水的运行方式。

间接换热：在储热水箱中设置盘管，集热器流出的"热媒"走盘管内，与水箱中的"冷水"通过盘管热交换器进行热交换。"热媒"可以使用抗冻液，在寒冷的区域也可以使用。

温差自动循环：当集热器出口水温高于水箱底部水温5℃时，循环自动启动，"热媒"开始循环，加热水箱中的"冷水"，直至两处水温相同时，循环泵停止工作。

自动补水：当水箱水位降低到设置低位时，常闭电磁阀自动开启，补水到正常水位。

集中供水也称为集中式供水或中央水供应，是一种将水从集中的水源经过统一净化处理和消毒后，通过输水管网送至用户或公共取水点的供水方式。

2. 光伏部分工作原理

光伏发电系统利用半导体材料的光伏效应，通过集热器表面的光伏发电板直接将太阳能转化为电能。

发电板与蓄电池和逆变器相连，通过蓄电池储存电能，供系统使用；通过逆变器将电能并网供外部用电。

(五) 系统基本参数

(1) 用水人数：设计人数20人。

(2) 用水定额：100升/（人·日）。

(3) 用水时间：24小时供应。

(4) 设计热水温度：50℃。

(5) 设计冷水温度：5℃。

(六) 系统设备选型及说明

1. 保温水箱

保温水箱选用的是2t的不锈钢保温水箱，内置直径为21mm、长度为20m的SUS304不锈钢波纹盘管。保温材料采用聚氨酯发泡保温，保温层厚度为60mm。

保温/加热水箱的主要性能特点和设计说明：

(1) 保温/加热水箱内胆采用304/2B不锈钢氩弧焊制作，这种水箱焊接质量好、结构强度优良，不渗漏，而且防垢性能特别好。

（2）水箱保温中层采用聚氨酯发泡保温。外胆采用304不锈钢板包装，水箱外观光滑，成型美观，水箱基础采用型钢制作。

说明：聚氨酯发泡料所用的黑料和白料均为液体，按1∶1.05比例混合后发生化学反应形成高强度的致密发泡体，具有良好的隔热保温特性，通过专用的发泡机器将发泡料浇注到水箱内胆外表和不锈钢外包之间形成60mm厚的保温层。这种保温工艺较其他保温方法具有无可比拟的独特优势：导热系数小，保温性能好；较普通的玻璃棉或岩棉保温工艺，这种方法具有更好的防潮、抗老化、耐高温（可达160℃）特性；可以根据被保温对象适配相应的外包（或模具）进行浇注发泡，成型性能极佳。

（3）水箱底部设有排污口，排污口直径为40cm，水箱底部有钢板作受力板，水箱还配有溢流管、水位标尺、排气孔、检修孔等，方便使用维护。

2. 循环水泵

根据本系统的特点，本装置配备两台水泵：一台由系统自备直流电作为动力，作为主循环泵；另一台由外部电网的交流电作为动力，作为系统备用循环泵。

直流电循环泵选型：根据系统功能要求，选用一台直流泵作为系统主循环泵，直接采用光伏系统发电作为动力，保证系统在蓄电足够的情况下不使用外部电能。

（七）光热控制系统

1. 太阳能系统控制

本系统采用间接换热、温差自动循环、自动补水、集中供水的运行方式，晴好天气充分利用太阳能。

2. 实时监控系统

监控系统采用SunnyVPR130-RG真彩无纸记录仪。该记录仪是以先进的CPU为核心，并辅以大规模集成电路、大容量FLASH存储、信号调理、Smart Bus总线以及高分辨率图形液晶显示器的新型智能化无纸记录仪表，采用长寿命320×234TFT真彩液晶显示屏，支持16通道通用模拟输入或8通道模拟输出与12通道报警输出，设定数据与记录数据具有掉电保护功能，具有体积小、通道数多、功耗低、精度高、通用性强、运行稳定、可靠性高等特点。

3. 光伏系统设备配置计算

太阳能电池板：采用光伏平板集热器，实现光伏、光热一体化。光伏平板集热器外形尺寸为1227mm×1045mm，根据42m²集热面积计算，满足热力需要的光伏平板集热器数量为36块。该光伏平板集热器的光伏转换层采用单晶硅材料，每个集热器为100WP，36块光伏平板集热器的总发电功率为3600wp。

控制器：根据选用的直流水泵计算，180W/24V=7.5A，配备10A控制器一台。

蓄电池：设计直流水泵工作6小时/天，日耗电量为 $180W \times 6h=1080Wh$。以连续阴雨2天保障自供电需要配置电池为：$1080Wh \times 2（天）/（24V \times 70\%）=128.6Ah$，因此配置170Ah蓄电池8块。

(八) 本系统特点

(1) 本系统应用高度自动化控制和监控系统保障系统的自行运行，能在无人值守的情况下全天24小时足量提供温度适宜的生活热水。

(2) 本系统通过使用自动电，大幅度降低了耗电量，正常情况下，不消耗外部能源。

(3) 本系统具有自动化数据采集和记录功能，满足不同控制方式和匹配条件进行对比试验的需求。

(4) 本系统中的传热导介质可以保障太阳能电池板温度和发电效率的基本稳定，一方面能够大幅度提高电池的效率，另一方面可同时回收利用电池板产生的低温热量，从而实现较高的综合效率。同时在输出相同能量的情况下，本系统比分离式太阳电池和普通太阳集热器占地面积更少。

二、光伏光热一体化在建筑物上的应用

(一) 光伏光热建筑一体化 (BIPV/T) 系统概念

在建筑围护结构外表面铺设光伏阵列提供电力，即光伏建筑一体化 (BIPV) 是现代太阳能发电应用的一种新概念，也是很多发达国家倡导的太阳能光电应用的发展方向，目前 BIPV 技术发展迅速，但由于通风冷却模式的 BIPV 系统中光伏模块产生的热量直接排入环境，造成了部分热能的浪费，因此，一些国家加强了对冷却方法和余热利用的研究，在此基础上发展了光伏光热一体化在建筑上的应用系统，也称光伏光热建筑一体化 (BIPV/T) 系统。BIPV/T 系统是一种应用太阳能同时发电供热的更新概念，该系统在建筑围护结构外表面设置光伏光热组件或以光伏光热构件取代外围结构，既在提供电力的同时又能提供热水或实现室内采暖等功能。

(二) 光伏光热建筑一体化 (BIPV/T) 系统类型

光伏光热一体化结构由光伏电池 (阵列)、阵列背面与外墙面的流体冷却通道、固定支架、流体入口、流体出口及墙体组成。其中，光伏电池阵列与其背面的流体通道组成一个光伏光热一体化收集器，光伏模板被用来吸收太阳辐射，并将其中的一小部分转化为电能，剩余的能量就被转化为热，这些热被紧贴在光伏组件背面的通道

中的流体带走。根据流体冷却通道中冷却流体的不同，一般将光伏光热建筑一体化（BIPV/T）系统分为空气冷却型和水冷却型。

1. 水冷却型 BIPV/T 系统

（1）系统构造。水冷模式是在光伏模块背面设置吸热表面和流体通道，构成光伏光热模块。通过流道中的水带走热量，这样既有效地降低了光伏电池的温度，提高了光电效率，又有效地利用了余热，获得了热水，这种在外表面设置了光伏光热模块、以水为流体的墙体就是光伏热水一体墙。光伏热水一体墙系统由光伏光热模块、直流循环水泵、水箱、连接管道及支撑框架组成。

光伏模块由多晶硅电池做成，流道横截面为长方形，以导热性能好的铝为制作材料，每个光伏光热模块的四周也填充有绝热材料，绝热性能好，散热面积不大。系统白天运行，靠直流循环水泵强迫水循环，加强换热效果，以有效抑制电池温度的升高，提高光电效率，同时得到热水。

（2）系统性能。单从热效率看，一体化系统与传统的太阳能热水器效率（约为50%）相差不大，仅从这一点看，对于生活热水和工业热水需求量较大的地区，光伏热水一体墙技术就已经具有相当大的竞争力。由于水流吸收了使硅电池转换效率下降的余热，使光伏阵列的工作温度有所降低，从而使系统的发电效率比传统的光伏系统有很大提高。用热效率与电效率之和综合评价系统的能量利用特性，可以看出 PV/T 系统有较高的热效率和电效率，系统综合性能效率大于60%，比单一热水系统或光伏系统效率有显著提高。因此一体化系统将太阳电池整合在热水器的吸热表面上，提高了单位集热面积的能量产出，在可利用面积有限的场合，如屋顶或建筑物外墙，可以充分利用受光面积得到更多的热电产出。另外，与等厚度的南向普通混凝土墙相比，光伏热水一体墙不仅有很好的热收益和电收益，同时由于改变了建筑物维护结构的性质，对室内热环境有很好的改善效果。尤其在夏季和冬季，墙体得热引起的室内空调负荷可减少50%以上，效果非常明显，大大节约了电能。

2. 空气冷却型 BIPV/T 系统

（1）系统构造。有通风流道的光伏墙体一体化结构包括建筑墙体、光伏模块、模块与墙体间的通风流道以及流道两端的空气进口和出口。在大多数空气型 PV/T 系统中，比光伏组件温度低的空气（通常为环境空气）在位于光伏组件背面与绝热墙壁之间的空气通道内流动。然而在其他一些系统中，空气通道位于光伏组件的两个表面，并联或串联连接。通常情况下，热吸收系统是通过位于光伏组件背面的直接热接触进行自然或强制对流换热。热效率取决于空气通道的深度、空气流道形式和流通速度。

因为空气的密度较低，导致空气型 PV/T 系统的热吸收率不及水型 PV/T 系统高，因此，为了使空气型 PV/T 系统具有较高的效率和更好的实用价值，需要对系统进行进一步的改进。

其中，最简单实用的方法就是将空气通道的表面设计为粗糙面，这样可以使热吸收量提高大约30%。更为有效的办法是在空气通道内添加一些肋片，这样可以在空气通道内产生旋涡，从而使传热性能提高大概4倍。另外，在空气通道内加装一块褶皱板，这样不仅产生了扰动，还增加了通道内的换热面积，这种方法非常有效地提高了空气通道内的传热，是一种很有前途的改进方案。

（2）系统应用。光伏墙体一体化不仅能有效利用墙体自身发电，而且能大大降低墙体得热和空调冷负荷。这是因为光伏发电虽然释放了热量提高了空气夹层温度，但其对太阳辐射的遮挡大大降低了室外综合温度，从而降低了墙体得热。另外，收集到的热不仅可以用于冬季住宅的取暖，也可以通过热交换器加热自来水供家庭使用，同时可以应用于其他的工业或农业领域，如产品的烘干等。

第三节　分布式光伏的智能微电网技术应用

我国光伏发电逐步呈现出规模化分散开发、低压接入以及就地消纳的格局形势。然而需要注意的是，光伏发电模式虽然发展相对成熟，但是光伏电站接入系统所产生的安全性问题以及稳定性问题未得到完全解决。

一、研究背景

分布式光伏智能微电网系统优势特点。分布式光伏智能微电网系统基本上可以实现对分布式电源的优化开发与高效利用，在很大程度上可以有效满足偏远地区以及电网末端等重点地区对电能的实际需求。最重要的是，分布式光伏智能微电网系统可以为整个供电过程提供可靠稳定的电能资源，所表现出的经济性以及环保性优势相对明显。结合当前应用情况来看，我国各地区政府部门对于分布式光伏智能微电网系统应用推广问题予以了高度重视。通过主动结合分布式光伏智能微电网系统应用优势以及结构特点，进一步提升了分布式光伏智能微电网系统的运行应用水平。一般来说，分布式光伏智能微电网系统运行优势表现为以下几方面：

（1）分布式光伏智能微电网系统可以满足大量分布式电源并入电网要求，有利于提升整个供电过程的安全性与灵活性；

（2）用户可以针对微电网运行过程尤其是用电过程进行操作控制，灵活性程度以及可靠性程度相对较高；

（3）分布式光伏智能微电网系统可以有效降低大电网远程配电成本，也可以有效脱离大电网，实现独立供电过程，进一步增强用户用电的安全性与可靠性。然而需要注意的是，分布式光伏智能微电网系统内部含有大量电力电子器件，在运行使用过程中，操作人员需要借助逆变器以及合理控制策略实现对大量电力电子器件的控制管理，以避免出现运行风险问题。

二、分布式光伏智能微电网系统结构及特性

(一) 结构分析

在研究分析分布式光伏智能微电网系统结构的过程中，主要以基于共直流母线方式的分布式光伏智能微电网系统为研究对象。其中，系统在组成结构方面主要以分布式光伏发电单元、储能单元、主控制系统以及负荷单元等为主。从作用原理上来看，储能单元 DC/DC 变换器可以通过采取单电流环控制模式完成对控制储能单元电流输入以及输出过程的全过程控制管理，确保储能充放电过程得到良好控制。同时，光伏发电单元 DC/DC 变换器可以通过合理开发与高效利用太阳能等清洁能源，确保微电网经济效益以及运行安全水平得以全面提升。除此之外，交流母线可通过基于双向 DC/AC 变换器与直流母线相连方式，完成对系统交流侧以及直流侧能量流动过程的控制管理。需要注意的是，主控制系统可以实现对各节点电压以及电流等重要参数数据的检测分析以及自动化采集。经过一系列计算处理之后，基本上可以实现对各个底层控制单元控制指令下达过程的控制管理。

(二) 运行特性分析

(1) 光伏发电特性分析。一般来说，工作温度以及光照强度基本上可被视为影响光伏电池输出特性表现的重要因素。当温度与光照强度发生明显变化时，MPPT 即最大功率跟踪控制可以结合对阵列当前电压以及电流检测数值，完成对阵列输出功率的科学计算。通过与前一段时间阵列输出功率进行综合对比与分析，可以对最大值进行保留处理。在此基础上，通过不断检测与优化调整，及时筛选最优值。其中，光伏电池板在不同条件下所表现出的输出特性存在明显差别，因此建议相关人员在研究分析光伏电池输出特性表现方面应该从以下两个方面进行研究分析：一方面，光伏电池开路电压与温度之间可以呈现出反比关系，其中，短路电流所受的影响并不是很明显。另一方面，在光照强度与温度保持一定的条件下，光伏电池所表现出的输出功率会在某个电压值附近达到最大，也就是我们平常所说的最大功率点。结合性能表现情况来看，该点可随光照强度的变化而发生明显变化。如随着光照强度的不断上升而出现增大变化，相反，随着温度的不断降低而出现减小变化。

（2）储能单元特性分析。从储能单元特性表现上来看，储能单元可通过利用电力电子设备实现对储能与微电网能量交换过程控制管理。一般来说，如果大电网出现明显故障问题时，储能单元可作为备用单元完成对重要负荷的供电处理。而且对于分布式光伏电源而言，相关人员可结合不同应用需求对新型储能装置进行合理配置与应用，在灵活性以及响应速度方面表现较好。

三、分布式光伏智能微电网系统的控制策略

目前为进一步提升分布式光伏智能微电网系统灵活运行水平以及稳定运行效能，研究人员可通过采取并网控制策略，实现对分布式光伏智能微电网系统运行全过程的优化管理。结合以往的经验来看，关于分布式光伏智能微电网系统并网模式的运行优化分析，主要可以围绕底层装置控制策略以及顶层能量管理策略两个方面进行研究分析。

底层控制策略。光伏 DC/DC 可通过采取最大功率跟踪控制双环控制模式、储能 DC/DC 变换器采用单电流环控制方式实现控制管理过程。其中，直流母线电压可以结合双向 DC/AC 变换器运行工况确定相关额定功率。与此同时，可通过采取双闭环控制模式保障电压数值始终处于恒定状态。

光伏 DC/DC 控制策略。基于并网运行模式下分布式光伏单元可以通过采取光伏 DC/DC 控制策略方法进行控制管理。其中，为实现微电网经济效益最优化目标，研究人员可以通过配置应用光伏发电单元实现双环控制过程。在此基础上，研究人员可以通过适当调节光伏阵列输出电压数值，保障其始终处于高效、稳定的运行状态。

并网模式下储能 DC/DC 控制策略。并网模式下储能 DC/DC 控制原理主要表现在通过连接储能单元与储能 DC/DC 变换器以及直流母线，结合响应系统信号情况，对输入以及输出功率进行严格控制管理，完成能量双向流动过程。

并网模式下 DC/AC 变换器控制策略。微电网运行期间 DC/AC 变换器主要基于三相电压型变换器实现高效稳定运行过程。在具体控制管理过程中，处于并网状态下交流侧电压通过电网运行，提高整体运行效率。

四、基于经济性能调度的削峰填谷模糊控制应用

分布式光伏智能微电网系统可在保障并网安全稳定运行的前提条件下，通过充分借助储能单元功能特性，促使电网复合曲线变得更加平滑流畅。再加上通过采取合理的措施方法，促使经济最优化运行目标得以顺利达成。结合当前运行管理情况来看，研究人员通过合理确定能量调度策略以及加入储能单元放电罚函数，确保储能单元可通过保存一定的电量完成对电网突发故障情况的应对处理。

（1）研究人员可利用模糊控制算法以及削峰填谷模糊控制策略，完成对分布式光伏发电量以及储能单元容量等变量因素的调节管理。在此基础上，通过利用模糊控制理论完成对光储微电网系统的能量管理。经过研究分析之后，对经济化能量调度方案进行健全完善。

（2）在制定控制策略的过程中，研究人员需要重点针对电价以及用电峰谷时段等影响因素进行研究分析。其中，研究人员应该明确基于模糊算法的能量调度策略重点。主要表现在处于电价低谷时段，储能单元可通过从大电网购买电量的方式，等到用电达到高峰时段时，再将电量卖给电网，从而达到良好的削峰填谷效果。除此之外，如果处于平电价时段且光伏发电功率明显超过微电网负荷，此时，相关人员可以将多余电量卖给大电网，以实现能量调度管理目标。

第四节　光伏发电技术在微电网中的应用

光伏发电是利用太阳能电池组件将太阳能直接转变为电能的技术。太阳能电池组件主要采用半导体材料实现 P-V 转换，利用此装置可方便地为用户提供照明及生活供用，也可与区域电网并网实现互补。随着传统矿物资源的逐步耗竭，节能减排、绿色能源、发展低碳经济、可持续发展已成为世界关注的焦点。光伏发电就是利用太阳能逐步替代矿物能源、构建能源使用的创新体系。

一、光伏发电技术及发展概况

光伏系统应用非常广泛，其基本形式一般可分为两大类：即独立发电系统和并网发电系统。前期主要应用在太空航空器、通信系统、微波中继站、电视差转台、光伏水泵和无电缺电地区户用供电。我国已开展推广光伏并网发电系统，主要是建设户用屋顶光伏发电系统和 MW 级集中型大型并网发电系统等，同时在交通工具和城市照明等方面大力推广太阳能光伏系统的应用。

（一）独立光伏发电系统

独立光伏发电系统，也称离网发电系统，是指完全依靠太阳能电池供电的光伏系统，系统中太阳能电池方阵受光照时发出的电力是唯一的能量来源。一般情况下，独立的光伏系统需要配置储能装置，最常用的储能装置是蓄电池。为了防止蓄电池过充或过放电，还要配置控制器。所以为直流负载供电的独立光伏系统主要由太阳能电池方阵、防反充二极管、蓄电池组、控制器等部件组成。

为电流负载供电的独立光伏系统，除了以上部件，还要配置将直流电转换为交流电的逆变器。

(二) 并网光伏发电系统

这种光伏系统最大的特点就是太阳能电池组件产生的直流电经过并网逆变器转换成符合市电电网要求的交流电之后接入公共电网，供给家庭用电需要的光伏系统，剩余的电能可以输入电网，当光伏发电不足，则由电网提供缺少的电力。

(三) 国内光伏发电技术发展现状

目前，国际上并网光伏发电已进入电力规模应用的通用模式。近几年，我国已开始了屋顶并网光伏发电系统的示范工作以及大规模荒漠光伏并网系统的建设浪潮。随着电力行业的发展，国家开启智能电网建设的大市场，微电网随着智能电网的建设，其技术将不断创新发展。近年来，光伏微电网技术逐渐被广泛地关注，主要是因为光伏发电微电网技术具有即发即用、适用性强、效益明显等优点，所以已被普遍地认为是目前较为适合实际运作的一种新型清洁能源开发利用的模式。

二、微电网技术及发展概况

微电网是规模较小的分散的独立系统，它采用了大量的现代电力技术，将燃气轮机、风电、光伏发电，燃料电池，储能设备等并在一起，直接接在用户侧。对于大电网来说，微电网可被视为电网中的一个可控单元，它可以在数秒钟内动作以满足外部输配电网络的需求；对用户来说，微电网可以满足其特定的需求，微电网和大电网通过公共节点，进行能量交换，双方互为备用，从而提高供电的可靠性。

微电网中包含有多个分布式发电和储能系统，联合向负荷供电，整个微电网对外是一个整体，通过断路器与上级电网相联。微电网中可以有多种能源形式 (光电、风电、柴油发电机、微型燃气轮机等)，还可以热电联产或冷热电联产，直接向用户提供电能或热能。

具体微型电网结构随负荷等方面的需求而不同。但是其基本单元应包含微能源、蓄能装置、管理系统以及负荷。其中大多数微能源与电网的接口标准都要求是基于电力电子的，以保证微电网独立运行的柔性和可靠性。微电网是一种新型的网络结构，是实现主动式配电网的一种有效的方式。

三、光伏发电系统与微电网技术

(一) 分布式电源电网系统

根据国家电网公司对光伏电站接入电网技术规定，此类项目一般采用用户侧低压并网的方式，即分布式电源的主要形式。系统模型电网中除了光伏发电系统，还可以包含风力发电、沼气、生物发电、微型燃气轮机等各种发电形式中的一种或多种形式混合而成。为了减小光伏发电系统对系统电网的扰动，频率、电压等指标的影响，并考虑线路之间保护配置等问题，系统均安装有防逆流装置。

因此，在正常工作时，电网中各支路光伏发电系统为本支路的负荷提供电能外，多余的电能不允许倒送到电力 10kV 配电系统，同时对光伏发电的容量限制在上级变压器容量的 25%。这种分布式电源并网运行方式，仅靠提高光伏发电系统的容量远不能满足支路负荷用电的需求，而且系统对电网也有很大的依赖性。有时，需要从电网中购入电能，同时部分光伏电能也会因为没有负荷消纳而白白浪费。

在运行过程中，由于光伏发电自身的特性，电网与该系统的公共节点处的电流会在瞬时间内增大或者减小，这会对电网系统的频率和电压造成很大的影响，给电网系统带来扰动，使得自身系统的稳定性和可靠性无法满足要求。因此，这种方式是一种不经济、不合理的运行方式。

(二) 光伏发电的微电网系统

通过对分布式电源电网模型的分析和改进，提出了光伏发电系统的微电网系统。正常情况下整个系统由其中的分布式电源提供电能，并通过微电网的调度管理系统实现微电网内部负荷与电源的动态平衡。同时，微电网系统在电网中作为一个稳定的配电单元存在，由 10kV 配电网经变压器为低压母线上的 4 条支路提供部分电源。微电网通过增加调度管理系统，利用以太网、无线、电力载波、光纤等通信方式，实现对下层微电网的调度管理，并根据负荷需求对各发电系统的出力进行实时控制。通过经济调度和能量优化管理等手段，可以利用微网内各种分布式电源的互补性，更加充分合理地利用能源。最终实现光伏发电系统及其他发电系统和电网共同为所有负荷提供电能，并且与电网之间的功率交换维持恒定。当电网发生故障或受到暂态扰动时，断路器方便自动切换微电网到孤岛运行模式，各分布式电源及储能装置可以采用各种控制策略维持微电网的功率平衡。在灾难性事件发生导致大电网崩溃的情况下，保证对重要负荷的继续供电，维持微电网自身供需能量平衡，并协助电网快速恢复，降低损失，促进其更加安全高效运行。因此，光伏发电的微电网系统存在两种运行模式，即电网正常状况下的并网运行模式和电网故障状况下的孤岛运行模式。

四、光伏发电系统在微电网中的应用特点

通过以上分析，可以看到光伏发电系统在微电网的应用中具备其他能源无法比拟的优势：

（1）光伏利用的资源非常丰富、基本无枯竭危险，无须消耗燃料；白天可以提供基本稳定的输出功率。在大电网崩溃和意外灾害出现时，由于太阳能的稳定输出，可以支撑微电网进行孤网独立运行，保证重要用户供电不间断，并为大电网崩溃后的快速恢复提供电源支持。

（2）光伏发电系统安全可靠、无噪声、无污染排放；不受地域的限制，可利用建筑屋面的优势；建设周期短，获取能源花费的时间短。

（3）目前逆变器具备调节功能。通过微电网的调度管理系统控制逆变器的功率输出，来维持微电网中各发电系统的出力实现和系统中用电负荷之间的功率平衡。

（4）光伏发电系统本身采用就地能源，通过合理的规划设计，可以实现分区分片灵活供电，电源和负荷距离近，输配电损耗很低，降低了输配电成本，并且在运行中实现了电能的削峰填谷、舒缓高峰电力需求，解决了电网峰谷供需矛盾。

最后，随着光伏发电技术越来越成熟，全球光伏市场价格的不断下跌，安装成本逐年下降，微电网加大对光伏技术的推广力度，可以获得更大的经济效益。光伏发电作为一种清洁能源，非常容易被人接受，更能够获得广泛的使用。

参考文献

[1] 唐波，孟遂民，郑维权，等.架空输电线路设计 [M].3 版.北京：中国电力出版社，2023.

[2] 电力规划设计总院.DL/T 5554—2019 电力系统无功补偿及调压设计技术导则 [M].北京：中国计划出版社，2019.

[3] 潘月斗，李华德.电力拖动数字控制系统设计 [M].北京：冶金工业出版社，2021.

[4] 国网湖南省电力有限公司.电力系统继电保护端子排标准化设计 [M].北京：中国电力出版社，2022.

[5] 宋关羽.电力系统课程设计与综合实验教程 [M].北京：电子工业出版社，2024.

[6] 邓丰.随教潜入课育人细无声：电力系统继电保护原理课程思政教学设计 [M].长沙：中南大学出版社，2024.

[7] 国网衢州供电公司.面向新型电力系统的配电网全电压等级规划设计指导手册 [M].北京：中国水利水电出版社，2022.

[8] 张旭东，黄建平，钱仲文，等.电网大数据处理技术 [M].北京：机械工业出版社，2021.

[9] 马添翼.微电网电能控制技术 [M].北京：文化发展出版社，2021.

[10] 刘石生.低压配电网及配电新技术 [M].西安：陕西科学技术出版社，2022.

[11] 李颖，张雪莹，张跃.智能电网配电及用电技术解析 [M].北京：文化发展出版社，2020.

[12] 张清小，葛庆.智能微电网应用技术 [M].2 版.北京：中国铁道出版社，2021.

[13] 陈振棠，方林.电力线路运行检修与施工 [M].成都：西南交通大学出版社，2020.

[14] 范俊成，庞婕，马凤臣，等.电力系统自动化与施工技术管理 [M].长春：吉林科学技术出版社，2022.

[15] 邢爽，宁喜亮，王新颖，等.电力电缆线路设计施工及运检 [M].北京：中国电力出版社，2021.

[16] 毛源 . 电力电缆基础知识及施工技术 [M]. 郑州：黄河水利出版社，2022.

[17] 李彦阳，武飞 . 电力工程施工技术与管理研究 [M]. 长春：吉林科学技术出版社，2023.

[18] 王雪松，程继军，孙静 . 电力工程技术与施工管理 [M]. 沈阳：辽宁科学技术出版社，2022.

[19] 程明，张建忠，王念春 . 可再生能源发电技术 [M].2 版 . 北京：机械工业出版社，2020.

[20] 唐西胜，齐智平，孔力 . 电力储能技术及应用 [M]. 北京：机械工业出版社，2020.

[21] 徐大平，柳亦兵，吕跃刚 . 风力发电原理 [M]. 北京：机械工业出版社，2023.

[22] 陈铁华 . 风力发电技术 [M]. 北京：机械工业出版社，2021.

[23] 侯雪，张润华 . 风力发电技术 [M].2 版 . 北京：机械工业出版社，2022.

[24] 中国电机工程学会智慧用能与节能专委会 . 面向综合能源系统的节能新技术 [M]. 北京：机械工业出版社，2021.

[25] 海涛，莫海量，王钧 . 太阳能建筑一体化技术应用光伏光热部分 [M]. 北京：科学出版社，2023.